原子工程丛书

反应堆安全分析及事故的处置

（参考堆型：1300 MWe）

〔法〕Bruno Tarride　著

王　彪　张纯禹　主译

科学出版社

北　京

图字：01-2018-0601

内 容 简 介

本书围绕压水堆的安全，重点介绍了多种事故的物理机理、演化过程及应对措施. 全书共有 10 章，涉及反应性增加事故、蒸汽管道破裂事故、一回路破口失水事故、供给系统完全丧失事故和蒸汽发生器管道破裂事故，以三里岛事故和福岛事故为例，详细介绍了事故产生的原因和演化过程. 本书还重点介绍了各类事故的控制和处理方法，并单独介绍了堆芯熔化后的情况以及对密封性的影响. 书中还列出了针对压水堆安全性的具体设计，并对点堆及相关的平衡方程和数据进行了介绍.

本书可供从事核工程研究和教学、反应堆设计、核电站运营和生产的科技人员及本科生、研究生参考.

Originally published in France:

Physique, fonctionnement et sûreté des REP: maîtrise des situations accidentelles du système réacteur

© EDP SCIENCES 2013

Current Chinese translation rights arranged through Divas International, Paris

巴黎迪法国际版权代理（www.divas-books.com）

图书在版编目（CIP）数据

反应堆安全分析及事故的处置：参考堆型：1300MWe ／（法）布鲁诺·塔黑德（Bruno Tarride）著；王彪，张纯禹主译. —北京：科学出版社，2018.6

原子工程丛书

书名原文：Physique, fonctionnement et sûreté des REP: maîtrise des situations accidentelles du système réacteur

ISBN 978-7-03-056986-8

Ⅰ. ①反… Ⅱ. ①布… ②王… ③张… Ⅲ. ①反应堆安全—分析 ②反应堆事故—事故处理 Ⅳ. ①TL364

中国版本图书馆 CIP 数据核字（2018）第 051634 号

责任编辑：昌 盛 罗 吉／责任校对：张凤琴
责任印制：吴兆东／封面设计：迷底书装

科 学 出 版 社出版
北京东黄城根北街16号
邮政编码：100717
http://www.sciencep.com

北京凌奇印刷有限责任公司 印刷
科学出版社发行 各地新华书店经销

*

2018 年 6 月第 一 版 开本：787×1092 1/16
2021 年 6 月第四次印刷 印张：15 1/4
字数：362 000

定价：89.00 元
（如有印装质量问题，我社负责调换）

译 者 序

随着我国国民经济的快速发展，清洁能源供应不足已经成为制约我国经济、社会和环境发展的瓶颈，人们对于核能在可持续能源供应中的重要地位已形成共识，我国的核电发展战略开始向"高效发展"转变. 为满足我国核工程与技术领域对高素质人才的强烈需求，在我国教育部和法国相关政府部门的支持和推动下，2009 年中山大学与由法国 5 所精英工程师学校组建的法国民用核能工程师教学联盟（FINUCI）共同组建了中山大学中法核工程与技术学院（Institut Franco-Chinois de l'Energie Nucléaire，IFCEN），并于 2010 年开始招生，在我国系统地以法国精英工程师模式培养核能高级工程技术人才和管理人才. 2016 年，中法核工程与技术学院顺利通过法国工程师职衔委员会（CTI）和欧洲工程硕士学位（EUR-ACE）认证评审，成为首个在欧洲外获得核能工程师认证的学院.

作为当前唯一可大规模替代化石能源并具有较强市场竞争力的清洁能源，核电面临的主要问题是安全问题. 日本福岛核事故发生后，环境保护部（国家核安全局）根据国务院要求研究并编制了《核安全与放射性污染防治"十二五"规划及 2020 年远景目标》，明确要求"'十三五'及以后新建核电机组从设计上实际消除大量放射性物质释放的可能性". 为从物理机理上深入理解核事故的发生原因、发展过程进而制定合理的应对措施，中法核工程与技术学院在核电站严重事故的高精度数值仿真和核事故的应急与监测等方面开展了深入的研究，同时在工程师阶段的教学中开设了"核安全"这一专业基础课程，并以法国原子工程（Génie Atomique）丛书中的 *Physique, fonctionnement et sûreté des REP—Maîtrise des situations accidentelles du système réacteur*（《反应堆安全分析及事故的处置》）一书作为本课程的教材. 为便于国内相关专业和同行参考，中法核工程与技术学院组织教师和学生对该著作进行了翻译.

本书重点介绍了多种核事故的物理机理、演化过程及应对措施，还重点介绍了各类事故的控制和处理方法，并单独介绍了堆芯熔化后的情况以及对密封性的影响. 书中还列出了压水堆针对安全性的具体设计，并对点堆及相关的平衡方程和数据进行了介绍，这为编写压水堆安全分析程序提供了很大的便利.

本书由中法核工程与技术学院院长王彪教授组织翻译，由张纯禹副教授统稿，参加翻译和校对工作的师生还有：马衍、周靖丰、黄良兆、梁活、冯英杰、伍京霞、杜根、谌友彬、陈丹莹、凌晓燕、连倩倩、崔婷、冉文王、张雪婧、罗鑫程、孟凡石、张敏、丁扬、王丽、刘洋、李万爱、袁岑溪、苏军、张小英、鄢炳火、成松柏和张维. 在此一并表示衷心的感谢.

由于本书涉及的专业词汇很多，限于译者水平，译文中难免会出现差错或与通用术语不尽一致，恳请读者批评指正.

中法核工程与技术学院也计划对法国原子工程丛书进行翻译，希望能为我国核能研究以及高素质核能工程师的培养做出贡献！

最后，感谢教育部、广东省科技厅和教育厅以及中山大学对中法国际合作项目和本书出版的资助.

译　者

2017 年 3 月

原子工程丛书简介

作为法国原子能和可替代能源委员会（CEA）的下属机构，法国国立核科技学院（INSTN）是一家隶属于法国教育部和工业部的高等教育机构．INSTN 致力于通过专业化的教育以及持续的人才培训来推广 CEA 的专有技术和准则，这些技术和规范不仅符合法国规范，也满足欧洲和国际要求．

INSTN 围绕核能开展教育和人才培训工作，特别是培养原子工程（GA）专业的核能工程师．人才培养工作能促进 CEA 与一些大学和工程师学校的合作，因此 INSTN 已经与一些高等教育机构签署合作协议，筹备联合培养二十多个硕士．培养课程中还增加了一些健康学科的内容，如核医学和放射性药剂学以及医院理疗师的培训．该合作培训是 INSTN 业务的重要组成部分，这得益于 CEA 和其合作企业日益增长的竞争力．

自 1954 年起，CEA 在萨克雷（Saclay）的反应堆研究所就开始了原子工程专业人才的培养；自 1976 年，又在卡达拉什（Cadarache）中心开展了快中子反应堆相关的人才培训．自 1958 年，在 INSTN 的负责之下，原子工程培训课程已经被原子能军事应用学校（EAMEA）列入授课内容．

INSTN 自创建以来，已经为 4800 多个工程师颁发了文凭，如今他们分散在法国各大核能相关的集团或机构，如 CEA、EDF、AREVA、法国海军等．此外，也有大量来自不同国家的外籍学生接受了原子工程的培训．

这项特殊的培训面向两类学生：民用和军用．民用学生将会在核电厂、核反应堆研究以及燃料循环相关的领域从事研究或者运营工作，他们也可能成为核风险分析以及环境影响演变分析专家．军用学生主要在核潜艇和核动力航空母舰上工作，他们的培训则由 EAMEA 负责．

原子工程的师资队伍主要由 CEA 的研究人员、放射防护和核安全研究所（IRSN）的专家以及企业工程师（如 EDF、AREVA 等）组成．主要的课程内容为：核物理和中子物理、热工水力、核材料、力学、辐射防护、核仪表、压水堆（REP）的运行和安全、核燃料的堆型与循环．在为期六个月的课程结束之后，学生还要完成一项毕业课题，毕业课题需要在 CEA 的一些研究中心、工业集团（如 EDF、AREVA 等）或国外（如美国、加拿大、英国等）完成，这样更贴近于以后的实际工作地点．INSTN 原子工程培训具有鲜明的特色，有很多课程都是在 CEA 的设备上（如 ISIS 反应堆、REP 模拟机：SIREP 和 SOFIA、放射性化学实验室等）或实验室内完成．

如今，核工业越来越成熟，原子工程的工程师证书在法国教育系统中的地位及重要性已不可同日而语．原子工程人才培训的使命为：培养拥有从核电设计、建造到运行以及退役各个寿期阶段全局视野和运营技术的工程师．

INSTN 已经开始着手整理这些课程的资料，将其出版为一套丛书，为学生提供学习材料并在法国及欧洲的其他高等教育机构内推广使用．这套丛书由 EDP Sciences 出版社出版，

EDP Sciences 在传播科学知识方面非常活跃并且极具竞争力．这套作品不仅用于教育和培训，也是工程师和技术人员必不可少的参考工具．

Joseph Safieh

原子工程课程总负责人

目　录

第 1 章 物理和安全性：事故类型的简介

对人类和环境而言，核设施存在着放射性产物和电离性放射源不可控扩散的潜在威胁.

除了存在大量放射性物质外，核反应堆的危险性来自于链式反应的机制，这一方面导致了正常运行状态下的高功率密度，另一方面导致了链式反应停止后的非零热功率.

本章中我们尝试简要介绍核反应堆这个特殊锅炉的基础物理知识和运行状态，旨在让读者领会危险性的本质，明白大部分事故瞬态及其控制原理.

1.1 三道屏障的风险，安全功能的基本概念

反应堆堆芯中的放射性产物一方面来自裂变，另一方面来自二氧化铀(UO$_2$)芯块中的铀的同位素俘获中子后形成的锕系元素. 在一个换料周期里，这些产物逐渐积累，它们的放射性也随之增加，直至在周期末期达到 10^{19} Bq(贝可勒尔). 核电站的放射性集中分布在如图 1.1 所示的区域.

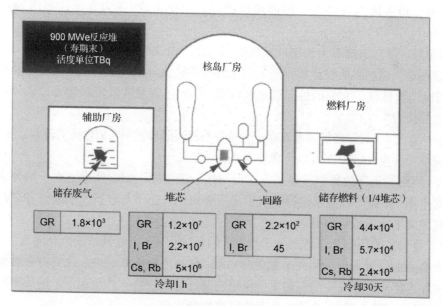

图 1.1 压水堆核电站放射性产物活度分布(单位 TBq)-稀有气体(GR)，
卤族(I 和 Br)以及碱金属(Cs，Rb)

资料来源：IRSN

在反应堆运行中，也能在一回路的流体中发现放射性产物，它们来自：

(1)易溶或易挥发的裂变产物穿透燃料包壳，发生迁移. 在运行过程中，燃料包壳本身存在的密封性缺陷或者微小裂纹会开裂，导致易溶和易挥发裂变产物穿透包壳进入一回路流体. 这些裂变产物可分为两类：一类为固态放射性核素(Cs, Cr 和 Rb)，另一类为稀有气

体和气态碘. 在正常运行的时候, 这些放射性物质的活度是相当低的, 但是当出现运行事故时, 可能的泄漏却会带来潜在的威胁.

(2) 溶解了硼酸的冷却剂中的个别原子被射线激活后的产物 (如来自氧的放射性, 氮同位素[①], 冷却剂中的硼酸的硼-10 俘获中子后也会生成氚).

(3) 腐蚀产物的活化. 例如, 结构材料表面的氧化膜俘获中子后会生成钴-60, 无论是溶解或是释放不可溶的微小颗粒都会污染一回路水. 这类产物是大部分一回路流体放射性污染的主要来源. 为了确保工作人员的安全, 在停堆期间必须对其进行严格控制.

最后, 一方面为了处理运行期间产生的放射性废水, 另一方面为了储存乏燃料和消除其放射性而在核电站厂房中建设的燃料水池和储存容器也具有放射性, 它们位于和反应堆不同的建筑物中. 但在接下来的介绍中, 不再提及这类放射性.

1.1.1 三道屏障工作原理

从根本上说, 通过把大量的放射性物质阻隔在核反应堆内以达到保护环境的做法是合理的. 在压水堆中, 为了达到这个目标, 在燃料中放射性物质和自然环境之间设置了三道连续的屏障:

(1) 第一道屏障为燃料包壳, 由环绕二氧化铀芯块的锆合金管组成;

(2) 第二道屏障为反应堆一回路承压边界, 由钢组成 (压力容器, 蒸汽发生器子管道等);

(3) 最后, 第三道屏障为包围反应堆的安全壳, 由钢筋混凝土组成.

尽管在这三道屏障的设计和建造上都十分细致谨慎, 但是它们的密封性依然是不完美的. 随着时间的推移, 它们的性能会逐渐降低. 因此, 需要在反应堆运行或者停堆期间接受周期性的检查.

需要注意的是, 这三道屏障都存在一些虽各不相同但却影响它们性能的薄弱之处 (图 1.2). 仅在反应堆厂房里, 就存在着以下薄弱之处[②]:

(1) 一回路的承压边界似乎是包含在反应堆厂房里面, 但事实上它有一些分支延伸到辅助厂房里面. 比如, 在正常运行期间担任重要角色的化学与容积控制系统 (RCV) 连通一回路并延伸到了反应堆厂房外.

(2) 其他大量的环路都穿透安全壳与附近的厂房相连. 当收到 "安全壳隔离" 信号时, 在穿透安全壳的位置预设的隔离装置就会启动. 在接下来的章节中, 我们将会看到穿过反应堆厂房并连接到常规岛中的涡轮发电机组的蒸汽管道在特殊的情况下, 例如蒸汽发生器子管道破裂事故 (第 6 章), 会使安全壳的隔离性能失效.

(3) 在停堆状态下, 由于进入需要, 一回路 (维修入口的打开, 压力容器顶盖的敞开) 以及安全壳可能会被打开.

(4) 最后, 对三里岛事故 (第 7 章) 的后期研究表明, 如果没有专门应对重大事故的防

[①] 氮-16 和氮-17 的存在使得运行期间进入反应堆厂房是不被允许的; 相反, 当反应堆冷停堆时, 它们都会完全消失, 因为它们的半衰期很短 (<10s).

[②] 出于篇幅的选择, 我们不深入讨论反应堆厂房之外的燃料水池和储存容器对三道屏障限度的影响.

护设施，第一道屏障的丧失可能会导致第三道屏障的丧失[1]，这既可能是由燃料包壳氧化生成氢气发生爆炸造成的，也可能是由堆芯熔融物熔穿压力容器后再熔穿地基水泥层造成的．因此，保证不同屏障之间相互独立是非常重要的．

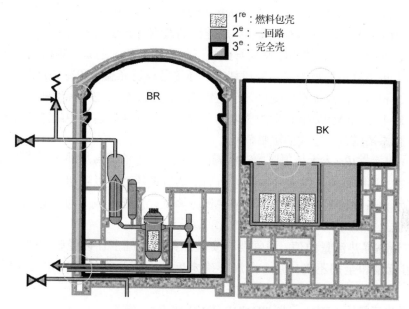

图 1.2　三道屏障的短板(圆圈位置)

　　第二道和第三道屏障的力学性能必须符合一定的压力标准，这些标准参照理论计算推定：

　　(1)一回路：事件压力计算值($172\,\text{bar}$[2])和事故压力计算值($206\,\text{bar}$)；

　　(2)安全壳：事故状态下，压力计算值为 $5\,\text{bar}$.

　　燃料包壳作为最前端的屏蔽层，起着决定性作用．它的密封性可通过测量某些可能少量迁移到一回路流体的裂变产物的活度来进行实时监测．燃料包壳具有特殊的重要性，因为大量的物理现象都可能影响到它的完整性．为了应对每一种物理现象，我们制定了相应的安全标准，以确保包壳安全可靠．在第 1.1.2 节中，我们会对这些物理现象做简要的介绍．

1.1.2　危及第一道屏障的物理现象以及相关安全标准

　　我们将会看到，所有危及燃料包壳的物理现象都来源于热量．在远未达到包壳锆合金的熔化温度前这些物理现象就能发生．对于这些物理现象的更多细节，读者可以参考 EDP Sciences 出版社出版的原子工程丛书中的 *Exploitation des coeurs REP*.

1.1.2.1　沸腾危机

　　堆芯上部的特定区域中与包壳接触的冷却剂可能会达到饱和温度[3]．于是，在包壳表面

---

① 该事故并没有观察到第三道屏障的丧失，但是后期分析表明存在这样的风险．

② $1\text{bar}=10^{5}\text{Pa}$.

③ 处于上部的堆芯前 1/3 部分，温度最高的燃料棒位置．

就会出现蒸汽气泡，出现泡核沸腾现象. 这种状态下冷却剂与包壳的热交换快速高效，属于潜热传递中的对流现象[①].

不幸的是，这个现象很不稳定：局部热流增大或冷却剂热工水力条件的改变，都可能导致偏离泡核沸腾现象(departure from nucleate boiling，DNB)的发生，从而导致传热率急剧下降. 我们称在燃料包壳表面形成了一层连续的蒸汽薄膜层的膜态沸腾状态为沸腾危机. 这个薄膜层起到隔离热量的作用，从而导致燃料包壳和冷却剂之间传热率急剧下降. 这时，燃料产生的大量热流不能被传输到冷却剂中，导致燃料包壳温度和冷却剂温差增大. 由于冷却剂处于饱和状态，温度不再变化，于是包壳的温度就会发生大幅度的上升.

例如，对于 1300 MWe 电功率的核电站，我们可以在实际运行中通过估计两个物理量的值来估算膜态沸腾效应造成的沸腾危机.

(1) 临界热流量 Φ_c，大于该值时膜态沸腾现象出现. 它的值与局部一回路流体的热工水力学参数有关. 沸腾危机的发生一方面可由局部热流量的过大以致超过临界值，另一方面也可由热工水力条件接近饱和状态时临界热流量降低，从而造成一回路流体温度上升或一回路压强降低.

为了估计临界热流量的值，通常要在实验结果的基础上加以经验性修正，且每一个值都有适用范围和全局不确定度. 全局不确定度结合了测量的不确定度和统计的不确定度[②].

(2) 临界热流量比 RFTC，或称 DNBR(DNB 比率)，定义为

$$RFTC = \frac{\Phi_c}{\Phi_1} = \frac{临界热流量}{局部热流量}$$

出于安全性能的要求，无论在正常运行还是在事故状态下，局部热流量都需要小于临界流量，也就是说 RFTC 总大于 1. 临界热流量的估算值因为不确定性的存在而变得不可靠. 因此，为了确保在 95% 的可信度内堆芯没有发生沸腾危机，在实际操作中都预留了一定的安全裕度，也就是新的安全标准为

$$RFTC > 1.17 \quad (根据 WRB1[③] 修正标准)$$

在严重事故中，沸腾危机不可避免，仅仅允许有几个百分比的燃料棒处于膜态沸腾状态.

需要注意到在堆芯裸露事故中，燃料棒可能处于不被冷却剂浸没的状态，这会导致因发热壁烧干而造成的沸腾危机，危机的诱发原因与之前不一样，但是有着相同的后果(图 1.3).

1.1.2.2 燃料包壳的氧化和脆化

燃料包壳的氧化既可能是由膜态沸腾所导致，也可能由堆芯裸露所导致. 燃料包壳中的锆金属和水反应生成氧化锆和氢气. 生成的氧化锆会使燃料包壳发生脆化. 反应式如下：

---

① 事实上，表面上形成的气泡在脱离层流边界层后发生冷凝收缩，在湍流层中心的冷却剂仍处于亚饱和状态. 因此，潜热以气泡移动的形式进行高效的运输.

② 对于 EDF(法国国家电力公司)的压水堆，我们主要使用西屋公司提出的 W3 和 WRB1 修正标准.

③ 这条修正标准囊括这里所研究事故的最重要部分，在其他事故中，我们可以使用其他修正标准(例如，在 100 bar 压力下的 W3 标准). 新安全准则中的数值与燃料组件的类型和所选的修正标准有关.

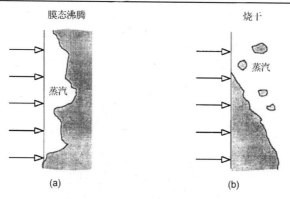

图 1.3　膜态沸腾和燃料棒烧干

$$Zr+2H_2O \longrightarrow ZrO_2+2H_2+ 热量$$

这个反应是放热反应，在热力学上有利于反应的继续进行. 因此，热量起着正反馈的作用：生成的热量有利于加快反应(变化趋势随着反应介质的温度呈指数增长). 当包壳温度大约大于 1200°C 时，锆有进行剧烈反应的风险. 由于在局部地方这个反应产生的热功率可能会超过剩余功率，所以这个正反馈效应增加了反应堆的不稳定性，严重威胁着反应堆的安全.

为了保证堆芯的持续冷却，根据瞬态进程的速度对燃料包壳制定了相应的安全标准：

(1) 对于慢性瞬态进程(燃料包壳在几分钟内烧干)，燃料包壳的温度必须保持严格小于 1204°C(2200°F)；

(2) 对于快速瞬态进程(燃料包壳在少于几秒之内快速烧干)，燃料包壳能够承受更高的温度，但是极限为 1482°C(2700°F).

另外，还要求氧化层的厚度最大不能超过包壳总厚度的 17%，并且生成的氢气的量不能超过极限值，这是因为累积的氢气如果和氧气发生反应会带来严重的后果.

1.1.2.3　燃料棒的断裂

在功率骤升的事故[①]中，尽管有中子负反馈效应作用，核功率依然会出现峰值，这很可能会导致燃料棒断裂.

燃料棒断裂有两种形式：保持几何形状不变的简单断裂和碎片化断裂. 碎片化断裂会导致第一道屏障完全丧失，燃料和水之间的接触面积显著增大，引发堆芯冷却剂瞬间汽化，引发压力容器蒸汽爆炸. 控制燃料棒断裂形式的关键参数是燃料棒的功率(图 1.4). 为了避免燃料棒发生碎片化断裂，根据美国试验制定了一些经验性标准.

(1) 在最热点：

① UO_2 放出能量<200 cal/g(836 kJ/kg)；

② 熔化的 UO_2 体积分数<10%；

③ 燃料包壳温度<1482°C.

(2) 在堆芯整体上：处于膜态沸腾状态的燃料棒必须小于总数的 10%.

---

① 例如，控制棒弹跳事故，将在第 2.2.1 节中讨论.

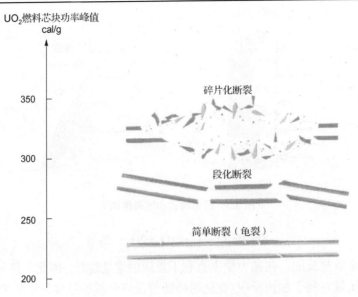

图 1.4 燃料放出的能量与性能的关系
资料来源: *Exploitation des coeurs*, EDP Sciences

1.1.2.4 燃料芯块的熔化

为了避免在正常运行和事故状态下的燃料熔化, 燃料芯块中心的最高温度不能超过 2590℃. 这个数值对应 UO_2 的熔化温度, 具体数值会因辐照等不确定性因素的作用而减小.

燃料芯块中心的温度取决于燃料局部的线功率. 当局部线功率低于 590 W/cm 时, 燃料最高温度不会超过 2590℃. 安全标准就是根据线功率或者直接根据芯块最高温度来制定. 另外, 对于会出现堆芯裸露的假设性事故, 要求堆芯保持持续冷却状态且熔化的燃料体积低于 10%.

1.1.2.5 燃料包壳和芯块的相互作用

从热力学性质考虑, 燃料包壳和芯块的相互作用(IPG)对第一道屏障也造成了威胁. 在中子辐照和压力的作用下, UO_2 芯块和燃料包壳都会发生变形, 从而改变了 UO_2 芯块和燃料包壳间隙的厚度.

燃料在经过收缩、密度增大的短暂阶段[1]后, 在一个换料周期内会发生相反的肿胀效应. 气态和固态裂变产物的累积导致了芯块直径的增长. 另外, 由于燃料芯块内部巨大的温度梯度和不均匀热流, 芯块还会发生开裂. 至于燃料包壳, 则会由于一回路流体的压强大于包壳内壁的压强而产生收缩蠕变[2].

随着辐照的进行, 燃料的肿胀以及包壳的收缩蠕变会导致芯块和包壳之间的间隙逐渐缩小直至闭合. 于是, 初始处于受压状态的燃料包壳逐渐变为受拉状态. 拉应力随着发热功率的增大而增大[3], 包壳会出现裂纹甚至断裂, 最后影响到第一道屏障的完整性.

---

[1] 燃料的初始使用阶段, 烧结过的燃料的微小气孔的消除使得 UO_2 芯块的直径变小.

[2] 加上由裂变产物(特别是碘)造成的内部腐蚀和冷却剂造成的外部腐蚀.

[3] 燃料芯块的膨胀程度比燃料包壳的膨胀程度更大.

这个热力学耦合现象限制了反应堆运行的灵活性. 为预防这种事故的发生，对以下三个方面提出限制：

(1) 反应堆运行的类型(跟随电网或者基态运行)；

(2) 半功率运行时间；

(3) 升功率的速度.

出于监视和防护的需要，要特别地跟踪局部线功率的递增情况. 警告信号和反应堆自动停堆(AAR)信号的阈值就取决于线功率的值.

1.1.2.6　结论

为了确保燃料包壳的完整性，对每一种可能存在的风险都定义了一个或几个特征参数，并根据参数定义了相应的量化分析安全性的标准[①]. 这些标准在所有的工况以及事故情况下都应该被严格遵守.

为了让第二、第三道屏障达到相同的目标，可以以相同的方式定义压力安全标准，遵守这些安全标准是确保安全性的重要基础.

1.1.3　三大安全性能的遵守与屏障的完整性

为了确保核反应堆的安全，需要遵守以下三个条件(安全性能)：

(1) 控制链式反应，以保证反应堆不失去控制和避免发生热功率阶跃及其他极端事件；

(2) 通过及时排出热量保证燃料在任何条件下都能得到及时冷却，包括在停堆状态；

(3) 通过保证三道屏障的密封性封存放射性产物.

这三大安全性能定义了三大事故系列. 我们将在接下来的章节中介绍这三大事故系列. 这能帮助我们回忆中子物理、热工水力学以及反应堆系统防护方法的相关知识. 为了获取更多信息，读者可以参考 EDP Sciences 出版社出版的原子工程丛书中的相关书籍.

1.2　影响安全性能的事故：控制反应性

一个可裂变核在吸收一个中子后能够发生裂变，同时放出裂变碎片、快中子以及大量的能量. 这些放射出来的快中子在经过慢化作用后能够被其他可裂变核吸收，从而触发其他裂变反应：这就是链式反应的原理(图 1.5).

为了研究核反应对中子数量随时间变化的情况，我们定义了一个特征物理量：中子增殖系数，记为 k. 这个量描述的是新一代中子数量和前一代中子数量的比值. 由于在实际核反应堆运行中中子增殖系数接近于 1，通常定义一个更方便使用的物理量即反应性 ρ

$$\rho = \frac{k-1}{k}$$

---

① 这些标准简单地通过计算来进行验算，并且相对于有放射性泄漏的事故研究的标准来说是保守的. 具体计算方法参考附录 A1.

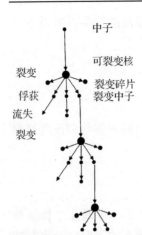

图 1.5　链式反应原理

反应性是一个无量纲量,可用来评估偏离临界程度(表 1.1). 一般来说,它的值很小,通常用十万分之一来表示,即 pcm=10^{-5}.

表 1.1　次临界、临界和超临界堆芯

	k	ρ	反应性微变化时功率变化趋势
次临界堆芯	$k<1$	$\rho<0$	逐渐下降(收敛)
临界堆芯	$k=1$	$\rho=0$	稳定
超临界堆芯	$k>1$	$\rho>0$	逐渐上升(发散)

1.2.1　反应堆动力学基础回顾

堆芯产热功率和核裂变数成正比[1],也就是和引发核裂变的中子数成正比. 生成的大部分能量都以裂变产物动能的形式释放,裂变产物的动能紧接着快速转变为燃料的热能[2].

从中子增殖系数的定义可知,中子数量呈现指数增长趋势. 在等时间间隔的两代中子之间,它们的数量成常比例系数关系,即

$$N \to N \cdot k \to N \cdot k^2 \to N \cdot k^3 \to N \cdot k^4 \to \cdots$$

如果我们仅仅考虑裂变反应放出的中子,则两代中子之间的时间间隔很短. 对于压水堆来说,间隔大约为 2.5×10^{-5}. 也就是说,在 1 s 之内产生了 40000 代中子. 在这种条件下,如果发生了一些小扰动,使得系数 k 仅仅增加+10 pcm,也就是 0.01%,根据规律 $N \cdot k^n$ 可知,1 s 内中子数量增大的倍数就达到 1.0001^{40000},也就是增加了 55 倍. 如果真的是这样,反应堆将无法控制.

事实上,核反应中存在着两种不同的中子:瞬发中子和缓发中子. 瞬发中子几乎在裂变反应的同一瞬间发出,而缓发中子来自裂变碎片,相对裂变反应大约延迟了 $\tau=10$s 的时间,与裂变碎片的衰变性质有关.

缓发中子的比例(记为 β)虽然非常微小(大约占 0.5%),但是对两代中子的平均时间间隔贡献很大

$$L = (1-\beta) \cdot l + \beta \cdot (l+\tau) \sim \beta \cdot \tau = 0.005 \times 10 = 0.05(s)$$

于是,在前面用到的公式中,在 1 s 内不再是产生了 40000 代中子,而是仅仅产生了 20 代. 对于前面讨论的 k 增大了 10 pcm 的情况中,中子实际增殖倍数为 $1.0001^{20}=1.002$,　也就是在 1 s 内增加 0.2%. 正是得益于缓发中子的存在,反应堆才变得可以控制.

但事实上,由于中子有两种不同的产生方式,对反应堆的动态行为研究变得更为复杂. 把缓发中子当作一个组群来考虑的简化模型方便了反应性的研究,让中子数量呈现以下两种指数变化模式:

(1)一种是迅速减为零,对应一种称为"瞬跳"的短暂现象;

---

[1] 由裂变产物和重核俘获后的放射性衰变放出来的剩余功率相对核裂变功率很微小,这里可以忽略.

[2] 裂变产物受到物质制动作用,裂变发生后几乎同一瞬间速度就降为零. 迁移距离大概只有几百微米.

（2）另一种是指数形式的中长期变化模式，其倍增特征时间与反应性成反比[1].

然而，当反应性 ρ 超过了缓发中子比例 β[2]时，反应堆仅仅在瞬发中子的作用下就能达到超临界，这种情况与假设不存在缓发中子的状态相似. 这种情形下核功率的倍增系数很大，称为功率阶跃，直到负反应性的介入才能让反应堆再次稳定(图 1.6).

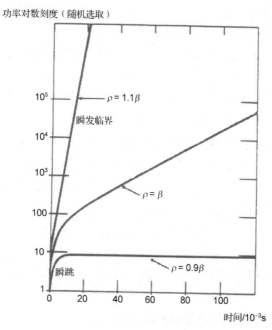

图 1.6　中子数量随时间的变化
（未考虑多普勒效应的作用）

缓发中子比例随着辐照加深而发生变化. 事实上，随着 ^{239}Pu 的形成，可裂变物的种类也随之变化. ^{239}Pu 是由 ^{238}U 俘获一个中子后衰变生成的. 另外，^{239}Pu 核素的 β 因子比 ^{235}U 的 β 因子要小. 表 1.2 总结了随着换料周期深入，β 因子的变化情况，能够帮助我们估算整个周期的 β 平均值.

表 1.2　缓发中子分数

可裂变核	β	裂变中子(UO$_2$)	
		周期初	周期末
^{235}U	650 pcm	92%	50%
^{238}U(快中子)	1400 pcm	8%	8%
^{239}Pu	210 pcm	—	42%
平均值		~700 pcm	~500 pcm

我们将会发现一个发生在后半周期的事故引入了例如+600 pcm 的反应性时，也能让反应堆处于反应性阶跃状态.

---

[1] 符号为负的反应性，为指数递减，我们将会讨论半衰减时间.

[2] 作一次近似，我们认为 β 和 β_{eff} 近似相等. 它们的定义是用来表明缓发中子和瞬发中子的发射能是不一样的，它们也就有着不同的生命历程.

1.2.2　影响反应性的参数：反应性事故和中子负反馈效应

在实际运行中，那些可能影响到压水堆堆芯反应性的物理量如下[①]：

(1) 燃料的辐照程度(燃耗加深导致可裂变核浓度下降)；

(2) 可吸收中子的裂变产物也称中子毒物(如氙、钐)的浓度；

(3) 燃料和一回路流体(慢化剂)的温度；

(4) 最后，与反应性的控制方式有关的量，比如吸收控制棒的位置，或一回路流体溶解的硼浓度.

燃料的辐照程度和中子毒物浓度变化对反应性的影响是很缓慢的，只有另外两种因素才可能导致反应性快速注入，引发反应性事故.

1.2.2.1　一回路流体的膨胀：慢化剂的反馈效应

慢化剂是用来高效地把快中子慢化成热中子的物质. 在压水堆中，水作为慢化剂不但承担了慢化中子的作用，还承担了作为溶解硼(中子学)的溶剂和冷却剂(热工水力学)的作用.

首先，我们讨论慢化剂的效应[②]. 一回路流体温度上升促其膨胀，甚至汽化. 这会导致：

(1) 单位体积内氢原子数目减少：中子慢化效率变差，所以对堆芯反应性有负影响，使反应性减小.

(2) 单位体积硼原子数目减少：中子吸收率降低，所以对堆芯反应性有正影响，使反应性增大.

两种相反效应相互作用的总体影响是形成反馈效应：

(1) 如果总的效应为负反馈效应，则起到稳定中子数的作用；

(2) 如果总的效应为正反馈效应，则中子数变得不稳定.

正反馈的大小与一回路硼浓度成正相关关系. 硼的浓度用百万分之一(ppm)来表示. 为保证安全，要求整体效应为负反馈效应，这样就要求硼的浓度不能超过一个极限值[③].

在实际运行中，硼浓度的调节主要是为了补偿辐照作用带来的燃料消耗. 同样，慢化剂的温度负反馈效应系数的值用 pcm·℃$^{-1}$ 表示，指的是一回路流体温度变化 1℃ 而引入的反应性. 这个系数的值总是一个负数，但会随着换料周期的深入而变化(表 1.3).

表 1.3　慢化剂效应与功率以及换料周期深入的关系

α_{mod} (慢化剂)	首次启动			
	周期初无氙毒	周期初氙平衡	周期中氙平衡	周期末氙平衡
Cb	≈1200 ppm	≈1000 ppm	≈500 ppm	≈10 ppm
0%P_n 297℃	−2 pcm·℃$^{-1}$		−20 pcm·℃$^{-1}$	−45 pcm·℃$^{-1}$
100%P_n 307℃		−10 pcm·℃$^{-1}$	−30 pcm·℃$^{-1}$	−60 pcm·℃$^{-1}$

注：P_n 表示额定功率.

[①] 我们这里不讨论通过增加可裂变核子数量而引发的反应性事故，比如堆芯换料过程中出现失误时的情况.

[②] 我们忽略热谱效应的作用，因为膨胀效应占优势. 热谱效应指的是麦克斯韦谱的位置随着温度增大而向高能量区移动. 对于膨胀效应，能够增加逃离中子的数目，产生负面影响，起到稳定中子数目的作用. 此时，我们能够忽略中子迁移路程因为膨胀作用而延长.

[③] 详情请参考 EDP Sciences 出版社出版的原子工程丛书中 *Précis de neutronique* 的第 9.3.5 节.

负温度系数带来的影响是：如果发生降低一回路流体温度的突发事件，则会给堆芯引入正反应性，这种作用在燃料接近换料周期末时更为强烈.

1.2.2.2　燃料温度的改变：多普勒反馈效应

燃料温度的上升使得在慢化过程中更多的中子被核燃料(主要是铀-238)俘获，于是总体反应性降低[①]. 这种现象被称为多普勒效应，该效应有内在稳定中子数目的作用. 多普勒效应系数的值大约为$-3\ pcm \cdot {}^{\circ}C^{-1}$，这个数值与堆芯运行状态无关. 另外，该效应还能够在几乎瞬间内控制燃料中心裂变产能. 可以看到，多普勒效应总能在事故中限制功率阶跃的强度，担任着确保核安全的重要角色.

1.2.2.3　吸收物浓度变化：吸收棒和硼的作用

吸收棒和硼酸的作用是控制运行中的反应堆的反应性，同时也是一种在事件或者事故状态下的防御手段. 例如：

(1)当自动停堆信号发出时，堆芯控制棒全部下插，能够注入大量的负反应性，足以完全扑灭链式反应；

(2)RCV 或者 RIS 系统自动注入硼酸(硼化)，能够俘获大量中子，达到避免或者限制重新恢复到临界状态.

1.2.2.4　反应性事故

定义反应性事故是由激发事件不可控地、大量地和(或)快速地向反应堆引入反应性的事故. 有两类不同的反应性事故：

(1)中子吸收物撤出事故：抽出吸收棒或者稀释一回路溶解的硼. 我们将在第 2 章中讨论这两种情况.

(2)与中子过度慢化有关的事故，由慢化剂的过度冷却造成，将在第 3 章讨论.

瞬态事故的发展与以下因素有关：

(1)首先，与激发事件有关，它决定了注入反应性的方式(注入速率和最终注入幅度)；

(2)然后，与瞬间介入的多普勒效应和慢化剂的中子负反馈效应有关. 这些负反馈反应影响到了温度的变化，只有通过动态耦合中子学、热力学和热工水力学才能模拟和解析这样的瞬态过程. 这些负反馈效应有助于控制反应性. 然而，功率水平依然会达到危及燃料包壳性能的程度(见第 1.1.2 节).

1.2.3　保护系统的介入：自动停堆

为了满足防护要求，在所有的事件或者事故状态下，自动停堆系统都会启动，所有吸收棒下插堆芯，吸收棒的下插会关闭蒸汽管线上的通气阀门，进而触发涡轮机脱扣命令. 保护系统的原理是把每一个激发事件都与一个或者多个瞬态特征物理量建立联系，这些物理量会被反应堆的仪器系统追踪和监控(图 1.7).

---

① 对于这个核物理现象更详尽的解析，可以参考 EDP Sciences 出版社出版的原子工程丛书.

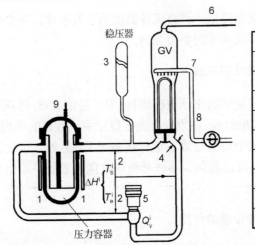

图 1.7　反应堆监控量相关仪器
资料来源：*Exploitation des coeurs*，EDP Sciences

	模拟物理量
1	中子流量
2	一回路流体温度
3	稳压器水位和压强
4	一环路流量
5	主泵转速
6	蒸汽压
7	GV 水位
8	GV 主给水流量
9	控制棒位置(数字)

　　对于不同的特征物理量，当监测值超过设定的阈值时，反应堆就自动停堆[①]，这称为对激发事件的专设防护措施(表 1.4).

表 1.4　主要事故的相关防御措施-1300 MWe 反应堆(列表不完整)

事件和事故的例子	防护措施(自动停堆阈值)
反应性：吸收物的撤出 (1)吸收棒的不可控弹出 (2)吸收棒的弹出 (3)硼酸的不可控稀释	(1)中子流过高(例如，功率达到109%P_n) (2) $\dfrac{\mathrm{d}\varPhi}{\mathrm{d}t}$ 流量变化迅速(±5%) (3)线功率过高(379 W·cm^{-1}) (4)RFTC 过低(1.52)
反应性：二回路降压造成的中子过度慢化 (1)GV 安全阀门非计划开启 (2)蒸汽管道破裂(RTV)	(1)发出 IS 信号 　① 二回路压力过低(41 bar) 　② 冷段温度过低(267℃) 　③ 安全壳内压力过高(1.4 bar) (2)稳压器压力过低(131 bar) (3)线功率过高(379 W·cm^{-1}) (4)RFTC 过低(1.52)
一回路降压和质量流失 (1)稳压器安全阀门非计划开启 (2)一回路破口(LOCA) (3)RTGV	(1)稳压器压力过低(131 bar) (2)IS 信号(安全壳内压力过高(1.4 bar)) (3)GV 水位过高(90%) (4)RFTC 过低(1.52)
运输：一回路流量缺失 (1)一回路流量部分缺失 (2)一回路机动泵转子受卡 (3)厂外电源丧失	(1)一回路泵转速过低(92%) (2)一回路环路流量过低(89%) (3)RFTC 过低(1.52)
冷源缺失 (1)GV 主给水丧失 (2)给水管道破裂 (3)GV 全部给水丧失	(1)给水流量过低(6%) (2)GV 水位过低(15%GE) (3)稳压器水位过高(85%) (4)稳压器压力过高(165 bar) (5)RFTC 过低(1.52)

---

① 在纵深防御逻辑中，防御系统会在主控室中显示警告信号，提示需要正确的动作，或者在某些情况下，在控制棒下插前，警告信号会直接触发动作(例如，负荷的自动降低).

如果在图表中增加两个同一类的保护方式，即"RFTC 过低"和"线功率过高"，会使覆盖面更广. 相关阈值的设定保留了足够的裕度，以防止危及第一道屏障现象的发生：

(1) "RFTC 过低"时会发生的沸腾危机；

(2) "线功率过高"时会发生燃料芯块-包壳的相互作用以及芯块的熔融.

需要注意到的是，准许状态的设定应能够让保护动作(逻辑，阈值)适应核电站的标准状态. 例如，大量的阈值设定在 $10\%P_n$ 功率状态下是被禁止的.

在自动断路器打开和棘爪释放后，所有的控制棒和停堆棒在重力作用下下插到堆芯底部，所用时间少于 2 s. 控制棒下插后必须确保一个最小的负反应性裕度. 负反应性裕度代表着除了一根吸收棒[①]外，所有其他吸收棒都下插后的某一个时刻，在已经考虑了堆芯功率下降引入的正反应性后，反应堆次临界水平依然得到保证. 实现反应性平衡的方式是谨慎和保守的，例如，在宝石管理模式中，1300 MW 电功率反应堆的负反应性裕度为 −1800 pcm. 为了确保在自动停堆状态下吸收棒的下插能够引入足够的负反应性，应尽可能减少所需下插的控制棒数量，特别是 R 吸收棒组群.

注　宝石管理模式：法国目前运行中的 20 台 1300 MW 电功率核反应堆燃料管理模式. 它由一次更新燃料的分数(目前常为 1/3 或者 1/4)、铀 235 的富集程度、是否添加可消耗中子毒物(一般只在个别组件中的个别燃料棒内添加，添加方式为在烧结前与二氧化铀粉末混合)、是否使用 MO_X 燃料以及装料计划类型(新旧燃料位置安排)组成. 该种模式只使用 UO_2 燃料，铀 235 富集度为 4%，掺杂了元素钆作为中子毒物(个别新燃料组件). 目前法国 1300 MW 电功率核反应堆内有 193 件燃料组件，每次更换其中的 64 件.

1.2.4　自动停堆系统故障后的事态预测

共模故障会影响反应堆自动停堆系统在事件瞬态期间的功能，称为 ATWT(自动停堆失效事件). 综合考虑事件起因的概率以及 AAR 系统的可靠性，可认为这类故障伴随着中等频率事件的发生而发生，正如 GV 主给水丧失(ARE)，频率范围在 10^{-2} (第二类运行状态) 到 $1\ \mathrm{r^{-1}\cdot an^{-1}}$ 之间. 根据实际的假设和概率论方法，并考虑从 1981 年开始在核电站实施的缓和 ATWT 的方法(这个缓和方法依赖于特定的传感器，并且在防御系统之外执行)，可以在这类故障发生后对事态的发展进行预测.

1.2.5　事故状态下向堆芯注入硼的方式

安全注入系统(RIS)有双重功能：除了向一回路注入水冷却堆芯外，还能在水中以溶入硼酸的形式注入硼. 硼浓度以硼的质量分数来表示(ppm，1 g 硼每吨水)，它引入反应性的效率大约为 $-10\ \mathrm{pcm\cdot ppm^{-1}}$.

RIS 的第二个功能是必需的. 考虑到二回路降压可能导致控制棒下插后的堆芯重返临界，因此第二个功能在蒸汽管道破裂(RTV)引发二回路降压时就更为重要. 另外，二回路降压还有以下后果：

(1) 降压中的蒸汽发生器会从一回路带走更多的能量，使得一回路冷端降温；

[①] 正如发生加重事态的事件，我们假设具备引入最大负反应性能力的吸收棒被卡在堆芯外.

(2) 若裂口在安全壳内, 会使安全壳内压强升高.

同时, 当以下条件符合时: 二回路蒸汽压力过低(<41 bar)、冷端温度过低(TBTBF< 267° C) 或者安全壳内压强过高(>1.4 bar), 防御系统就会启动 RIS 系统(图 1.8). RIS 系统能够从 PTR 水箱中汲取硼水(2500 ppm, 宝石管理模式), 注入一回路. 在第 1.3.3.2 节中会有详细介绍.

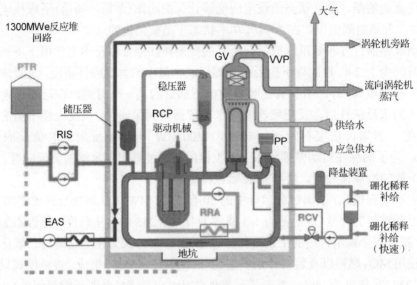

图 1.8　REP 主要流体系统
资料来源: AREVA

此外, 在二回路降压事故中, 对所有特征安全注入信号都设置了自动硼化功能. 这个功能由从计算需要硼化的程度到确定 RCV 泵的汲水量, 再到泵的启动, 最后到 RCV 旁路负荷阀打开的系列操作组成. 这个功能要确保能直接向一回路注入高浓度的硼化水 (8000 ppm, 宝石管理模式).

1.3　影响安全功能"功率导出"事故

把反应堆堆芯产生的功率导出, 是正常运行时的最终目的, 保证产生蒸汽输送给汽轮机组提供发电. 为此, 必须要保证屏蔽放射性毒物的封闭屏障在任何情况下都要保持其完整性. 但实际上, 在能量不平衡导致温度或压强过高的情况下, 屏障的完整性可能会受到影响.

1.3.1　一回路热功率的来源

在正常工况下, 一回路热功率的主要来源是链式反应所产生的中子功率(图 1.9).

在触发自动停堆(AAR)的事故工况下, 链式反应迅速中断. 我们需要继续导出的热功率有几个不同来源. 剩余功率是此时主要的功率项, 它来自于裂变产物和重核俘获产物的放射性衰变. 因此, 这是堆芯功率的历史特性. 我们假设初始功率为 100% P_n 且堆芯的辐照无穷大, 放射性核假设处于动态平衡. 在这种情况下, 初始为 7% P_n 的剩余功率会随着时间增加而减小, 如图 1.10 所示.

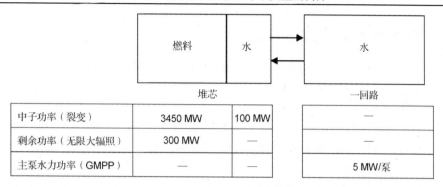

	堆芯		一回路
中子功率（裂变）	3450 MW	100 MW	—
剩余功率（无限大辐照）	300 MW	—	—
主泵水力功率（GMPP）	—	—	5 MW/泵

图 1.9　100% P_n 时功率项分布（根据来源和产生位置划分）

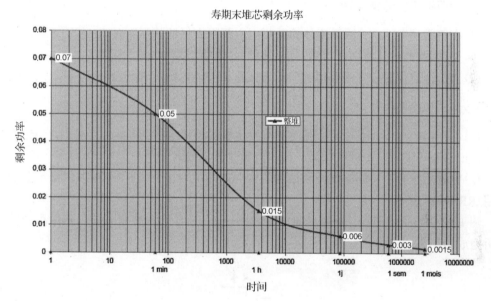

图 1.10　剩余功率

资料来源：transparent EDF

　　我们注意到，停堆一天之后剩余功率仍然很大，约 0.6% P_n，对一个 1300 MWe 的反应堆而言即 23 MW 的热功率. 因此，即使在停堆状态也不能避免堆芯裸露的风险，我们会在第 4 章继续研究.

　　对瞬态过程，考虑反应堆的能量方程：

　　(1)在控制棒落下之后的几十秒内，由缓发中子引起的剩余裂变；

　　(2)主泵的水力功率[①]（如果主泵仍在运行）；

　　(3)在冷却的瞬态过程，结构、燃料、一回路冷却剂的能量释放[②]；

　　(4)最后，可能由于燃料包壳温度过高，水蒸气导致包壳发生氧化反应产生的功率；在 1200℃ 以下，这一能量项的大小可局部变成与剩余功率数量级相同（见第 1.1.2.2 节）.

---

① 实际上，它对应的是回路中的水头损失，由一回路主泵动力 ΔP 补偿.

② 这一项对应一回路能量平衡中的累积项（负）.

1.3.2 在稳态和瞬态时的功率导出

为保证"功率导出"功能的实现，需要确保遵守以下规则：

1. 堆芯功率的排出

(1) 为了达到这一目的，堆芯必须一直被淹没，以确保充足的包壳/水换热界面. 这个条件要求，如果 RCV 系统的容积和化学控制不足够，安全注入系统会启动，尤其是在发生一回路破口事故的情况下.

(2) 另外，运行时堆芯不能出现沸腾风险，因为这会导致蒸汽层的形成隔绝燃料的冷却.

2. 一回路中的热量运输

(1) 在正常情况下，一回路流体的循环由主泵组来保证其强制对流. 然而，如果主泵停止运转，一回路的设计应保证自然对流(热虹吸)能得以实现.

(2) 当情况恶化时，"潜热运输"的方式可以补充对流或者代替它(详见附录 A0).

3. 热量向冷源处导出

(1) 在正常工况下，堆芯的冷源由蒸汽发生器的整体组成. 在事故工况下，当给水源和蒸汽排出路线可使用时，可以认为一台蒸汽发生器能投入使用.

(2) 停堆后，对于一回路低压和低温的情况，停堆冷却系统 RRA 可以保证堆芯的冷源作用(RRA 热交换机).

图 1.11 总结了堆芯和二回路能量的传递路径，明确了流入热量和流出热量可能的不平衡所造成的结果.

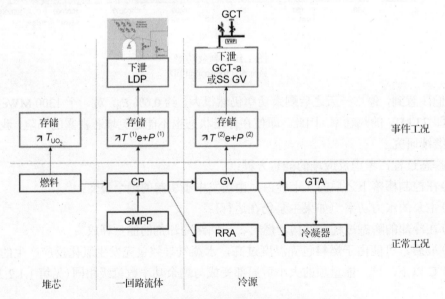

图 1.11 压水堆系统中的能量交换与存储(无破口)

浏览了从下游(汽轮发电机组 GTA)到上游(堆芯)的过程，可以观察到，在不平衡状态下能量存储瞬态有如下可能性：

(1)在蒸汽发生器中，压力上升到极限会通过汽机旁路至大气阀来实现泄压，甚至打开二回路安全阀；

(2)在一回路，压力上升到极限会通过稳压器泄压管线的打开来泄压；

(3)最后，燃料温度上升.

对于前面两种情况，从应力保护装置防止超压的角度进行分析：

(1)启动后如果这些开口位置被堵塞，会导致二回路或一回路出现小破口；

(2)能量可以从这些路径导出.

对于最后一种情况，弱热惯性燃料的热储存能力是有限的，所造成的一个后果就是包壳温度的上升，可能导致正反应性的引入：燃料包壳氧化释放的能量使得温度上升，增加化学反应动力，因此引发情况迅速恶化的风险.

1.3.3　一回路冷却剂质量丧失，堆芯裸露的风险和"功率导出"功能的丧失

当发生一回路破口事故时，一回路冷却剂质量减小，触发安全注入系统的启动，往一回路注水. 当发生故障时，与之相关的风险是"堆芯功率导出"功能的丧失.

1.3.3.1　破口研究：临界流量，蒸汽从破口处流出

我们首先定义破口临界流量. 假设一个装满压强为 P_{amont} 流体的容器通过一个破口(最小管道截面积为 S_{min})向一个压强为 P_{aval} 的介质排放流体(图 1.12)，进行上下游压强差的敏感性研究.

(1)当流体速度很小时，流动可以假设为准不可压缩，因此流量可以通过伯努利方程得到.

(2)流体的速度(和单位质量流量)随着上下游压强差增大而增大，直至达到一个极限值，该极限值与在最小截面水平的声速对应[1]，因此上游压强的改变不能传递给下游.

(3)破口的流量因此达到最大值，我们称之为"临界流量"、"堵塞流量"或"声速流量"，它只和上游流体性质有关(压强和焓值).

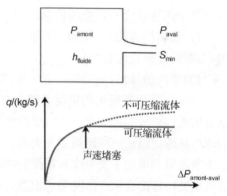

图 1.12　破口流量的截断

考虑运行时的压强，一回路和二回路所有向安全壳喷出冷却剂的破口都是临界的[2].

一回路破口会导致两相流通过破口的上游：在此状态下音速的值很小，因此很长的一段时间内都会保持阻塞流量，而这其实是一个对该事故有利的因素. 因此，临界流量随着流体的热工水力特性而改变，尤其是它在破口处的压强和焓，如图 1.13 所示一个一回路 3 in[3]大小的破口.

---

① 声速 c 与流体的压缩性有关；液体中的声速要比蒸汽中的小，但两相混合的要明显更小.

② 蒸汽发生器管道的一、二回路破口是一种特殊情况：考虑上下游压强差 ΔP 和流体的单相状态，流量很快变为非临界.

③ 1 in=2.54 cm.

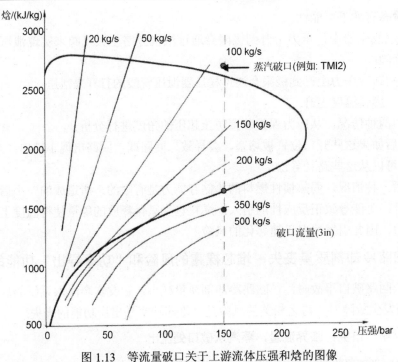

图 1.13　等流量破口关于上游流体压强和焓的图像
资料来源: TdC EDF

这个图像包含着重要的信息:

(1) 流体的排出(低焓值, 高密度)会导致一回路质量迅速减小, 但压强减小的速度很慢(与蒸汽体积丧失有关);

(2) 蒸汽的排出(高焓值, 低密度)限制着质量的丧失, 但压强则会下降很快.

所以, 从质量损失的角度考虑, 对于给定的尺寸, 在一回路下半部分的破口比在上半部分的破口造成的损失更大, 它更快地变成两相流, 甚至气相. 随着瞬态的进行, 蒸汽从破口流出是瞬间阻止一回路质量丧失的有利现象, 同时也会促使压强降低, 这就限制了从破口丢失的流量和增加了安全注入系统的注水(见第 1.3.3.2 节). 另外, 由于流体局部焓值升高, 蒸汽从破口排出会从一回路带走相当大一部分能量. 这一点非常重要, 因为打开稳压器阀门与稳压器中出现流失蒸汽的破口(可隔离)的情况类似. 最后, 本章节与破口相关, 在主泵接口处的一回路冷却剂丧失有可能导致接口处的注水和热垒交换器两个装置的冷却功能丧失.

1.3.3.2　安全注入系统

在发生一回路冷却剂丧失事故(APRP 或更常用的表达: LOCA)时, 化学与容积控制系统(RCV)的上充下泄流量差不能补偿破口流量, 我们会观察到稳压器水位的下降, 继而观察到一回路压力的下降[①]. 如果该破口朝向安全壳, 这同时会导致安全壳压强的上升. 另外, 在稳压器低压(< 121 bar)或安全壳高压(> 1.4 bar)的安注信号下, 保护系统会启动此安全系统, 主要是为了保持一回路冷却剂水量和保证堆芯浸没在冷却剂中(图 1.14).

----

① 通过增加体积提供蒸汽相.

我们注意到在 P11（一回路压强< 139 bar）和 P12（一回路平均温度< 295℃）的许可区域内，除了在此状态下的唯一"保护"信号"安全壳高压"，并无 RTV 和 APRP 信号.

除了 RIS 启动，安注信号引起的其他结果还有：反应堆自动停堆（AAR），汽轮机脱扣，在蒸汽发生器主给水（ARE）隔离的同时启动辅助给水系统（ASG），最后是安全壳第一阶段隔离.

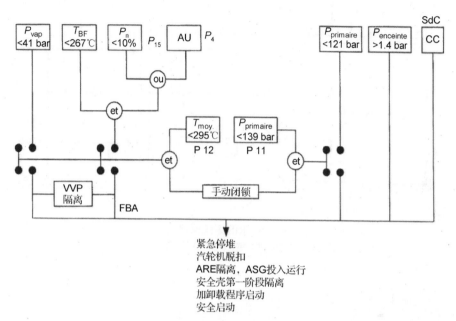

图 1.14　安全注入系统启动信号
资料来源: transparent AREVA

对 RIS 系统进行尺寸调整设计是为了维持一回路水量稳定（小破口情况下），以及限制中破口和大破口情况下的堆芯裸露（时间上和深度上考虑），见图 1.15.

为了达到这个目的，它包含了三个入口通往一回路冷管段的子系统：

（1）中压注入（ISMP），由辅助电源支持的电动泵提供动力；

（2）低压注入，由辅助电源支持的电动泵提供动力；

（3）非能动注入，由蓄压箱支持.

中压安注和低压安注分别由线路 A 和线路 B 保证，二者独立完成任务.

在直接注入过程中，含硼水从换料水箱中吸取，然后在循环过程中最终流入安注地坑. 当换料水箱达到低水位时，则反过来从安全壳吸水.

从长期来看，则需要在冷管段和热管段瞬时注入含硼水，以保证硼浓度的均匀性.

为了保证一回路水量，RIS 系统的特殊性在于它有一个一回路压力阈值，且它只在低压情况才运作. 实际上，泵提供的流量是一回路背压的函数，如图 1.16 所示. 若一回路背压大于零流量时的压力（约 110 bar），ISMP 泵在其最低流量下运行，且不注入一回路.

另外，在发生一回路破口时，应从 RIS 压强流量曲线去分析情况.

对于一个小破口事故，一回路流体仍保持单相，且一回路压强在稳压器作用下保持恒定，此时可用一回路冷却剂质量表征.

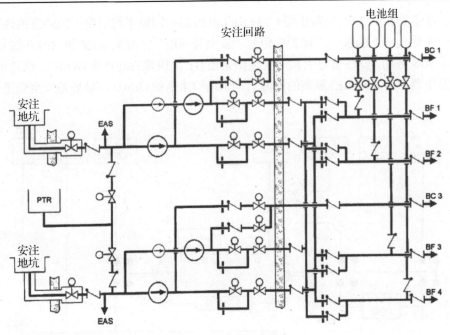

图 1.15　RIS 系统原理图
资料来源：transparent AREVA

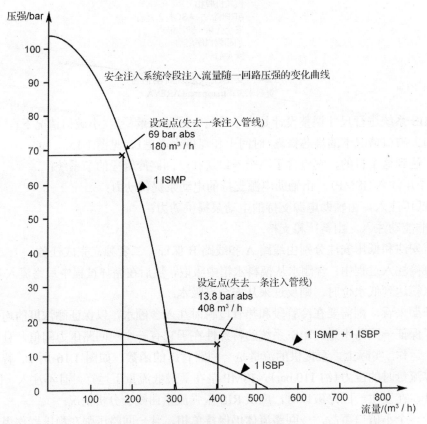

图 1.16　安注系统流量随压强变化的最小特征曲线（失去一条注入管线）
资料来源：transparent AREVA

　　一回路压强的降低与稳压器观察到的质量损失相关，会导致破口流量降低和安注流量的增加. 这两种效应相互作用，抑制质量损失，达到平衡，具有热工水力稳定器的效果.

　　因此，在达到一个平衡压力时，RIS 补偿了破口流量，稳定了一回路水量. 所有在此平衡状态下的扰动(如 RIS 两条线路中的一条停止)都会导致一个新的平衡稳定状态.

　　在中破口事故下情况有所不同，因为一回路冷却剂很快变成两相流. 因此，一回路压力与蒸汽数量相关，蒸汽的产生与凝结取决于一回路能量平衡，由以下几个不同的能量项决定：

　　(1) 堆芯产生的能量，有时需要加上泵的能量；

　　(2) 破口流失的能量；

　　(3) 蒸汽发生器带走的能量；

　　(4) 与 RIS 冷却相关的能量项.

　　一回路饱和压强温度降低使得破口损失和蒸汽发生器带走的能量减少. 这两种效应相互作用，产生了热工水力稳定器的效果，以抑制一回路压强温度的继续降低. 这样可以达到一个压力平衡，排出的能量等于产生的热量. 在这个压力下，只要破口处流失的不是蒸汽，RIS 流量不能完全补偿破口流量. 此外，接下来将会看到，即使启动了 RIS，中破口和大破口仍会导致或多或少的瞬态的堆芯裸露(第 4 章).

　　当发生一、二回路破口(蒸汽发生器管道)时，安全注入系统可能需要停止(第 6 章).

1.3.3.3　一回路冷却剂丧失，堆芯失水

　　一回路 3/4 的冷却剂处于堆芯上方. 这种设计能够保证当发生冷却功能丧失导致水量减少时，堆芯裸露会有较大的时间延迟. 当然，这个延迟时间在发生一回路冷却剂丧失时会变得很短，且破口越大时间越短. 除了蒸汽发生器和主泵之间的中间管道(称为 U 形管)，一回路的管道都处在堆芯上方的同一水平面上(图 1.17). 除非是非常特殊的情况(如大破口，见第 4 章)，否则安注系统在冷管段注入的水都必须在经过堆芯实现冷却之后才能流出一回路.

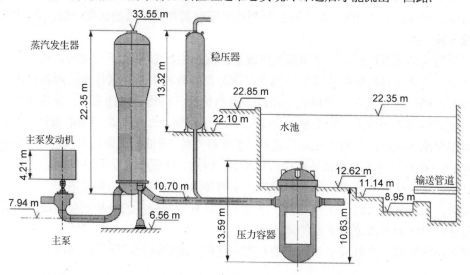

图 1.17　一回路高度分布

资料来源：*Chaudière REP*, EDP Sciences

1.3.3.4　包壳和载热流体间的换热系数的减小

反应堆功率运行时,虽然堆芯被浸没且一回路冷却剂处于单相状态,但堆芯仍有可能出现膜态沸腾的风险,导致燃料包壳和载热流体间的换热系数 h 减小. 反应堆停堆但无安注时,这种情况会导致糟糕的两相流状态. 当发生堆芯裸露时,燃料包壳和冷却剂间的换热系数变得极小,不足以导出燃料产生的能量. 因此,堆芯达到的温度就决定于余热水平、时间以及失水深度.

1.3.4　往蒸汽发生器传递能量的功能的丧失

往蒸汽发生器传递能量的功能的丧失相对而言不那么令人担忧,因此会在本书附录 A0 给予证明. 这里仅作一个简短的介绍.

在正常工况下,一回路电动主泵组提供的机械能补偿了回路的水头损失[①]. 因此,在正常的单相流甚至非正常的两相流情况下,一回路冷却剂都会进行强制循环. 但主泵功率的丧失,会立刻导致燃料包壳处出现沸腾的风险. 这就是保护系统要求吸收棒下落(见第 1.2.3 节)的原因. 然而,堆芯余热也可以通过自然循环(或热虹吸)传递到蒸汽发生器.

实际上,西屋公司的理念(法国反应堆也来源于此)是,管道的出口(冷源)设计在堆芯(热源)的上部,这有利于自然循环的形成. 热虹吸的动力(表示为 $\Delta\rho\cdot g\cdot h$)来自于热水管段和冷水管段的密度差 $\Delta\rho$.

瞬态情况下,一回路主泵停止工作,堆芯流量减小,一方面回路中 $\Delta P_{résistant}$ 降低,另一方面堆芯出口处流体温度升高, $\Delta\rho$ 增大,因此产生了热虹吸的动力 ΔP_{moteur} . 这两种效应相互作用,具有热工水力稳定器的效果,直至达到平衡状态 $\Delta P_{moteur}=\Delta P_{résistant}$. 此时的平衡流量即为自然循环流量(图 1.18).

当情况恶化时,由于一回路冷却不足或破口引起的压强下降(饱和温度下降),堆芯出口处可能会出现饱和. 因此,会出现由单相热虹吸向两相热虹吸的转变,出现含 10 %蒸汽的流量峰值.

对于更大的蒸汽比例,一方面蒸汽出现在蒸汽发生器 U 形管下行部分,另一方面水头损失增加,这将导致自然循环流量的消失,称为热虹吸的中断,这伴随着两相分离.

然而,热传递功能在热管模式下通过"潜热传递"仍然有可能实现. 堆芯产生的蒸汽上升,穿过热管段到达蒸汽发生器 U 形管,与由二回路冷却的管道接触后凝结. 冷凝水由于重力作用流向堆芯,与蒸汽流逆向流动. 不可凝气体[②]降低该现象的效率已在 Bugey2 事件(1987 年)和后三里岛的测试环路中得以验证. 因此,只要蒸汽发生器 U 形管中不可凝气体的量不过多,从堆芯到蒸汽发生器的热功率的传递还是可以得到保证的.

最后,当主泵停闭时,在自然循环作用下,只有非常少量的冷却剂会流过压力容器的圆顶部分,即压力容器顶盖下方的体积.

因此,它就像一个独立于一回路的热容. 随着停堆的进行,尽管一回路的其他流体都

---

① 在停堆状态,通过 RRA 系统的泵来强迫循环实现局部的热量传递.
② 例如,不可凝气体可以是金属氧化产生的氢气(如燃料包壳),蓄电池中的氮气,或者辐射分解产生的气体.

处于不饱和状态，但伴随一回路压强和温度的降低，压力容器圆顶的流体会保持高温并达到饱和条件，这导致圆顶内气泡的产生. 气泡的扩张束缚着管道，而且会导致稳压器水位测量错误. 值得注意的是，此现象并非由理论研究所证明，而是通过对 St. Lucie 事件（美国，1980 年）的分析得出的.

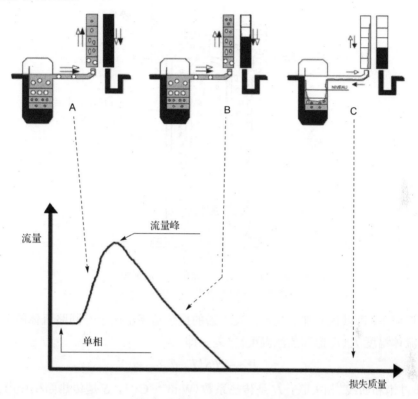

图 1.18　随着一回路冷却剂质量减小自然循环流量的变化（A→B→C）
资料来源：transparent AREVA

1.3.5　堆芯冷源——蒸汽发生器失效

蒸汽发生器是堆芯输出功率时的冷源.

本节中我们研究事故状态下蒸汽发生器正常运行的条件，特别是给蒸汽发生器供水和排出蒸汽的措施，以及在蒸汽发生器失效后可以采取的应对措施.

1.3.5.1　蒸汽发生器的运行条件

西屋公司类型的蒸汽发生器（图 1.19）的工作方式是两相自然循环.

一次侧，水从进水口室进入蒸汽发生器，在蒸汽发生器的倒 U 形管内重新分布，然后通过出水口室流出蒸汽发生器.

二次侧，液态水在环绕蒸汽发生器的环形空间内下降，然后在蒸汽发生器的管束空间内折流向上并被加热，然后部分汽化. 在管束的出口，一些旋叶式分离器把水汽分离开来. 饱和水与二回路给水混合后再次循环. 循环的动力是环形包层内不饱和水和管束中二相混合水的密度差.

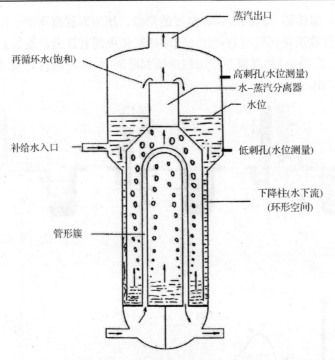

图 1.19　蒸汽发生器的工作原理图
资料来源：*Chaudière REP*，EDP Sciences

　　一级近似下，可以认为堆芯与蒸汽发生器的换热功率正比于一回路流体的平均温度 T_m 与二回路流体温度 T_v（T_v 饱和蒸汽温度）之差，即

$$W_{GV}=H \cdot S(T_m-T_v)$$

T_v 和 P_v 通过饱和曲线①相关联，H 是传热系数（$W \cdot m^{-2} \cdot {}^\circ C^{-1}$），$S$ 是传热面积（m^2）.

　　在有功率产出的条件下，该系统与涡轮交流发电机组的功率调控以及由控制棒调控的一回路的平均温度具有从属关系. 除了有功率产出的情况，我们用蒸汽旁路系统调节二回路压强，进而改变蒸汽发生器的交换功率，最终实现一回路的温度调控.

　　一回路的温度控制是通过改变传给蒸汽发生器的功率（W_{GV}）使其匹配二回路压强 P_v 实现的，这一过程由内部系统 GCT 实现（见第 1.3.5.3 节）. 这是伴随汽轮机脱扣的标准状态，也是事件和事故的状态（自动停堆后汽轮机脱扣）.

　　蒸汽发生器具备良好传热作用的先决条件是二回路的水量保障，即给水措施的有效性. 事实上，蒸汽发生器内给水流量和蒸汽流量的不平衡可能导致二次侧的裸露. 除了再次恢复给水后给管板带来的热应力风险外，这种裸露也会损害交换面积. 这种损害来源于二回路.

　　我们将蒸汽发生器裸露过程分为几个阶段：

　　(1) 首先是环形区域的水位下降，但没有失去再循环流量；

　　(2) 其次是再循环流量消失；

　　(3) 最终是组件内水逐渐蒸干②.

---

① 我们假设在一级近似下，传热系数 H 不随二回路的蒸汽流量变化，然而蒸汽流量将影响沸腾状态.

② 一些实验已经证明，只要蒸汽发生器内最少有 1 m 水位的水，那么这对剩余功率仍是有效的.

在一回路中产生不可冷凝气体和暖气管传热模式的事故状态下，一部分不可冷凝物质聚集在蒸汽发生器热管的高点，因此交换面积减小，产生有损于交换质量的后果，这种损害来源于一回路. 可是，如果蒸汽发生器带走的功率降低，将使得一回路水的饱和温度和饱和压强升高，将压缩不可冷凝气体的体积，从而在新的平衡状态下[1]补偿一部分交换面积. 这是一个热力学的负反馈作用，此负反馈具有稳定反应堆的作用.

另一种异常运行：如果一回路的温度低于二回路的温度，一回路与蒸汽发生器的传热方向将逆转. 这种情况对应于一回路压强大幅度降低并过渡到两相状态(一回路冷却剂流失事故，大破口，见第 4 章)或对应于一个蒸汽发生器被隔离并且一回路流体的冷却剂被其他蒸汽发生器消耗(蒸汽发生器管道破裂，见第 6 章)的情况.

在换热逆转后，蒸汽发生器运行奇异：管束区域的二回路水被一回路冷却. 这部分温度低且更重的水停留在管束界面位置，其上部是位于水汽界面的饱和状态的水. 这种成层的热力学现象会导致在凝结顶部水蒸气时具有一定的困难，并会降低蒸汽发生器内的压强. 为了暂时缓解这种现象，启用蒸汽发生器清洁系统(APG)可使蒸汽发生器水位恢复到管束区域. 这个系统仅在处理时起到作用，但是不被列为安全处理系列(见第 6 章).

1.3.5.2 蒸汽发生器辅助给水系统给蒸汽发生器供水

在事故状态下，蒸汽发生器由蒸汽发生器辅助给水系统快速供水，这个系统(ASG)代替蒸汽发生器常规给水系统(ARE)以确保剩余功率的排出. 这个系统的启动方式有：手动启动，安注(IS)信号，ATWT(瞬态伴随自动停堆失效)信号，一些表征 ARE 涡轮泵脱扣的信号和表征二回路正常水量失衡的信号(GV 水位很低[2]，TBN<15 % GE)，如图 1.20 所示.

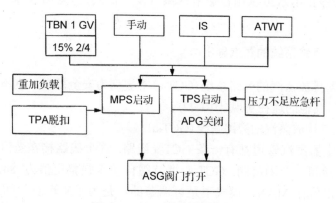

图 1.20 ASG 系统的启动信号

资料来源：transparent AREVA

蒸汽发生器辅助给水系统也可以由其他设备给水(例如，被 SER 系统给水，SER 为可以向蒸汽发生器给水的矿质水水箱). 这个系统由一个储存矿质水的水箱和各种注水设施构成(图 1.21)：

---

① 当一回路中不可冷凝气体的质量变得显著时，暖气管的效率逐渐降低并消失.
② 附录 A0 详细介绍了蒸汽发生器水位的测量.

（1）一些由备用电路供电的电动泵；

（2）一些从蒸汽管线提取部分蒸汽获得动力的涡轮泵，这些泵也可以由电力驱动.

ASG回路

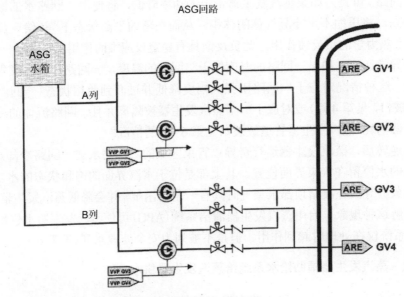

图 1.21　ASG 原理图

资料来源：transparent AREVA

　　ASG 系统由两个互相独立的线路构成，每个线路给两个蒸汽发生器给水. 在每个线路上，有一个调节阀可以用来调节蒸汽发生器内的水位. 最后要注意的是，对于某些事故状态，ASG 的停止给水可以由被影响的蒸汽发生器决定（见第 3 章的 RTV 和第 6 章的 RTGV）.

1.3.5.3　蒸汽旁路系统的蒸汽导出

　　如果向冷凝器排放蒸汽的旁路系统（GCT-c）不被列为安全处理，则不能启动运行，蒸汽的疏导就要通过其他的途径实现（图 1.22）.

　　（1）通过向大气排放蒸汽的旁路系统（GCT-a）.

　　每个蒸汽发生器蒸汽管道都有一条 GCT-a 线路，这个线路接在蒸汽隔离阀之前. 阀门包括一个调节阀和一个隔离阀. GCT-a 调节阀自动压强整定值为 84.6 bar. 在控制室里，这个压强整定值在 MANU 模式下是可调节的，是为了实现对一回路流体的温度控制（见第 1.3.5.1 节）.

　　（2）在 GCT-a 不足以实现蒸汽疏导时，通过二回路安全阀门疏导蒸汽.

　　每个蒸汽发生器蒸汽管线都配备两组根据压强值自调节的阀门，是为了保证蒸汽发生器内的压强不超过计算值（89.6 bar）的 110%. 这两组阀门的阈值分别为 90.6 bar 和 92.6 bar.

　　每条蒸汽管线上位于 GCT-a 和 GCT-c 之间的隔离阀能够保证迅速隔离蒸汽发生器. 因为在正常工况下，它们连接在一个共同的点上：蒸汽筒. 这种保护措施，例如在 RTV 工况下（第 3 章），可防止出现某一个蒸汽发生器压强独降的现象.

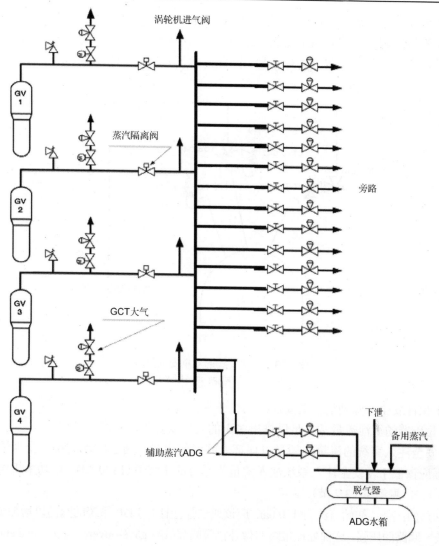

图 1.22　蒸汽管线原理图
资料来源：*Chaudière REP*，EDP Sciences

1.3.5.4　蒸汽发生器失效的应对："补排"（gavé-ouvert）模式下一回路冷却

在由蒸汽发生器提供的冷源功能完全失效的情况下，一回路的温度会上升并且一回路流体会膨胀. 膨胀的体积将进入稳压器中，这将压缩蒸汽从而一回路压强升高. 这种瞬态变化将促使稳压器的安全阀门打开（图 1.23）.

稳压器的安全阀门由三条管线构成，每条管线上有两个串联的阀门：一个保护阀门和一个隔离阀门[1]. 这些阀门通过将蒸汽排放到稳压器的下泄池（RDP）[2]，把一回路压强限制在一个可以接受的值. 稳压器下泄管线（LDP）的压强值为最低压强整定值（166 bar）. 一个

---

① 第一个保证了开启状态，第二个保证了关闭状态.
② 位于反应堆厂房内，在连续排放蒸汽的情况下其保护隔膜被取出，实现稳压器和安全壳的直接连通.

受控于控制室的电磁装置保证了开阀状态：这是下泄或开启模式.

　　在蒸汽发生器完全失效的工况下，这些阀门允许排出一部分剩余功率，一回路裂口排放出的蒸汽也会放热[①](见第 1.3.3.1 节). 因此，必须开启安全注入系统，以补偿一回路的流体损失.

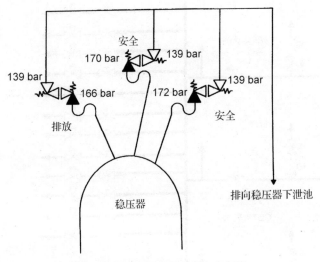

图 1.23　下泄管线的双重安全保障

资料来源：transparent AREVA

为了保证安全冷却功能，需要满足两个条件：

　　(1) 稳压器的下泄流量必须足以排出多出的功率或等于堆芯产热功率；

　　(2) 安全注入系统的流量必须足以保证一回路的水量；为了实现这种安全保障，一回路的压强应该低于使安全注入系统注入流量为零时的压强值(1300 MW 电功率机组对应压强值 110 bar，见第 1.3.3.2 节).

　　一回路的压强，初始值约为 170 bar. 应该通过强行打开 LDP 系统的阀门以增加蒸汽排放量来降低一回路的压强. 这种处理策略叫做补排策略(法语：gavé-ouvert，英文：feed and bleed).

　　压强的降低减小了破口流量，增加了安全注入系统的注水流量，直到达到流出流量和注入流量平衡时的压强值.

1.3.5.5　由 GV 冷却向 RRA 系统冷却的回退

　　在达到接合条件(在 28 bar 和 180°C 之下)后，停堆冷却系统(RRA)将补充 GV 系统的功能. RRA 系统包括两个独立的通道，每一个通道都具有冷却一回路的功能(图 1.24). 每个通道包含：一条热段吸气管线，一个由备用电路驱动的泵，一个热交换器(RRA/RRI)及其旁路管线，一个安全阀和一个使交换流量和泵流量匹配的调节阀，在冷段进行加压输送.

　　为了使反应堆达到 RRA 系统的接合条件：压强低于 28 bar，温度低于 180°C. 需要降低：

　　(1) 一回路压强.

　　为了降低一回路压强，有如下措施：

---

① 重要批注：隔离阀隔离裂口.

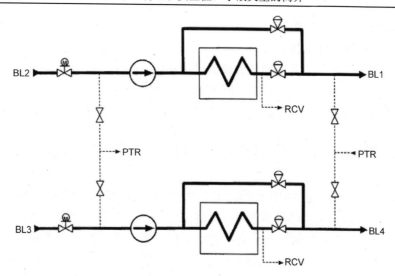

图 1.24　RRA 系统原理图

资料来源：transparent AREVA

① 常规或辅助喷淋系统[①]；

② 稳压器水位降低(由一回路流体体积收缩或一回路流体质量损失引起，由 RCV 系统的上冲下泄差实现)；

③ 最后，稳压器蒸汽下泄管线开启.

(2)一回路温度.

在这个操作中，操作员调节 GCT-a 系统的整定值(图 1.25)，甚至要求阀门完全打开，

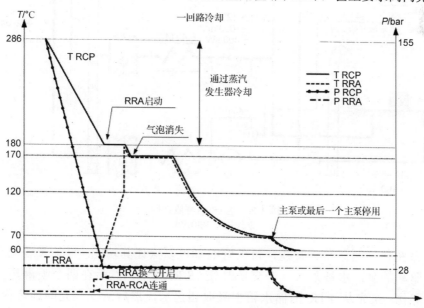

图 1.25　温度-压强下降图

资料来源：Chaudière REP，EDP Sciences

①　常规喷淋系统的使用，是较缓和的措施，在控制时使用；常规喷淋系统出现状况时，经由 RCV 系统的辅助喷淋系统启动.

以得到最大的降温梯度. 在整备之后，RRA 系统将会与一回路连通. 因此，可能消除稳压器内的气泡并过渡到单相液体状态.

在允许主泵停止工作之前，通过调整流过 RRA 系统交换器的流量，实现冷却在定压下进行，这是为了将反应堆调至一回路降压的冷停堆下进行检修.

这个瞬态将在第 8 章中以问题的形式介绍，并从能量守恒的角度加以分析和研究.

1.4 影响安全功能的事故：密闭性，由第三道屏障保障

在事故状态下，应该保证密闭性这一安全功能. 在有质量或能量向安全壳内泄漏时(一回路或二回路裂口)，安全壳喷淋系统(EAS)这一保护系统为第三道屏障的完整性提供了保障. 这个系统的设计初衷是限制安全壳内的温度和压强，通过输运和喷洒含有化学添加剂的硼化水[①]，冷凝部分安全壳内的蒸汽. 这个系统可以手动启动或在安全壳内压强很高(max4=2.6 bar)时自动启动(图 1.26).

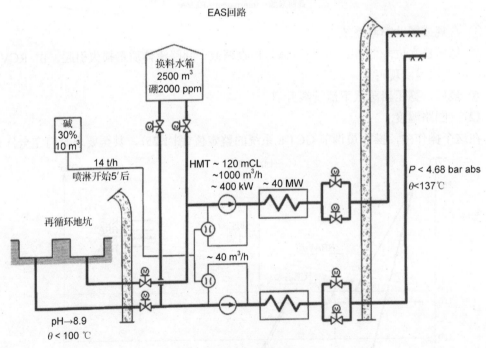

图 1.26　EAS 系统原理图
资源来源：AREVA

EAS 系统包括两条平行管线，每条管线都可以保证其功能. 每条管线配有一个由备用电路驱动的泵，水被泵入一个交换器(EAS/RRI)中，然后在两个喷淋环上分布的管道中被雾化. 泵先从 PTR 的储水箱中吸取硼化水，然后从安全壳的地坑内吸水(再循环). 需要注意的是：在实现维持地坑内的水温与 RIS 系统正常功能兼容这一目标

[①] 为了降低安全壳内蒸汽中的放射性碘的量.

中，EAS/RRI 的交换器具有决定性作用. 正是 EAS 系统保证了把堆芯产生的剩余功率排出到安全壳之外.

需要补充的是，通过隔离某些套管(表 1.5)实现的隔离措施也可以保证第三道屏障的完整性. 在遵循安全条例的研究中，为了应对一回路和二回路裂口的工况，需要采取这种措施.

表 1.5 安全壳和蒸汽管线的隔离信号

动作	信号	阈值
隔离安全壳第一步	IS 系统信号(例如，安全壳内高压 max2)	
隔离蒸汽管线	TBTBF：冷段温度过低	267℃
	低蒸汽压强	41 bar
	管线内压强快速降低	−7 bar/s
	安全壳内高压(max3)	1.9 bar
	手动信号	
隔离安全壳第二步	安全壳内高压(max4)	2.6 bar

一个意外的工况可能引发问题，因为这个工况可能对第三道屏障产生影响.

事实上，二回路穿透蒸汽发生器，因此不能形成密闭性的防线. 另外，蒸汽发生器的管路既是第二道防线也是第三道防线的组成部分. 在蒸汽发生器管道破裂(RTGV)的工况下，两道防线的同时损坏导致一部分一回路放射性流体泄漏到环境中. 对于压水堆而言，这种情形构成了一种可以接受的事故工况. 这种工况将在第 6 章中研究.

最后，在纵深防御策略下，我们将研究堆芯熔毁事故.

事实上，基础研究工作将使得下列现象更清晰明显：

(1)熔堆后，安全壳内的氢气爆炸；

(2)压力容器被堆芯熔体熔穿后，蒸汽在压力壳地坑中的爆炸或堆芯熔体与混凝土的作用.

对研发部门来说，这些现象是导致第三道屏障不能依照事故状态进行定量设计的主要原因. 这些知识点是第 9 章的主要研究目标.

1.5 支持系统：RRI/SEC 流体系统和一些电力支持

在之前的内容中，我们根据安全功能区分了一些给水保护系统. 就像在图 1.27 中看到的，这些方式取决于支持系统，如最终冷源系统、RRI 系统、特别是给各种电动泵组供电的电力支持设施. 最终冷源系统为冷却核电设施和常规设施提供用水.

对于海边的位置①，有天然的冷源：从海中抽取反应堆安全冷却用水，然后被加热的水被天然水系统 SEC(开放冷却回路，详见第 5 章)排放到海中.

RRI 系统由 SEC 回路冷却(图 1.28). SEC 和 RRI 系统分别包含两条平行管线 A 和 B，每条管线都能保证其功能的完整性. 每条管线的泵由相应的电力设施驱动. 因此，完全失电事故将引发冷源失效事故.

---

① 对于水量不充足的江边位置，运行中的二回路被经由空气冷凝器的气体冷却. 安全回路仍然取决于开放回路：抽取天然水，然后把被加热的水排放到抽水源中.

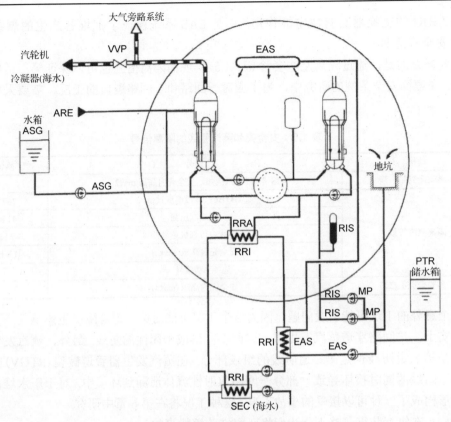

图 1.27　压水堆流体系统原理图
资料来源：transparent AREVA

表 1.6 总结堆芯的预备冷源. 这些预备冷源可以按以下原则区分：从蓄水池取水的开放流体系统和使用由 RRI/SEC 冷却的交换器的闭路系统.

表 1.6　开路(水源)或闭路(交换器)类型的备用冷源

堆芯冷源	开路系统(储水箱)	闭路系统(交换器)
蒸汽发生器	ASG(ASG 水箱)+GCT-a	
停堆冷却系统(RRA)		RRA(RRI/SEC)
补排(gavé-ouvert)	RIS(PTR 水箱)+LDP	EAS(RRI/SEC)

关于反应堆的电力分布，将涉及 5 个不同的电源(只有一个是必要的)，这些电力源要满足以下安全要求：

(1) 每个反应堆有两个给 A、B 电路网供电的外部电源设施(一个主线路，在正常工况下使用，一个辅助管线，在主管线[①]出现严重故障时使用).

(2) 在完全失去外部电力供给的情况下，两组柴油发电机 A 和 B(一个就足够，一个电路能够满足对一条管线 A 或 B 的供电)供电.

---

① 运行中的反应堆的外部电源主线路网出现故障时，实施分管制度(涡轮交流发电机与电网隔离，由备用发电机组供电). 在失电情况下，进行从外部电源主线路向外部电源辅助线路的翻转. 然后启动自动停堆，主泵停止运作.

（3）在外部电力供给以及柴油机完全失效的情况下，A 或 B 管线的电力供应可以由一个叫做紧急冷却的机组（每个位置一个）提供，例如，一个燃气涡轮机（TAC）或其他的发电机组.

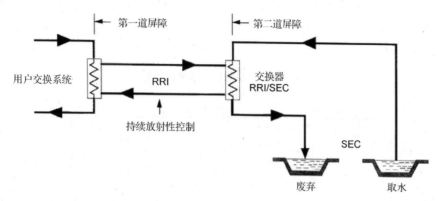

图 1.28　RRI 和 SEC 系统原理图
资料来源：transparent AREVA

除此之外，一些重要的设备安全保障系统配有专门的电力供给：

（1）救急电池；

（2）最后，一个 LLS 系统涡轮交流发电机组由蒸汽发生器产生的蒸汽驱动.

电源的重复设置和多样化与纵深防御逻辑相呼应（图 1.29）. 回顾 ASG 系统的设计可以发现，这种设计保障了汲水方式的多样性，同时涡轮泵向电力驱动过渡.

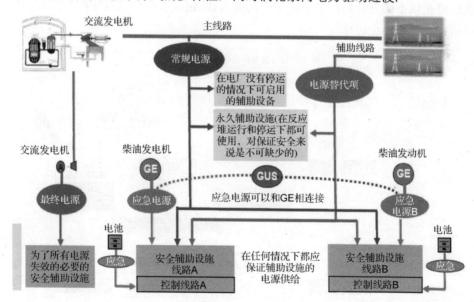

图 1.29　一个法国核电站的电力供给设施原理图
资料来源：transparent IRSN

支持系统的失效，冷却系统或/和电力供给系统的失效将在第 5 章中涉及，研究的背景是福岛事故.

1.6　事故中安全功能的管理总结

总结这一章，可以看到为了保障设备的安全性，一方面需要安全保护的自动性，另一方面需要实行手工操作. 表 1.7 总结了不同自动化系统各自的功能，主要是关于三道屏障的安全功能和完整性.

表 1.7　自动化保障系统的功能

	安全功能 反应性控制	安全功能　功率疏导		第二道屏障的 完整性	第三道屏障的 完整性
		水量(功率 导出)	冷源(功率 导出) ← →		
AAR	☑	☑	☑	☑	☑
IS	☑	☑			
VVP 隔离	☑				☑
ARE 隔离 ASG 启动			☑	☑	
BRψ_1 隔离					☑
BRψ_2 隔离和 EAS					☑

本章中安全处理原则的目标是保持安全功能，即疏导出一回路热功率. 图 1.30 总结了这些原则. 列在图中的保护措施和一些相应的流体保护系统的职能是保证这项安全功能.

我们将在以下部分看到：当一个安全功能占优(链式反应控制或密闭性)时，某些流体系统可能会被要求停止运行.

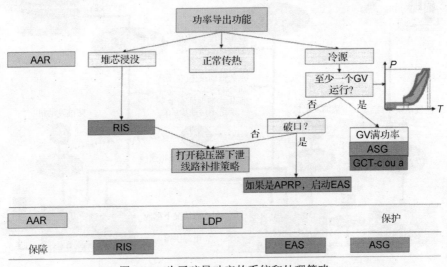

图 1.30　为了疏导功率的系统和处理策略

1.7　章 末 习 题

点模型、守恒方程以及解答习题和问题所需要的数据见本书的第 5 章.

1. 中子的负反馈效应实现的反应堆自平衡

考虑一个 1300 MWe 的反应堆，堆芯处于寿期初，反应堆处于热停堆状态(没有和汽轮机组匹配)：

(1)反应性为零且核功率为零，在多普勒效应阈值以下；

(2)所有的控制棒处于手动控制状态，硼浓度稳定在 1200 ppm；

(3)4 个主泵处于运行状态；

(4)蒸汽发生器处于运行状态，由 ASG 系统供水，通过 GCT-a 排放蒸汽.
初始操作为通过提 R 棒给堆芯引入+50 pcm 的反应性.

在瞬态过程中，我们假设自动停堆系统没有被启动，并且假设没有人为干预.

(1)解释堆芯的自稳定性；

(2)运用压水堆系统的节点模型,证明初末状态的功率变化正比于初始状态引入的反应性.
假设：

① 在瞬态过程中，由二回路压强(压强值为 GCT-a 阈值)确定的二回路温度可以认为是定值. 在这些条件下，二回路功率将与一回路功率匹配(堆芯主动变化)；

② 考虑到瞬态的瞬时性，忽略反应性在瞬态过程中的变化.

(3)数据应用:计算堆芯的最终功率,考虑 R 棒在初始状态引入的反应性为 $\Delta\rho$=50 pcm.

2. 关于 GMPP 失效的系统的保护设计

考虑一个正常工况下(100%P_n)的 1300 MWe 的反应堆，一部分外部电力供给失效导致 4 个主泵同时失效.

考虑到泵的飞轮的惯性，因此泵的旋转速度 Ω_{GMPP} 和一回路流量都随时间缓慢减小(假设这两个物理量成正比).

我们假设转速呈线性递减

$$\frac{d\Omega_{GMPP}}{\Omega_{GMPP}} = -7\,\% \cdot s^{-1}$$

(1)与沸腾危机相比，请解释这种会导致边际裕度下降的情形的危害更轻.

(2)研究初始状态,初始状态的 RFTC 为 2. 验证和低 RTCF 状态的一般保护措施相比，这种情形的专有保护措施的引入更为提前.

我们认为 RFTC 和主泵的转速 Ω_{GMPP} 之间有如下关系：

$$\frac{d\,RFTC}{RFTC} = 1.2 \times \frac{d\Omega_{GMPP}}{\Omega_{GMPP}}$$

(3)在考虑以下延迟的情形下，验证即使只有一般保护措施引入的情况下，和这种危机(RFTC>1.17)相联系的安全准则也没有被打破.

① 就 AAR 系统而言，命令和动作之间的时间延误为 0.7 s(逻辑延误，打开棘爪的延误……)；

② 中子通量的降低和热流密度的降低之间的时间差为 1 s.

我们参考表 1.4 中给出的 AAR 的不同阈值.

3. AAR 之后的负反应性裕度

我们尝试估计在正常运行中($100\%P_n$)引入自动停堆后的负反应性裕度,也就是得到的次临界水平.

我们作如下假设:

(1)插入所有控制棒引入的负反应性为-8000 pcm;

(2)能引入最大负反应性的控制棒没有降落,该控制棒可引入的负反应性为-1000 pcm;

(3)我们认为控制效率的不确定性为 10%;

(4)R 棒初始状态时位于其最深位置,引入的负反应性为-500 pcm;

(5)机组功率补偿精度的不确定性为 300 pcm;

(6)轴向功率偏移现象的反应性为$+1200$ pcm;

(7)忽略气泡效应(见附录 A2,A2.1.1);

估计负反应性裕度并和 Gemmes 管理的要求裕度(-1800 pcm)比较. 1300 MWe 的其他数据,参见附录 A5.

4. 硼化效率:FRB(自动硼化功能)情况

我们提议跟随循环进程,估计自动硼化系统的硼化效率并作灵敏度研究. 我们假设只有 FBA 系统向一回路以一定值流量注入流体.

5. 单个蒸汽发生器的焓守恒方程

用质量流量列焓值守恒方程,从而估计正常工况下一个蒸汽发生器的传热能力.

我们认为蒸汽发生器出口处的蒸汽率为 1(实际上是 0.999),并且忽略下泄流量(供水流量的 1%).

6. 计算单个主泵的水力功率

从温度出发,给出冷管段温度和热管段温度随功率的变化,确定 1300 MWe 需要的环路体积流量. 这个流量对应的是湍流状态,因此环路中的能量损失很多,其数量级为 7.6 bar(热管段).

重新计算一个主泵(GMPP)的水力功率的数量级.

7. FBA 阀门的不适时启动导致的 Sebim 阀门的启动

考虑一个 1300 MWe 正常工况下的反应堆.

一个非实时出现的信号使得自动硼化系统(FBA)启动. 一个上冲泵向一回路的注水使得稳压器内水以相同的流量速度上升,因此活塞效应导致一回路压强过高.

计算达到使第一组 Sebim 阀门开启的压强所需要的时间,假设气相流体等熵变化.

我们假设：

(1)没有其他进入或流出一回路的质量流量；

(2)稳压器内气相和液相之间没有能量和质量交换；

(3)虽然有压强变化，但假设水没有物理性质变化.

问题 1　蒸汽发生器完全失水事故研究(H2)

点模型，守恒方程以及解答习题和问题所需要的数据见本书的第 5 章.

考虑一个 1300 MWe 的反应堆处于正常工况下. 常规给水系统(ARE)失效，即正常工况下向蒸汽发生器供水的系统失灵.

1. 确定 ARE(保护)介入的时刻

我们首先要研究的是瞬态过程中蒸汽发生器蒸干的过程. 在 ARE 系统失效后，其给水流量在 5 s 内线性递减为零. 我们把蒸干过程分成两个阶段.

1a：10 s 内，主要由进出流量差控制，直至蒸汽发生器内完全达到饱和状态(管束底部达到饱和条件).

1b：主要由蒸汽发生器内的储存水控制，水位很低时自动停堆系统 AAR 启动，汽轮机脱扣.

确定 AAR 的介入时间，蒸汽发生器水位降低至窄量程的 15%.

2. 蒸汽发生器失效：没有采取处理措施下的堆芯裸露

在 AA 启动之后，假设 ASG 系统启动失败，反应堆处于蒸汽发生器完全失去供水的工况.

控制棒已经下插，把堆芯功率降至剩余功率水平.

在没有其他防御措施的情况下，我们观察到三个阶段：

2a：蒸汽发生器完全蒸干，导致一回路疏导能量的功能完全失效；

2b：一回路温度压强上升直至 Sebim 阀门打开进行降压；

2c：一回路水蒸气通过 Sebim 阀排出，直至堆芯裸露，在安全注入系统没有启动的情况下，计算一回路的压强.

这个习题的目的是定量分析三个瞬态的时间的数量级.

我们做如下假设，简化题目：

(1)应用点模型，认为稳压器以外的一回路部分是匀质的(主泵在运行)；

(2)根据保守估计原则，在 2b 阶段，我们忽略结构的热惯性；

(3)在 2c 阶段，在计算时使用水在 155 bar 下的物理性质数据(即使一回路的压强已上升至 Sebim 阀门的整定值). 另外，在 2c 阶段我们认为堆芯以上所有的水都参与蒸发冷却(稳压器内的水和 Sebim 排出的水除外).

总结和三个阶段相关的延迟的相对重要性.

3. 补排处理策略

我们假设自动停堆后 40 min 蒸汽发生器失效，操作员采取补排的处理策略，通过打开稳压器下泄管线降低一回路压强，从而使安全注入系统向一回路注水.

假设一回路的压强稳定在 110 bar 左右，安全注入系统的补充流量和一回路损失的流量相平衡，在考虑以下极端假设的情况下，估计 PTR 储水箱排空时间的数量级：

(1) 排放出的流体是饱和液体或饱和蒸汽；

(2) 主泵工作或停止工作.

总结：取 120 bar 和 80 bar 下水的物理性质的平均值进行估计.

第 2 章　中子吸收剂减少引起的反应性增加事故

2.1　综　　述

本章是第 1 章 1.2 节的总结. 若想获得更多的信息, 请参考 EDP Sciences 出版的原子工程丛书中的 *Exploitation des Coeurs* 一书的第 8 章.

为了确保反应堆的安全, 必须对堆芯反应性进行严格控制, 以保证链式反应不会失控.

反应性这一物理量代表堆芯中子数的增殖因子与 1 的相对差异. 意外的超临界状态会导致反应性为正值.

一种特殊的情况是正反应性超过缓发中子份额 β, 这时两代中子的时间间隔会非常短, 这种超临界状态被称为瞬发超临界. 如图 1.6 所示, 此时堆芯的功率增长与一般的超临界情形完全不同. 在能影响反应性的参数中, 只有部分参数的变化会引起这种瞬发超临界. 这些参数的变化一般体现为一种功率骤增现象. 可能的主要原因有:

(1) 控制棒弹出;

(2) 一回路流体中硼浓度的减小 (非均匀稀释);

(3) 一回路流体的迅速冷却 (由慢化剂效应引起, 这种情况会在第 3 章中专门讨论).

瞬态事故由以下几个条件确定: ① 反应性引入模式; ② 中子负反馈 (多普勒效应和慢化剂效应); ③ 控制保护系统的操作 (如自动停堆系统). 另一个重要的因素是引入反应性的均匀或者非均匀特性, 这可能引起中子通量空间分布的不对称.

在这种情况下, 堆芯可能在两个方面受到影响:

(1) 包壳方面, 可能出现堆芯沸腾、锆-水反应引发的氧化和脆化或由芯块与包壳接触引起的变形;

(2) 燃料方面, 过多的热量会导致堆芯熔化或芯块的破损.

从反应堆安全的角度对这些情况进行研究, 有助于警报系统或安全防护自动措施的设计, 以确保其符合安全准则及纵深防御的原则.

这也是需要通过自动停堆系统让控制棒插入来保护第一和第二道屏障的一种情况.

针对反应性还要区分:

(1) 引入反应性原因相关的堆芯保护特定准则:

① 中子通量过高 (以功率判断中子通量时, 功率在低阈值 (25% P_n) 和高阈值 (109% P_n) 之间意味着中子通量过高);

② 中子通量的变化率过大, 即 $\dfrac{\mathrm{d}\phi}{\mathrm{d}t}$ 过大.

(2) 引入反应性结果相关的堆芯保护一般准则:

① 低 RFTC 值, 应对于堆芯沸腾危险;

② 线功率过高，避免熔堆和限制 IPG 危险.

本章针对 1300 MWe 的压水堆，简要地描述两类由中子吸收剂减少引起的反应性引入事故：控制棒提出事故和一回路流体的硼稀释事故.

2.2　控制棒提出事故

按照发生概率从大到小将不受控的控制棒提出事故分为 Ⅱ 类、Ⅲ 类和 Ⅳ 类.

意外的控制棒提出会引起堆芯中子通量和热通量的增大，以及燃料芯块、包壳和冷却剂温度的上升.

有很多参数会影响这个瞬态事故，特别是

(1) 事故发生的初始状态，如：

① 初始堆芯功率；

② 反应堆所处的寿期状态，也即取决于缓发中子份额 β 以及慢化剂效应系数.

(2) 事故起因，比如：反应性引入的幅度、速率及空间分布的对称性等.

表 2.1 总结了控制棒提出事故的一些特性.

表 2.1　提棒事故的主要特征

事故名称	对称性	事故类型	引入的最大反应性	引入反应性的最大速度	瞬发超临界	参与的负反馈	请求的保护
单根弹棒	非对称	Ⅳ	≈ 600 pcm	≈ 6000 pcm/s	有	多普勒效应	$\frac{d\phi}{dt}$ 和高通量
单根提棒(运行状态)	非对称	Ⅲ	≈ 100 pcm	≈ 1 pcm/s	无	多普勒效应+慢化剂效应	低 RFTC
单组提棒(运行状态)	对称	Ⅱ	≈ 500 pcm	≈ 30 pcm/s	无	多普勒效应+慢化剂效应	低 RFTC 和高通量(高阈值)
单组提棒(次临界状态)	对称	Ⅱ	≈ 2000 pcm	≈ 60 pcm/s	有	多普勒效应	高通量(低阈值)

非对称的情况(单根棒)对堆芯非常有害：核功率的径向分布严重变形，这可能引起堆芯沸腾，甚至在棒提出的区域出现包壳的断裂.

2.2.1　单根调节控制棒弹出事故

这个事故起因于压力容器的间接破裂对控制棒造成压力差(压力容器内和安全壳的压力差)，控制棒受压力而弹出.

由于事故发生的概率十分低，在压水堆核电站的运营中，这类事故被归到Ⅳ类事故之中.

可以证明，弹棒时控制棒的加速度大概有 22 个 g，所以控制棒只需要非常短的时间(数量级大概为 0.1 s)就能完全弹出.

在最恶劣的情况中，反应性的引入会引起功率骤增，堆芯会达到瞬发超临界，并且伴随严重的局部中子通量过高(图 2.1).

弹棒的位置可能出现沸腾危险和燃料中热能的迅速积累，这可能会导致燃料包壳的断裂和放射性物质向一回路流体的泄漏. 其结果可能产生压力激波，一回路的完整性遭到破坏，甚至是短时间内第一道屏障和第二道屏障就失去了作用(比如压力容器中的蒸汽爆炸).

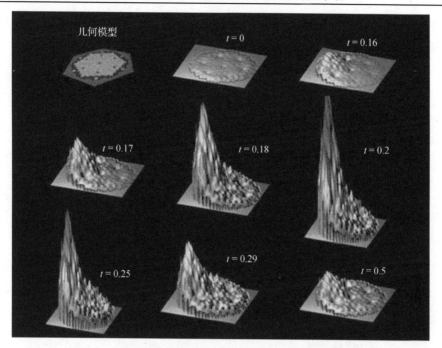

图 2.1　弹棒事故：横截面中子通量变化(时间以 s 为单位)

资料来源：CEA

为了避免这种无法接受的情况出现，可以参考以下几条经验性准则：

(1)进入沸腾危险的控制棒总数量<10%；

(2)局部温度最高处，包壳温度<1482 ℃(针对快瞬态事故)，传给燃料的能量<200 cal·g^{-1}，熔堆体积比<10%；

(3)一回路压强<190 bar.

针对中子通量过高以及 $\dfrac{\mathrm{d}\phi}{\mathrm{d}t}$ 的保护正是这种情况.

从反应堆安全的角度，对此类事故的研究应从对反应堆最不利的假设出发：

(1)初始状态为热启动状态(0%的堆芯功率)；

(2)对结果不利的初始热点因子，与 APRP 的极限对应；

(3)燃料包壳与芯块之间的间隙是开放的，为了限制燃料与一回路流体的热交换；

(4)堆芯运行处于寿期末(β 最小，500 pcm)；

(5)初始状态下，R 棒处于它的插入极限.

R 棒中具有最大负反应性的控制棒弹出，引入约 600 pcm 的反应性，这会导致堆芯进入瞬发超临界(反应性大于 $\beta \approx 500$ pcm).

瞬态事故可分为两个阶段：

(1)由于快中子数目的倍增，可以观察到一个功率骤增(0.2 s 时中子通量约能达到满功率运行时的 10 倍，见图 2.1).

然而，燃料的迅速受热可通过多普勒效应的负反应性使堆芯回到次临界状态，从而限制堆芯的功率. 这一物理现象非常重要，它可以在不到 0.5 s 的时间里控制事故的后果.

(2) 在事故发生的第二阶段，由于先驱核放出的缓发中子的作用，堆芯功率依然还处在较高的水平，但已经开始逐渐下降(图 2.2).

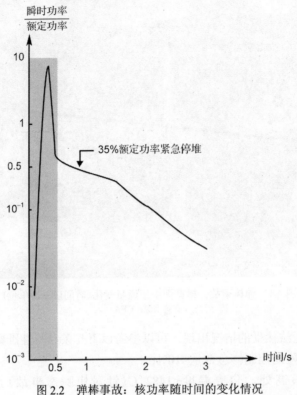

图 2.2　弹棒事故：核功率随时间的变化情况

资料来源：transparent AREVA

考虑到整个事故的时间尺度大概是在 0.1 s 这个量级，自动停堆系统的启动仅在功率达到峰值以后的高中子通量下(低阈值，此处保守地假设为满功率状态的 35%)才会发生. 因为巨大的能量堆积已经完成，负反馈已经实现了让堆芯重回次临界状态，所以停堆系统的作用将非常有限.

在热点处，由于包壳和芯块之间的换热受阻(假设包壳和芯块之间有空隙)，堆芯温度会急剧上升. 接下来，随着包壳与芯块之间的空隙的闭合，燃料温度逐渐趋于稳定，而且并不会超过芯块中心的熔化温度.

包壳的温度会达到 1300℃，虽然低于安全准则的 1482℃，但有蒸干发生(图 2.3).

发生这种事故时，径向功率的形变非常严重(图 2.1). 0.2 s 时热点因子超过 20，热管处(位于弹出棒的下方)的能量急剧上升. 然而芯块的能量沉积不会超过安全准则 200 cal/g 的 75%，这保证了燃料的放射性不会泄漏到一回路水中去.

最后，对堆芯整体而言，经验证可以发现，发生沸腾危险的燃料棒的数量也小于总数的 10%.

因此，在人力操作还没来得及介入时，合理的设计以及对运营技术规范的遵守，特别是对 R 棒的插入深度的控制，能够很好地限制事故的后果. 中子的多普勒效应负反馈在这种事故的控制中起到了至关重要的作用，这一点会在章节后的问题 2 中进行证明.

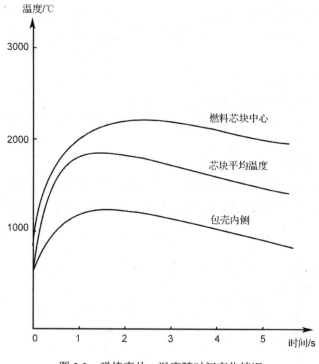

图 2.3　弹棒事故：温度随时间变化情况
资料来源：transparent AREVA

2.2.2　次临界状态和运行状态的整组控制棒提出事故

只考虑两种状态下的整组控制棒提出事故：堆芯处在次临界状态和带功率运行状态.

事故的起因可能是控制棒系统失灵或人为操作失误.

在任何一种情况下，这类事故都属于 II 类事故(可能发生的事件).

这种瞬态事故可以理解为反应性的引入、中子通量的增加以及一回路流体温度的升高.同样地，潜在的危险有包壳上的沸腾和/或堆芯燃料的熔化.

需要遵守的安全准则如下：

(1) RFTC>1.17(WRB1 关系式)；

(2) 最大线功率<590 W/cm(或者芯块上最高温度小于熔堆温度).

因此，就有两种一般性的堆芯保护措施——低 RFTC 值或线功率过高. 另外，还有一种针对性保护措施——中子通量过高(低阈值满功率的 25%或高阈值满功率的 109%).

1) 反应堆次临界

考虑以每分钟 72 步的速度提出黑棒 N_1 和 N_2，初始堆芯状态为次临界.

与之前谈到的弹棒事故相比较，初始条件上的主要差异如下：

(1) 更大的反应性引入(约为 2000 pcm)，但引入的速度较小(+60 pcm/s，比弹棒事故的引入速度小 100 倍)；

(2) 反应性的引入对堆芯的影响是对称的.

在对事故进行的保守性研究中，可以观察到与弹棒事故相似的事故工况. 相似之处如下：

(1) 出现瞬发超临界，在多普勒效应介入后功率达到峰值（满功率的 2～3 倍）；

(2) 在缓发中子的影响下，中子通量一直保持较高水平，随后自动停堆系统因为中子通量过高而启动（低阈值）.

该事故与弹棒事故的主要区别在于热流增大的有限性. 同时，两事故的温度变化和能量变化相似，但对包壳和燃料造成的后果更加有限.

由于自动停堆系统的高中子通量低阈值（25%额定功率）保护等，所有的安全准则都能得到满足.

2) 反应堆带功率运转

考虑一个初始状态为带功率运转的反应堆，只提出一个 R 控制棒组.

事故后果会因为提棒速度（亦即反应性引入）的不同而不同. 特别地，需要的堆芯保护措施也不一样.

迅速提 R 棒（每分钟 72 步，斜率+30 pcm/s）的情况下，中子通量的增加非常迅速，然而向一回路的传热却更慢. 同时，可以观察到，在一回路平均温度几乎不变的情况下，堆芯功率依然在增长（图 2.4）.

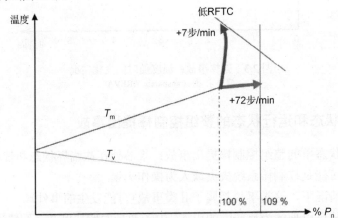

图 2.4　控制棒提出事故：运行点在 T_m-T_v（一回路均温和蒸汽温度）图中的移动

需要的堆芯保护措施则是自动停堆系统的高中子通量高阈值保护（额定功率 109%）.

缓慢提棒（每分钟 7 步，斜率+3 pcm/s）的情况下，由于堆芯的热量有足够时间导出到冷却剂，可以看到热功率随中子功率的变化而变化，同时一回路流体会明显变热（一、二回路未达到热平衡）.

在这种情况下，堆芯功率几乎不变，因为提 R 棒引入的反应性能够被中子负反馈（多普勒效应和慢化剂效应）抵消掉.

此时需要的堆芯保护措施则是自动停堆系统的"低 RFTC 值"保护.

综上所述，可以得出以下结论：

(1) 两种情况下，中子负反馈都参与了调节，第一种情况主要是多普勒效应的作用，第二种情况是多普勒效应和慢化剂效应的共同作用；

(2) 一系列特殊或一般的保护措施相互补充，保证了堆芯在以任意速度提棒时都能受到保护.

2.2.3　带功率运行状态下单根调节控制棒的提出

在带功率运行中单根调节控制棒的提出只有以下两种原因:

(1)电力故障或机械故障的伴随发生;

(2)控制棒排列不齐或操作员不遵守操作规程.

这种情况属于第Ⅲ类事故. 它的特征与之前讲过的(整组提棒)类似, 主要区别在于事故的严重不对称性, 导致在被提出的控制棒下方出现局部热点沸腾危险.

与之前的情况相同, 一系列的特殊或一般保护措施相互补充, 可以缓和事故的后果.

然而, 事故的不对称性限制了一般保护措施的效率, 可能导致检测不出由单根提棒引起的径向中子通量变形.

因此为了满足安全准则, 自动停堆系统特别地提高了"低 RFTC"的启动阈值.

2.3　一回路流体的硼稀释事故

一回路流体的补足是一种常见的运营手段. 与之相关的危险就是不受控的一回路流体稀释, 这会导致硼酸浓度的下降.

只讨论由堆芯的一回路流体的硼稀释事故引起的反应性的引入.

需要区分两种情况:

(1)均匀缓慢稀释(一回路泵运转, 均匀搅拌一回路流体);

(2)非均匀稀释, 可能导致一股低浓度的硼水流迅速注入堆芯.

从 1300 MWe 反应堆的设计就开始研究了第一种情况的安全性.

第二种情况需要再检验, 特别是对于核安全的概率研究. 这种情况的具体过程是: 将一定体积的纯水和(或)冷水储存在一回路或与一回路相连的回路中, 然后在一回路的水力状况发生变化后将它送向堆芯, 导致反应性快速引入.

表 2.2 给出了两种事故工况的特征.

表 2.2　稀释事故的主要特征

事故	事故类型	引入最大反应性	引入反应性最大速率	瞬发超临界	负反馈	需求的保护
均匀稀释	Ⅱ类	≈ 1000 pcm	≈ 1 pcm/s	无	多普勒效应+慢化剂效应	高通量低 REC 值
非均匀稀释	补充类	$\leqslant 8000$ pcm	> 1000 pcm/s	有	多普勒效应	$\dfrac{d\phi}{dt}$ 和高通量

2.3.1　均匀稀释

均匀稀释的情况可能缘于错误的操作, 即控制台失灵和(或)硼溶液质量问题. 这类事故在运行工况下被归为Ⅱ类事故.

事故起因于化学与容积控制系统(RCV-REA)将清水以最大的流量引入一回路. 一回路的泵处于运转状态, 使一回路流体均匀混合.

它导致了一个准线性的反应性引入, 可认为其速率与稀释流量和初始硼浓度成正比(与所处寿期状态有关, 最大约为 1 pcm/s, 参见章末练习).

在这个初始事件后，根据反应堆初始状态的不同，反应性引入速率会产生不同的结果：

(1) 反应堆处于停堆状态，接近临界可能导致堆芯功率异常升高，然而防御屏障并不全是密闭的，安全壳内还可能有人员作业.

(2) 反应堆处于运行状态，在自由状态下(没有调节措施)，连续的反应性引入表现为一回路温度的规律上升，因此一回路压强也逐步升高；堆芯可能达到出现沸腾危险的条件，这也是一个最主要的危险.

需要遵守的安全准则是 II 类事故运行工况下的安全准则，从保守性的角度考虑，有：

① 不能达到出现沸腾危险的条件：RFTC>1.17(WRB1)；

② 不能达到或不能在控制棒掉落后重新回到临界状态(见后文).

针对稀释事故的深层次的保护手段(预警、监控和保护)有以下几种：

(1) 停堆状态下的最小硼浓度，保证了足够的临界差距(−1000 pcm，甚至−5000 pcm)；

(2) 停堆状态下，由 RCV 给水泵控制，PTR 水箱给水的自动喷淋装置；

(3) 稀释事故的特征警报；

(4) 堆芯的一般保护与特殊保护，保证控制棒的下落；

(5) 需要的最小负反应性边界，保证控制棒下落效率.

在事故安全性的证明中，对于深度次临界的情况(初始状态控制棒已经插入)，目的是能在达到临界状态之前停止稀释；对于其他的情况，要在停堆之后，堆芯功率再次异常之前，停止稀释.

需要的人为操作是区分和隔离导致稀释的源头，以及进行硼化以重建所需的临界差距.

2.3.1.1 停堆状态下的均匀稀释

在冷停堆状态下，初始状态的堆芯处于深度的次临界状态(最小值−5000 pcm)，并且所有的控制棒都是处于插入状态的.

危害最大的情况就是水的补给受限，这与第 4.4.3 节讨论的 RRA 低工作状态中的运营相同.

硼的稀释会引起反应性的线性上升，在有中子源的情况下，次临界状态下中子数量会增多.

"停堆高通量"警报会在中子通量达到停堆通量 3 倍的阈值时响起，这能给操作员留下充足的时间(约为 25 min)，赶在堆芯功率异常以前介入.

从冷停堆到热停堆，堆芯的初始状态也是次临界状态(最小值−1000 pcm)，只有一部分的控制棒被抽出(SB). 这部分控制棒可以在紧急情况下插入.

这种情况下，在反应性线性增长之后，堆芯会达到临界状态，功率增长. 这会引起自动停堆系统(AAR)因为"高中子通量"而启动，次临界状态又会重新建立.

这个信号同时将 RCV 系统隔离，并启动由 PTR 水箱给水和由 RCV 给水泵控制的喷淋装置(这是 1300 MWe 压水堆特有的自动装置)：一旦硼溶液触及给水线，稀释即变成硼化，事故就此结束.

2.3.1.2　运转状态下的均匀稀释

带功率运转时，堆芯是准临界的(图 2.5). 除了调节控制棒(灰棒和 R 棒)，所有的控制棒均处于提出状态，且可以在规定限度内被插入堆芯里.

事故工况取决于 R 组控制棒对于调节一回路均温的机动性.

运转状态下的反应堆是与涡轮机组相互耦合的. 由稀释引起的反应性引入会导致堆芯功率与二回路功率的一个轻微但恒定的失衡. 因此，如果 R 组控制棒初始状态是手动控制，一回路的温度就会升高.

中子负反馈补偿了稀释带来的反应性引入. 如果堆芯整体的反应性在事故的第一阶段几乎保持为零，则一回路的均温会持续上升，"低 RFTC"边界逐渐减少.

自动停堆系统会由"低 RFTC"触发，将堆芯带回次临界状态. 这是反馈给操作员的第一个重要信息.

硼稀释继续进行. 第二阶段的危险就是堆芯重回临界. 然而，如果负反应性边界大于或等于运营技术规格(STE)所要求的值，操作员就拥有充足的时间(约 30 min)在重回临界之前来区分并且隔离稀释源.

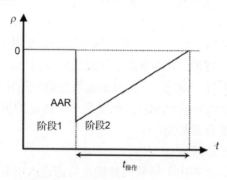

图 2.5　带功率运转下的稀释事故：AAR 以后的重回临界

如果 R 组控制棒初始状态是自动控制，它就会被自动插入以使一回路温度维持在一个设定值，这表现为轴向的中子通量变形.

总体的反应性保持接近零值，因为 R 组控制棒的插入抵消了由稀释所导致的反应性引入.

这种情况下，根据 R 组控制棒的"低极限"或"超低极限"警报，操作员可以进行修正性的操作，区分并隔离稀释源且进行硼化.

如果缺少针对这些警报的操作，一旦 R 组控制棒全部插入，就回到了前面所说的情况("R 组人为操作")：一回路均温升高以及"低 RFTC"边界的逐渐减少：

(1)堆芯依然受到自动停堆系统的"低 RFTC"链的保护；

(2)由于控制棒的下落，负反应性边界上升，即使在没有 R 组控制棒的贡献的情况下，操作员在堆芯功率再次发散之前仍有足够的时间进行反应.

在保守性假设之下，表 2.3 对此做出了总结.

表 2.3　硼稀释：不同初始状态下的主要结果

	初始 Keff	初始状态控制棒是否提出	第一重要信息	第一重要信息延迟时间	重回临界延迟时间	操作员介入延迟时间
低水位 PTB-RRA	<0.95	否	停堆高通量警报	≈ 35 min	≈ 60 min	≈ 25 min
从冷停堆到热停堆	<0.98	SB(冷停堆+SA)	AAR 中子源高通量	AAR 系统触发 PTR 的自动喷淋装置，确保不会重回临界		
带功率 R 棒手动控制	1	是，除了调节控制棒	AAR 低 RFTC	≈ 10 min	≈ 40 min	≈ 30 min
带功率 R 棒自动控制	1		AAR 低 RFTC	≈ 20 min	≈ 50 min	≈ 30 min

总而言之，均匀稀释事故是一种在设计之初就会被考虑的情况. 它的保护手段确保了事故的后果能被限制在一个可接受的程度. 这些保护手段包括警报、堆芯保护、STE 规定的临界差距、控制棒的负反应性边界，以及可允许放射性污染等.

在任意一种情况下，操作员都有足够的时间来停止并隔离稀释源. 随着控制棒的掉落（从冷停堆到带功率运转），堆芯进入(冷停堆)或者重回临界状态被有效避免.

2.3.1.3　无 AAR 系统、无操作员操作的均匀稀释

本节研究在设备操作(AAR 系统)和人为操作(操作员操作)均失效的情况下的均匀稀释后果.

这个事故不属于运行工况下的事故范畴，然而还是需要对此进行研究. 因为这不仅涉及堆芯，还涵盖了整个压力容器. 对该事故的细致研究将以练习的形式在本章末尾给出.

事故的初始状态处于热停堆状态. 二回路的蒸汽由蒸汽排出控制阀(GCT-a)排出，确保了堆芯功率的排出. 辅助给水系统(ASG)的流量是一个固定的值，对应着堆芯初始功率的排出，保证了蒸汽发生器水位的稳定.

事故的发生分为以下几个阶段：

在失去临界差距以后，堆芯由于稀释的持续进行而进入临界状态.

会观察到堆芯功率和二回路功率几乎同时上升(蒸汽排出控制阀逐渐打开).

然而，在这些条件下，只有二回路蒸汽的温度是一个稳定点.

燃料的温度和一回路的温度逐渐升高，尽管稀释一直在进行，多普勒效应和慢化剂效应引起的负反馈却将反应性保持在一个几乎为零的正值.

二回路的蓄水的不断蒸发，保证了逐渐升高的一回路功率向二回路排出. 但由于辅助给水系统的供水不足，将在 20 min 左右的时候观察到蒸汽发生器的蒸干.

一回路与二回路之间的换热效率因此降低，并导致一回路均温的升高. 因此：

一方面，由于一回路流体体积受热膨胀和稳压器的活塞效应，一回路压强迅速升高；压强的升高将会被稳压器阀门的第一次的泄压所限制.

另一方面，堆芯进入一个新的次临界，使得堆芯的热功率几乎下降为 0.

二回路功率固定在使得初始的 ASG 流量恰好蒸发的临界值. 而堆芯一直在进行的硼稀释过程，导致了堆芯再次脱离次临界状态，功率再次发散.

堆芯功率逐渐稳定在一个比二回路功率稍高一点的值，这是因为一回路温度的升高使得中子负反馈效应再度抵消了稀释带来的反应性引入.

　　由一回路温度升高引起的一回路压强的升高，导致稳压器阀门重新打开，再次泄掉由一回路体积膨胀带来的流量. 在这里我们又一次发现了"压强式"破口.

　　图 2.6 总结了这个事故的上述特点.

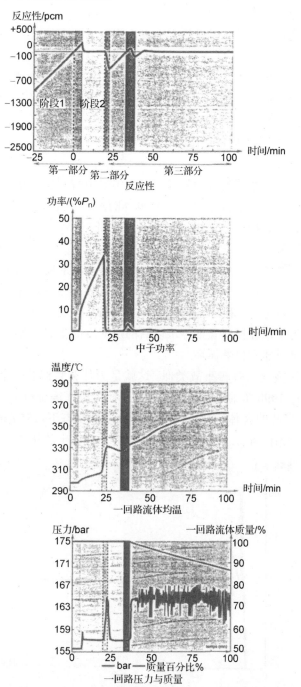

图 2.6　无 AAR 无操作员操作的稀释事故：主要参数随时间的变化

资料来源：Transfert des Connaissances Accidents de réactivité

2.3.2　非均匀稀释

"后切尔诺贝利事故"研究是为了探索事故工况下的大量反应性引入事件. 大量反应性引入可能给堆芯带来无法挽回的后果.

只有当反应堆具有以下条件时发生了大量反应性引入事故, 才可能给堆芯带来无法挽回的后果:

(1)一回路中(或在与之相连的 RRA 型辅助环路中)出现不含硼且温度较低的水流. 造成这种现象的原因可能是:

① 稀释源的出现(RCV 系统的给水);

② 一回路的循环出现了局部的阻塞:

a. 一回路泵停止运转;

b. 一回路的循环却出现了局部的阻塞. 阻塞的原因可能是一回路泵停止运转; 剩余功率低到不足以维持自然循环; 或者, 由于一回路流体的热分层现象, 蒸汽发生器发生热流倒流.

(2)热工水力状态的改变, 导致堆芯冷流或稀释流的迅速流动. 例如, 一回路泵的重新启动便可造成这种现象.

自 1990 年起, 概率性安全研究已经区分了一种可能的情况: 在热停堆状态下发生外部电力丧失时, 为了事故后可以重新启动反应堆, 通常通过稀释来达到功率发散. 在这种情况下, 一回路泵是停止的, 确保稀释的 REA 和 RCV 泵由后备的电力供电.

然而, 如果是为了部分换料长期停堆以后的反应堆的重启, 那么剩余功率可能在一回路的任何一处都不足以建立自然循环.

这个事故的动态变化与弹棒事故类似. 这就是为什么它们的安全准则都是相同的(见第 2.2.1 节), 尽管在 1990 年前这个事故不在安全研究的汇编资料中.

图 2.7 展示了事故的大体特征, 对应的是热停堆状态下(155 bar, 297℃, 临界差距为–1000 pcm)的非均匀的稀释事故. SB 组控制棒处于被提出的状态.

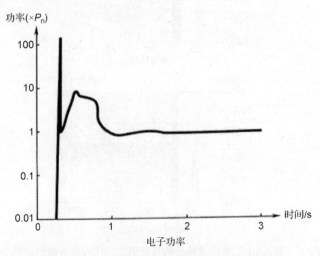

图 2.7　冷水流引起的稀释: 堆芯功率的变化

资料来源: TdC Réac-EDF

假设一个一回路环初始处于堵塞状态,其温度较低,硼浓度为 0. 考虑这个环路的泵开始启动.

在初始状态下,保守性地对这股水流的水力行为做出一些简化模型的假设. 假设在 1 s 以内,硼浓度剧烈下降(约–300 ppm),同时一回路平均温度也剧烈下降(约–80℃).

在这些条件下,两种影响反应性的因素,即稀释与慢化剂效应,互相叠加,在 1 s 以内给堆芯带来将近 8000 pcm 的反应性引入(图 2.7).

于是堆芯进入瞬发超临界(快中子的迅速增殖).

多普勒效应几乎立即响应,终止了中子功率的骤增. 这在图 2.7 中表现为极高但作用时间极短的峰值.

接着观察到中子通量再次上升,这是由于功率骤增期间形成了一定量的先驱核,其释放的缓发中子在此时引起一定量的裂变.

在事故开始的 1 s 内,大部分的能量堆积到了燃料芯块上.

2 s 以后,AAR 系统和慢化剂效应的共同作用使得堆芯功率开始下降.

事实上,在事故中期(2～5 s)一回路功率增加了十几摄氏度. 在一回路流体稀释和稳压器活塞效应的作用下,增加的十几摄氏度使一回路压强出现一个峰值. 这个压强峰的高度因稳压器泄压阀的开启而被限制.

对于堆芯而言,除了广义的沸腾危机、包壳氧化和一些中心芯块熔化之外,主要的危险就是第 1 s 内的燃料芯块上沉积了过度的能量(超过安全准则规定的 200 cal/g).

在这种情况下,就不能排除在极端高温情况下燃料向一回路水泄漏了部分放射性物质. 如果同时发生"蒸汽爆炸"(迅速的汽化),则后果可能是一回路破裂,造成两道安全屏障同时失去.

反过来思考这个问题,预估的可接受的反应性引入速度的极限是+5000 pcm/s. 在这个基础上,尝试寻找可能导致这种情况的事故序列.

目前已经知道,许多的不利因素的累积才能引发这一事故,并且要假设引起堵塞的自然循环不足.

另外,从 1993 年开始就已经在核电站投入使用的预防性措施中将它发生的概率降低到原来的 1/100. 特别是在一回路主泵停止的情况下,剩余功率非常微弱同时稀释也在进行,自动反稀释系统的启动可以实现:

(1)对稀释源的隔离;

(2)PTR 水箱通过 RCV 泵的喷淋(硼化).

另外,凭借在模拟实验以及相应的计算程序的验证,对这种事故下一回路环热工水力学有了更好的了解.

阻塞水流如果形成,会在贯穿整个堆芯之前迅速减少直至消失.

最后需要指出的是,这个事故在设计之初并没有进行明确考虑,只是从概率性安全方面进行过一些综合分析.

由于考虑了所有的设备,概率性安全研究能够证明,在非均匀稀释的事故中可能出现堆芯熔化.

在此给出一般性的结论:在压水堆失去中子吸收剂的事故之中,"控制反应性"这一安全功能可以被掌控. 其中, 作为稳定剂的中子负反馈对事故发展的影响非常重要. 同时运营的预防措施(STE 运营技术规范的遵守)和设计上的预防措施(AAR 自动停堆系统)也很重要.

唯一确定的可引起严重后果的事故, 即非均匀硼稀释事故, 也可被预防措施所控制, 因此也被归入可接受的范围内.

问题 2　弹棒事故的研究

这个练习研究的是 1300 MWe 压水堆的弹棒事故. 由于事故具有迅速的特点, 利用简化的分析模型, 可以对事故进行模拟.

在最初的 1 s 内, 可以认为:

(1)燃料和反应堆之间无耦合, 燃料产生的能量没有足够的时间向冷却剂排出.

(2)没有缓发中子的释放.

反应堆初始状态为热启动(初始热功率 $W_0=0.1$ MWth).

在这种状态下, 假设这个弹出的单根控制棒由于初始处于堆芯正中, 预先给堆芯带来了一个 -600 pcm 的负反应性.

在此给出简化的中子运动学方程

$$\frac{\mathrm{d}n}{\mathrm{d}t} = \frac{\rho - \beta}{l} \cdot n + \lambda \cdot C$$

其中, n 为中子数量; ρ 为堆芯反应性; β 为缓发中子份额; l 为一代中子的平均寿命; λ 和 C 分别为放出缓发中子的先驱核的放射性衰变常数和浓度.

1)基于保守性的考虑, 应该假设反应堆处在什么样的寿期? 在这种情况下, 给出关于中子运动学反应和功率骤增的结论.

当压力容器的破裂影响到控制棒时, 高低处的压强差会给控制棒一个约 22 g 的竖直向上的加速度. 计算弹棒时间以及反应性引入速率. 此时唯一的保护是什么?

2)尝试计算堆积到燃料中的能量并尝试描述功率骤增(当 $t=0$ 时, $E_0=0$).

(1)写出堆芯中子运动学方程和能量守恒方程. 我们认为 t 时刻堆芯的瞬时功率 W 与此时的中子数量成正比.

(2)用能量 E 去表示 t 时刻的反应性 $\rho = f(t)$.

(3)证明中子运动学方程可以写成如下形式:

$$\frac{\mathrm{d}^2 E}{\mathrm{d}t^2} = (a - b \cdot E) \cdot \frac{\mathrm{d}E}{\mathrm{d}t}, \quad 其中 E = \int_0^t W(\tau) \cdot \mathrm{d}\tau$$

(4)给出 a, b 的表达式:

考虑 $c = \dfrac{W_0 \cdot b}{2 \cdot a^2} \ll 1$ (后面再验证这一假设), 二阶的微分方程有如下形式的解:

$$E(t) \approx \frac{W_0}{a} \cdot \frac{1 - \mathrm{e}^{-a \cdot t}}{c + \mathrm{e}^{-a \cdot t}}$$

因此

$$W(t) = \frac{dE}{dt} \approx W_0 \cdot \frac{e^{-a \cdot t}}{(c + e^{-a \cdot t})^2}$$

解的图像如图 2.8 所示.

(1)对以上图像做出评论.

(2)求出功率最大值及其对应的时间.

(3)在这一时刻,求出堆积在燃料上的总能量.

(4)将能量换算成 1 g 的燃料所堆积的能量,并且与安全准则进行比较,判断是否会出现燃料断裂,做出结论.

3)事实上,这个简化的模型只有在功率达到峰值之前有效,正如通过软件计算获得的图 2.2 中看到的那样.

从燃料能量堆积安全准则的角度解释对事故有利和有害的事件,对功率达到峰值之后的阶段做出评论.

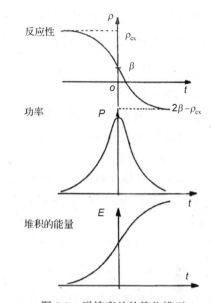

图 2.8　弹棒事故的简化模型

资料来源:*Physique des réacteurs nucléaires*,Robert Barjon

问题 3　人员操作与设备操作均失灵下的均匀稀释

点堆模型,平衡方程,以及所有解决该问题所需的数据,都总结在附录 A5 中.

假设有一个 1300 MWe 的反应堆,经历过长时间的停堆,在重新启动之前处于热停状态(155 bar,297℃).初始硼浓度为 1200 ppm,保证了-1000 pcm 的临界差距.只有 SB 组控制棒被提出,剩余功率为 5 MW,可以假设它在整个过程中保持不变.4 个一回路泵都在运转.

初始状态为平衡,因为一回路热功率能通过二回路排出:

(1)产生的蒸汽由蒸汽排出控制阀(GCT-a)排出,调节阀门将二回路压强控制在 84.5 bar;

(2)辅助给水系统的给水保证了蒸汽发生器的水位稳定(这个流量将在整个事故过程中保持恒定).

考虑的初始事件是以超过 RCV 最大流量 20%的流量进行的稀释(清水).假设流入流量(给水)与流出流量(排水)始终保持平衡.

这个事故的特殊性在于不考虑 AAR 系统的启动,也不考虑人为操作的干预.

对于该事件的大体了解和数量级上的确定,可以参考图 2.6 所示的曲线.

1. 第 0 阶段:反应性的线性引入以及初始次临界状态的丧失

(1)计算由稀释导致的反应性引入速率.出于保守性的考虑,这个速率在整个事故过程中保持恒定.

(2)推导出重回临界的时间. 此后，将这个时刻 t_0 作为初始时刻.

2. 堆芯功率升高，直到蒸汽发生器蒸干(t_0 至 t_0+20 min)

堆芯功率的异常表现为堆芯功率的剧烈升高.

(1)证明对于研究的初始状态，二回路功率随一回路功率变化而变化.

(2)由此推导出蒸汽发生器水位的变化情况，解释蒸汽发生器在 t_0+20 min 时被蒸干.

(3)考虑之前计算的反应性引入速率，确定从 t_0 至 t_0+20 min 这段时间内，由稀释导致的反应性引入的数量级.

(4)证明对于在这个阶段，即便有这么多的反应性引入，反应性仍保持几乎为零.

(5)应用点堆模型，求出在蒸汽发生器蒸干时的堆芯功率的最大值(单位 MWth，再用%P_n 表示).

(6)同样使用点堆模型，计算 t_0 至 t_0+20 min 时间段内的一回路均温的升高量.

3. 新的次临界状态和再次脱离

(1)在蒸汽发生器蒸干的时候，证明可以观察到一个 25°C 左右的一回路均温陡增.

由于初始事件是由最大流量的稀释引起的，稳压器的水位调节系统此时已不能将水位调节到设定值.

(2)考虑一回路均温的升高量，估算事故开始后的一回路水的体积膨胀总量.

(3)证实在这一时刻，一回路已基本被水注满. 从一回路压强的角度给出结论.

(4)证明在蒸汽发生器蒸干以后，堆芯重回次临界，然后又一次进入临界.

4. 一回路的注满(t_0+40 min)；膨胀的一回路流体体积由稳压器的阀门排出

(1)辅助给水系统持续给水，证明二回路功率此后将是定值，并给出这一定值.

(2)硼稀释继续进行，证明在这种情况下能观察到：

① 堆芯恰好处于临界状态，功率稳定；

② 一回路均温升高.

假设在 t_0+40 min，当一回路流体为单相液态时，一回路均温大概为 330°C，温度变化率 0.02°C/s.

(1)求出在达到饱和条件之前的：

① 堆芯功率(单位 MW，再用%P_n 表示)；

② 从稳压器阀门流出的流量(假设一回路已被注满).

(2)针对安全功能和保护屏障，分析目前情况.

5. 可能需要的保护

研究假设自动停堆系统(AAR)失效.

就此指出所有事故发生时自动停堆系统达到的阈值，说明是在事故的哪个阶段达到的(AAR 的触发阈值参见表 1.4).

第3章 蒸汽管道破裂事故(RTV)

3.1 概 述

3.1.1 屏蔽层

从广义上说，二回路破口导致的蒸汽泄漏会引起二回路功率不可控，进而可能导致反应性事故的发生.（二回路破口主要是体现在二回路的阀门故障或者蒸汽管道破裂(RTV)）[①]. 由于慢化剂温度效应[②]，一个或多个 GV 的降压会引起堆芯反应性的增加.

表 3.1 是反应堆三层屏蔽所对应的潜在风险:

表 3.1 反应堆三层屏蔽所对应的潜在风险

屏蔽层	风险
燃料包壳	(1) 局部偏离泡核沸腾临界进而引发包壳开裂的风险; (2) 堆芯熔融的风险
一回路包壳	压力容器与堆内构件上的失效风险[③]
密封安全壳	(1) 安全壳内物质与能量释放导致反应堆厂房(BR)内部泄漏的风险[④]; (2) 若 GV 管道不完整或已破裂，可能引起微量蒸汽外泄，最终导致 BR 外部破裂的风险

我们接下来要描述的 RTV 将会涉及不同尺寸的蒸汽破口、二回路阀门的意外打开与开启阻塞，这属于反应堆管道剪切断裂的运行二级事故[⑤]，基于后面的假设，我们将其视为四级事故来研究.

我们将特别关注 RTV 带来的主要风险，即此反应性事故对燃料与包壳产生的后果.

特别地，我们会证明这个事故下偏离泡核沸腾临界是不会发生的.

3.1.2 保护与防护方法

为减轻 RTV 引发的后果而应该采取的措施是：降低反应性增加带来的影响. 包括:

(1) 每个 GV 的出口流量限制(更多细节将在后面介绍);

(2) 主蒸汽系统(VVP)隔离阀，其作用在于避免一个以上 GV 向破口泄漏(如表 1.5 所示，要求主蒸汽自动隔离的特殊信号);

---

① 对 PWR，我们只观察到了 GCT-a 开阀的堵塞.

② 冷却使得水密度增加，因此更加有效地对中子进行慢化；燃料的等效冷却引起额外的多普勒效应.

③ 设计合适的 GV 隔板尺寸，来避免一个 RTV 引起多个 RTGV.

④ 例如，大破口 APRP 的事故给出了封闭壳的尺寸及对应的保护.

⑤ 安全报告中的确定性方法与研究运行工况在本书附录 A1 中进行描述.

（3）正如我们后面将会看到的，反应堆自动停堆（AAR）是远远不够的；

（4）RTV 特殊信号（VVP 低压蒸汽或冷支流温度极低（TBTBF））出现后，安注系统（RIS）将向一回路注入含硼水（装有硼酸液的水箱（PTR），硼浓度为 2500 ppm）；

（5）自动注硼功能（FBA），仅 1300 MWe 与 1450 MWe 压水堆有 FBA，FBA 在过冷信号出现时启动；由于没有设安全措施，此系统一般不被列入核安全规范，但可以在实际状况下使操纵员提前做好注硼准备．

最后，安注（IS）信号出现后，ASG 将会在所有 GV 上启动（ARE 隔离后）；ASG 在 GV 破口条件下的启动需要利用二回路能量来实现冷却，因此从这方面来说，是很不利的[①]．

3.1.3　研究假设与安全报告类型

表 3.2 给出了主要的假设：

表 3.2　主要的假设

初始状态假设	冷却效果的最大化	反应性效应的最大化
初始状态：热停堆[②]（0%P_n，次临界） 负反应性最大的棒置于堆芯外，其他所有棒都插入堆芯	（1）热效应最小（一回路）； （2）最大水装量与 GV 压力；需要最大二回路水装量	AAR 的效率最低，尤其是功率径向不均匀性增加
循环结束时的堆芯	零衰变功率[③]，使堆芯功率减小	α_{mod} 取最小值，增大反应性输入
不考虑结构的热惯性	对一个给定的 GV 能量增加梯度 $\dfrac{dT_m}{dT}$	
管道无堵塞	更有效地与 GV 热交换	
保护&防护干涉	冷却效应的最大化	反应性效应的最大化
延迟蒸汽隔离	增加 4 个 GV 排放周期	
唯一的可操作 IS 系统，推迟 IS，最小 PTR 硼浓度（C_b）		通过 IS 系统限制硼的注入量
瞬时增大的 ASG	蒸汽化的 ASG 流量有助于冷却	

在负反应性反馈最大的棒上端阻塞加剧情况下，研究 1/4 堆芯处的 RTV（带破口的环路）．由于 RTV 引起的通量分布严重失衡，此假设对于偏离泡核沸腾及熔堆风险会造成很大的影响．

3.2　蒸汽管道破裂的瞬态描述

蒸汽管道破裂 RTV 事故引发的后果与破口的位置和大小有关（图 3.1）．

这里介绍的瞬态类型是指安全壳内部由破损引起的 RTV．在之前所做的假设条件下，它被归类于反应堆运行 4 级事故．特别地，反应堆一开始是处于次临界状态的，它相对临界状态的反应性阈值与 STE 里规定的一致．除了一个置于堆芯外的控制棒以外，所有控制棒在瞬态开始时刻都已插入堆芯．

[①] 对安全壳瞬态，例如 APRP 事故下，EAS 的启动可以限制安全壳内部压力的增加，从而确保第三道屏障的完整性．

[②] 实际上，堆芯处于临界状态且我们假设 AAR 及时启动：堆芯因此假设处于含一定负反应性裕度的次临界状态．

[③] 对寿期末堆芯的选择，这个假设很明显是不合理的；它涉及一个拆分假设，以便确保能研究瞬态的性质．

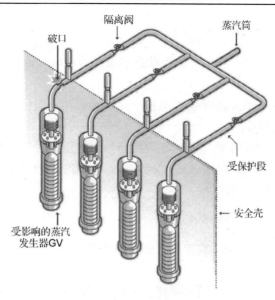

图 3.1　RTV 与蒸汽管道
资料来源: IRSN

3.2.1　自动化行为过程

对于二回路, RTV 开始便引起了所有 GV 通过蒸汽排放与降压.

在每一个主蒸汽系统 VVP 上的蒸汽流量却是受限于各个 GV 出口的最小截面, 我们称之为限流器(等效直径约 40 cm). 限流器的临界流量(声速)是在干燥蒸汽条件下计算得到的.

RTV 信号(蒸汽管线上的低压[①])出现后, IS 与蒸汽隔绝的信号发出. 蒸汽管路隔离后, 只有受影响的 GV 通过破口向外泄漏, 直到完全干涸.

之后, 四个环路的瞬态不再对称, 而 "剧冷" 减小 4 倍.

压降引发二回路温度的降低. 因此, 一、二回路的温差增大, 传递给二回路的功率上升, 所有环路内的一回路冷却剂的温差开始(大约 -1 ℃/s)产生.

对于一回路, 我们观察到以下现象:

(1)一回路冷却剂的收缩, 其来源是稳压器水位的下降与一回路的压力降低;

(2)慢化剂效应(以及少量的多普勒效应)引起的超过 50 pcm/s 的反应性变化(见本章结尾案例).

堆芯一开始处于次临界状态, 之后反应性逐渐增加, 30 s 后到达临界, 随后到达瞬发超临界, 且功率激增.

但是, 反应性的峰值立刻被多普勒效应(燃料温度升高)所抑制.

一旦蒸汽管路被隔离后, 堆芯处于非对称状态, 1/4 的堆芯被过冷却. 未被插入堆芯的控制棒以保守方式被放置在这 1/4 的堆芯上, 局部条件(功率峰值及局部低压)对于偏离泡核沸腾临界有极大的影响.

---

① 对于小破口, 冷段的温度甚至很低.

1. 第一次动力学平衡(GVa 的排放)

负反馈效应下，堆芯再一次处于临界状态且堆芯的功率与传递给二回路的功率[1]一致，达到动态平衡.

我们因此可以看到与此动态平衡相关的一个阶梯式功率变化. 也就是在这个阶段中，RFTC 在阻塞棒中变得最小.

注意到一回路压力稳定在泵 ISMP 零流量时对应的压力上. 对于 1300 MWe 压水堆，RIS 流量十分小：硼的注入稍微推迟且有限制. 因此，RIS 系统对反应性平衡贡献很小. 堆芯处于临界状态且堆芯功率很高[2].

2. 第二次动力学平衡(ASG 蒸发)

一旦 GVa 内蒸汽完全排出，传递给二回路的功率受限于 GVa 上 ASG 流量而被加热和蒸发[3].

GVa 蒸汽排放时，堆芯产生的功率将会超过二回路新的输入功率. 我们观察到一回路温度稍微增加，使得堆芯不再处于次临界状态.

堆芯因此在新功率阶梯上稳定在临界状态，达到新的动力学平衡.

一回路的压力主要受一回路的平均温度变化影响(冷却剂的收缩/碰撞引起的稳压器水位变化效应). 在新的平衡条件下，一回路压力保持稳定在一个高于泵 ISMP 零流量对应的压力值上.

据保守分析，自动保护防护系统并不能使得堆芯功率降为零，这证明了我们需要一个必要的措施来保证反应堆的安全(功率降为零，然后 RRA 正常停堆).

3.2.2　瞬态类型的时刻表：短期阶段

整个事故过程中的主要时间序列如下：

0 s　　　安全壳内部破损引发的 RTV.

5 s　　　IS 与蒸汽隔绝请求(低蒸汽压).

10 s　　有效蒸汽隔离：只有 GVa 外排蒸汽.

30 s　　回到临界状态，反应性峰值(多普勒效应).

100 s　　对应 GVa 蒸汽排放的堆芯第一阶梯功率($\approx 20P_n$[4]).

280 s　　GVa 的干涸.

300 s　　对应 ASG 蒸发(大于 $5\%P_n$)的堆芯第二阶梯功率.

>500 s　　操纵员操作.

图 3.2 描述了瞬态过程的主要参数变化.

---

① 主泵功率与 IS 加热功率.

② 根据研究所作的假设，越小的一回路平衡压力导致越大的 IS 流量：硼的注入效应可以减小几个 $\%P_n$ 的堆芯功率.

③ 如果提供加热完好 GV 的 ASG 所需的功率，注意到我们忽略了完好 GVs 的反向传递.

④ 保守研究中与假设相关的值.

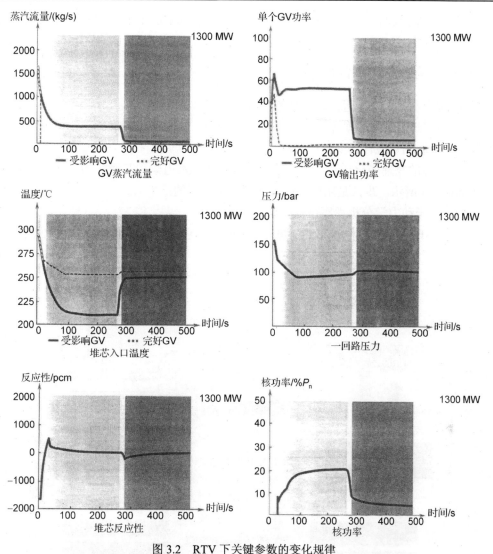

图 3.2　RTV 下关键参数的变化规律

资料来源: *Accidents de réactivité*, Transfert des connaissance REP-EDF

3.2.3　必要的引导措施

操纵员必须在蒸汽管路隔离后,通过观察 RTV 信号,即 GV 间的压差,来判断事故类型且确认受影响的 GV.

控制二回路的操纵员必须确保自动保护与防护系统的运行.

一旦 GVa 干涸,为了停止事故,需要采取必要的措施来停止 GVa 的 ASG,由此除去最后一个能给二回路传入能量的来源. 因此,一回路的加热最终保证了堆芯的次临界状态与堆芯功率的置零.

如有必要,操纵员可以人工注硼来保证 GV 的次临界状态.

正如我们之后会看到的,FBA 的作用是提前做好人工注硼的准备. 这个功能并不属于专设安全设施,但我们在第 3.3 节中依旧会学习它所带来的影响.

此措施随即引起含 N–1 个 GV（在 ASG/GTC-a 上）工况下的冷停堆系统（RRA）正常停堆.

3.2.4　事故给堆芯带来的后果

这个事故反映了 REP 运行时的系统行为.

（1）它直观地描述了锅炉不同部分的动力学行为：二回路管道事故导致了一回路冷却，其原因在于堆芯的反应性的变化；

（2）该瞬态的物理变化特性是受中子动力学与热工水力学相互影响的.

正如图 3.3 所示，事故是用以下的程序耦合来模拟的：

（1）3D 中子动力学分析程序；

（2）堆芯 3D 热工水力程序与系统热工水力程序，它们用来模拟一回路、二回路及关键流体系统.

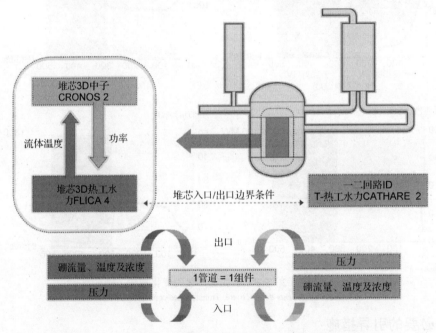

图 3.3　热工水力/中子耦合的计算（例如：HEMERA 链）
资料来源：IRSN RST2007

利用堆芯的热工水力参数（如压力、流量、温度、硼浓度）及功率的径向与轴向分布等程序可以计算 RFTC 的最小值.

这个事故实际上表现为轴向与径向强烈非对称性，尤其是后者非常明显，且它是在受 RTV 影响的相关环路对应的 1/4 堆芯及阻塞棒阻塞加剧的冷却效应下产生的（图 3.4）.

局部 DNB 的风险在下列条件下是最大的：

（1）在堆芯阶梯式功率变化时，在 GVa 蒸汽排放阶段（第一次动力学平衡）；

（2）这是由于在阻塞棒条件下局部功率达到峰值（正常功率的 3～4 倍），尽管此时一回路的压力很低.

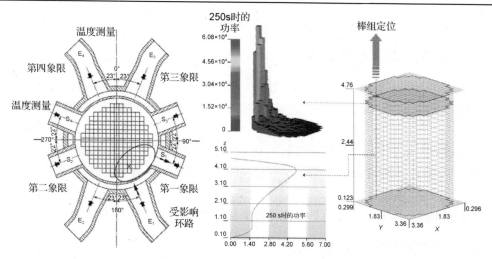

图 3.4 RTV：阻塞棒下的局部过冷与对应功率峰
资料来源：AREVA 和 IRSN RST2007

在所有情况下，考虑：

(1)使用的设计装置：预防措施(如限流器)及保护防护方法(主要为蒸汽隔绝)；

(2)STE 的应用与引导步骤(主要为 GVa 上的 ASG 隔绝).

在保证满足安全条件下，可以确保第一层屏蔽与燃料的完整性，因此也保证了辐照后果的可接受性.

综上所述，在保守假设下，对此类事故，瞬态临界点的到达(暂时性的)对燃料棒及其包壳的维护无任何影响.

但是，反应堆一直处于一定功率运行状态，直到操纵员采取了一些必要的操作.

3.3 主要参数的敏感性研究

在 RTV 的瞬态基础上，分析几个关键参数的影响：

(1)破口的分布，尤其是在二回路安全阀起跳状况下；

(2)发电机组初始状态；

(3)考虑自动注硼系统作用；

(4)蒸汽隔绝的部分故障或完全故障；

(5)系统类型.

3.3.1 破口的分布

蒸汽管道破裂可以在以下位置出现(图 3.1)：

(1)安全壳内部，介于蒸汽发生器与安全壳之间，即第 3.2 节研究的参考案例；

(2)安全壳外部，介于壳与轴承之间，即承载有隔离阀的管路上；

(3)安全壳外部，隔离阀下游，如蒸汽筒.

一般不考虑第 2 种情况，这是因为有一些特殊的措施来强化和保护该部分管路(保护管也叫做"超级管").

第 3 种情况会导致蒸汽隔离阀关闭后破口完全被隔离，使得事故在 10 s 后停止.

3.3.2　二次侧破口大小的影响

破口大小首先会影响二回路的输入功率. 在前面的假设条件下，观察到的第一阶梯功率(GVa 蒸汽排放前)对应于 $20\%P_n$ (由剪切破损引起的 RTV)或 $8\%P_n$ (二回路阀门的突发性打开).

根据破口大小的不同，由信号激起的 IS 也会有差异，但是 IS 总是必要的.

对于大破口，如果 ISMP 的流量是有限制的话，那么对于最小的破口，一回路的降压远远不足以触发 ISMP.

对所有情况，唯有通过操纵员动作使得受影响的 GV 的 ASG 停止才能中止事故进程.

3.3.3　发电机组的初始状态

我们的参考研究状态是引发后果最严重的零功率初始状态.

对于功率不为零的时刻，例如 $100\%P_n$，我们可以观察到微小的冷却效应，原因是：

(1)考虑了温度关系 $T_m - T_v$，GVs 里的压强更小；

(2)若考虑到管状粒子束中真空比例与产出功率的上升(两个性质的组合是为了减小二回路的输入能量)，GVs 里的水的质量也更小[①]，为了减小二回路能量输入，这两种方法会相互结合使用；

(3)燃料与一回路的储能是最大的.

另外，一回路冷却导致堆芯功率的增加会立刻被负反馈所抑制.

紧接着是保护系统：蒸汽隔绝与控制棒的下插(除了引起最大负反应的棒被堵在堆芯外).

AAR 可以让堆芯很快处于次临界状态，但是负反应性阈值在几分钟内减小，使得堆芯很快回到临界状态，此状态与二回路输入功率相对应.

GV 的正常停止也是不保守的，这是因为：

(1)沿着 *P-T* 图曲线，GV 通过缓慢降压(通过它们的 GCT)来冷却一回路；

(2)硼的浓度增加，导致初期的负反应阈值更大.

3.3.4　自动注硼功能的启动产生的影响

RTV 下 IS 阈值达到时，自动注硼系统启动.

这个功能使用了 RCV 系统，其本质是通过 REA 向 RCV 中注硼，并通过对 RCV 与一回路水泵接口的注入，使得水泵 REA 与 RCV 正常启动以及对一回路注入的可行性[②].

事实上，这个功能并不属于专设安全设施，而仅仅是由操纵员需要实现的预先自动硼化处理构成的.

在一些保守假设下，对 RTV 的研究表明 FBA(图 3.5)不能让堆芯处于次临界状态(见本章末案例)，对 RFTC 的最小值也只有微小的影响.

---

① 最优化 GV 水位来减小低压下水的质量(见附录 A0.1.2).

② FBA 发出一阶段壳隔离请求信号，因此有 RCV 卸压及主泵连接处的隔离；另外，加压线未隔离.

在其中一个 GV 阀门阻塞的情况下，硼注的效应非常显著：尽管不能使堆芯处于次临界状态，FBA 仍旧可以连续减小功率，直到操纵员采取措施为止.

在较为实际的假设下的研究却发现 FBA 对膨化操作预处理是有效的.

3.3.5　蒸汽隔离失效

我们前面说过了蒸汽隔离对 RTV 瞬态的重要性，因为它对于 1300 MWe 压水堆而言，可以减少 4 倍二回路功率的输入(只对持续排放蒸汽的事故 GV 作用).

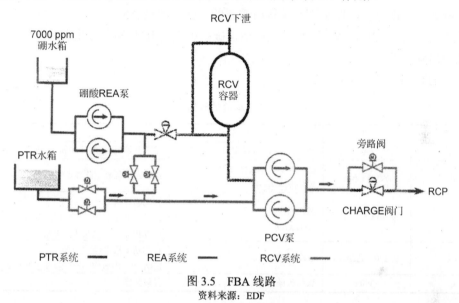

图 3.5　FBA 线路

资料来源：EDF

对安全壳外的 RTV 事故发生后两个 GV 蒸汽完全排空并伴随着蒸汽隔离失效的情况进行研究[①].

因此，我们之前所做的假设在这里将更加贴合实际，同时不再考虑堆芯外的阻塞棒，其好处在于：

(1) AAR 带来的负反应性在很大程度上增加；

(2) 中子通量的径向改变量受限，由此有效减少了局部偏离泡核沸腾临界.

另外，计算结果表明，对于这种工况，若平衡时的阶梯式功率为原来的 2 倍，那么与作为四级事故分类研究的 RTV 相比较而言，最小的 RFTC 将更加有利.

3.3.6　900 MWe 压水堆的 RTV

由于 RIS 系统的设计区别，900 MWe 压水堆 RTV 事故对应的瞬态引发的后果较为缓和.

确实，一个装有 21000 ppm 硼的球形容器可以通过水泵 ISHP(零流量对应压强高于 155 bar)立刻对一回路进行大量的硼化. 为了在 RTV 事故下满足 RFTC 条件，这个容器被安放在 RIS 系统里.

---

① 见本书附录 A1.

与 1300 MWe 压水堆不同的是，900 MWe 压水堆是利用 RIS 硼酸的注入来限制 RTV 事故的堆芯功率，并避免开阀阻塞情况下堆芯回到临界点.

另一个很大的区别是：对 900 MWe 压水堆，IS 信号使得一些单水泵 ASG 启动，从而限制二回路的输入功率.

问题 4　RTV 的系统研究

点模型，平衡方程，以及练习求解所需要的条件见附录 A5.

我们这里研究 1300 MWe 压水堆上由剪切破损引起的 RTV 事故. 此事故发生于安全壳内部的隔离阀上游.

事故的时刻表见表 3.3.

表 3.3　事故的时刻表

阶段	延迟	二回路	一回路
开始	$t=0$	初始状况=GVa 破损引发的 RTV	堆芯开始反应性–1800 pcm，处于次临界状态
A	从 0 到 20 s	破口处 GV 蒸汽排放；保护/防护信号	冷却：次临界至临界点的阈值的下降
B1	从 20 s 到 270 s	蒸汽隔离；ASG 启动	回到临界点；堆芯功率稳定(第一次动力学平衡)；RISMP 启动，效果十分有限
B2	从 270 s 到 300 s	GVa 干涸	堆芯功率稳定(第二次动力学平衡)；FBA 的有限效应(若空闲)使平衡移动
C	>300 s	操纵员操作	操纵员操作

我们可以参考图 3.2 来检验计算所用参数数量级的正确性.

事故的研究是建立在一些保守假设上的，后果最严重. 同时，我们也研究热停堆事故来最大化水的质量与 GV 的压力.

(1)采用点模型，定性说明以下额外假设的保守性：

① 不考虑结构的热惯性；

② 零衰变功率；

③ GV 管道无堵塞；

④ 最大的 ASG 流量.

(2)得出一些与假设矛盾的结论.

1. A 阶段：回到临界点，蒸汽隔绝之前

假设初始时刻为热停堆，所有控制棒插入堆芯，一回路主泵正常. 次临界点对应于所需的最小负反应性阈值，即–1800 pcm.

分析蒸汽隔离前后主蒸汽系统内蒸汽的流动.

在蒸汽排放的过程中，由于 GV 出口限流器的存在，二回路的输入功率被限制. GV 排放时认为此功率为 720 MW.

(1)认为假设条件下的冷却梯度在瞬态过程中十分短暂；

(2) 由此得出回到临界状态需要的时间 t_c；

(3) 对于 $100\%P_n$ 下的 RTV 事故，反应堆自动停堆(AAR)对于事故处理有很大的局限性.

2. B1 阶段：第一次动力学平衡的快速建立，此平衡对应于事故 GV 的蒸汽排放阶段

假设蒸汽隔离与 RIS、ASG 防护系统的启动同时回到临界点(即 B1 阶段开头)：

(1) 分析新工况对堆芯带来的后果；

(2) 您将在堆芯外哪里放置阻塞控制棒来保证研究的保守性？

尽管启动了蒸汽隔离与安全保护系统，堆芯反应性仍然达到超临界.

(1) 哪些物理现象可以立刻限制反应性的增加且令堆芯回到临界状态？

(2) 峰值所对应的最大反应性为 550 pcm. 这是否对应瞬态临界点？

IS(MP) 立刻补偿了收缩流量：一回路压力保持稳定，大约在 105 bar 与 110 bar 间浮动.

(1) 解释说明在这些条件下，我们可以不考虑 RIS 来建立能量与反应性平衡.

(2) 证明下面的现象：堆芯功率与输入二回路的功率大约一致(通过与功率相关的量，二阶近似).

我们考虑一个 ASG 泵向每一个 GV 输出流量. 假设处于排放状态的 GVa 的输入功率被限流器限制而保持恒定.

在这种条件下，计算堆芯稳定时的热功率.

3. B2 阶段：GVa 蒸汽排放结束，第二次动力学平衡的快速稳定(干涸的 GVa)

一旦 GVa 完全干涸且压力急剧下降，我们可以发现堆芯在返回临界点之前会先达到次临界状态.

(1) 说明原因.

(2) GVa 输入功率此时不再被限流器固定，计算新的二回路输入功率，从而给出平衡时堆芯的新热功率.

我们假设自动注硼系统功能启动(此工况并未在图 3.2 中给出). 从 RCV 开始，自动注硼系统以最大流量注射含硼水(硼液来自水箱 REA).

(1) 当 FBA 启动时，计算 FBA 带来的负反应性大小.

(2) 定性说明反应堆因此会稳定在一个基本平衡状态.

(3) 从堆芯反应性平衡与一回路能量守恒出发，得出 FBA 启动后瞬间堆芯平衡的热功率.

(4) 定性详细说明此平衡是如何随时间移动的.

(5) 总结事故处理时 FBA 的作用.

4. C 阶段：操纵员控制

操纵员在事故中的地位是非常重要的，因为他们所采取的措施可以使堆芯回到次临界状态.

详细说明操纵员在此事故下需要采取的措施及其对堆芯带来的后果.

第4章 一回路破口失水事故(APRP)

4.1 APRP 概要

破口失水事故(亦称一回路冷却剂丧失事故)是一回路完整性(第二道屏障)遭受破坏的后果,通常由一回路管道破裂引起[①].

事故过程中,除了一回路可能导致堆芯裸露的热工水力条件瞬变以外,该事故还可能引起:

(1)反应堆内部结构机械应力的增加,主要作用在一回路的零部件及一些相关的支撑部件上;

(2)安全壳热应力及机械应力的增加(第三道屏障);

(3)放射性物质的内部泄漏(安全壳内),甚至外部泄漏(安全壳外).

本章节中我们主要关注反应堆内热工水力条件的瞬态变化及其导致的后果:包括降压、一回路水量变化、堆芯功率的排出以及这些后果对燃料包壳性能(第一道屏障)的影响.

我们将详细研究破口的大小与位置、初始状态以及一回路泵的运转状态对事故进程的影响.

4.1.1 破口大小的分类

我们根据事故进程中不同破口大小所引起的不同的热工水力现象以及涉及的流体系统(安注系统、化容系统等)的特征来对破口的尺寸进行划分,如表4.1所示.

表4.1 根据破口尺寸对破口的分类

破口分类	破口直径	注水补偿方式	后果	情况等级
微小破口	$D<0.95$ cm	化学容积控制系统 RCV 的调整	在化容系统 RCV 反应时间之内会造成有限的冷却剂丢失; 不激发保护系统动作	
小破口	0.95 cm$<D<2.5$ cm	中压安注系统 ISMP	中压安注系统 ISMP 能补偿破口造成的冷却剂流失; 稳定后,一回路处于欠饱和状态,一回路压强高于二回路 $P^{(1)} > P^{(2)}$; 没有堆芯裸露	第三级别
中破口	2.5 cm$<D<35$ cm	中压安注系统 ISMP 及蓄水池(破口较大时可能还涉及低压安注系统)	一回路从单液相到两相; 先是中压注水然后是蓄水池的投入; 稳定后,一回路压强低于二回路压强 $P^{(1)} < P^{(2)}$; 短暂的部分堆芯裸露	第四级别

---

① 蒸汽发生器管道破裂事故(连通一回路和二回路的破口)会在第6章中加以介绍.

续表

破口分类	破口直径	注水补偿方式	后果	情况等级
大破口	D>35 cm	蓄水池及低压安注系统	"快速的"瞬态变化,一回路处于气液混合状态; 蓄水池及低压注水的投入; 事故进程稳定之后,一回路压强约等于安全壳内部的压强 $P^{(1)} \cong P_{BR}$; 堆芯完全裸露,之后又迅速被重新淹没	第四级别

所有的一回路破口都会导致水的流失和降压.

从压强瞬态变化的角度来看,在安注系统 RIS 启动之后,我们可以把事故工况分为以下几种情况(图 4.1):

(1)小破口(含微小破口)导致的降压很快就会被稳定,这是由于中压安注系统 ISMP 的投入,一回路的质量损失与质量补充达到一个平衡(在微小破口中,我们甚至只需要化容系统 RCV 的投入即可补充破口导致的质量损失).

(2)中破口会导致一回路的压强稳定在轻微大于二回路的压强(≈84 bar)的状态,此时一回路与蒸汽发生器的换热有助于平衡一回路的能量;当破口处流失的流体由液体变成气体时,一、二回路之间的换热带来的一回路能量损失相对破口导致的能量损失已可忽略不计,从而导致新一轮的一回路降压,使得一回路压强可低于二回路压强.

(3)最后,大破口允许堆芯热功率的排出,同时使一回路压强快速下降直至与安全壳内部压强的水平相当.

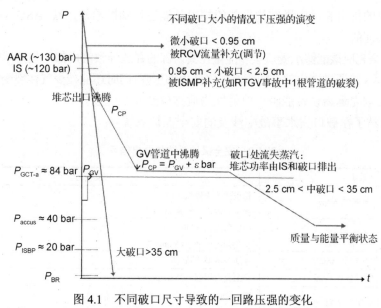

图 4.1　不同破口尺寸导致的一回路压强的变化

在本章此后的研究中,只对中破口和大破口的情况进行展开介绍.

4.1.2　破口位置的影响

破口的位置在事故工况中通常是未知的,而且这个因素扮演了一个重要的角色. 破口的位置直接影响着一回路载热流体的流动，从而引起堆芯中的反向流动、水质量的分布以及破口所带走的能量.

在研究中，主要考虑的破口位置是一回路的冷端(冷腿)、中间连接管道(U 形管)、热端(热腿)、稳压器以及压力容器的底端.

正如第 1.3.3.1 节所提到的，破口前端的热工水力状态(如压强、温度和蒸汽质量分数)对于瞬态事故的进程是很重要的参数：

(1) 以液体形式流失(低比焓值、高密度)会导致一回路的质量大量丧失，然而所引起降压的速度比较有限；

(2) 相反地，以蒸汽形式流失(高比焓值、低密度)会使得一回路压强迅速下降，但是一回路冷却剂的质量流失比较有限.

我们将会看到，当破口位置是冷端(处于主泵和压力容器之间)时，会对堆芯的热工水力条件造成严重后果.

4.1.3　对保护和防御手段的回顾

正如对所有的事故工况来说，自动停堆系统(AAR)可以清零中子功率以及使涡轮机脱扣(蒸汽发生器中产生的蒸汽会排向 GCT 系统).

安全保护系统的设计理念是，面对不同的破口尺寸或破口位置，在瞬态事故中，堆芯都能最终被重新淹没而且不发生变形，能确保其余热的排出. 这就是安注系统 RIS 的主要功能.

堆芯余热的排出和反应堆结构显热的排出是能通过辅助给水系统 ASG 向蒸汽发生器供水而得到保证的.

另外，安全壳应该能够承受质量和能量在其内部的释放导致的内部压强持续的升高. 安全壳喷淋系统 EAS 能通过液化部分的蒸汽以降低内部压强(同时还能减少气体裂变的产物).

最后，安全壳隔离设备能阻止放射性物质排放到安全壳以外.

表 4.2 总结了在破口失水事故中涉及的安全保护系统.

表 4.2　安全保护系统的自启信号

系统	启动信号
自动停堆系统 AAR	稳压器压强较低； 安全壳内压强较高(max2)
安注系统 RIS①	稳压器压强过低； 安全壳内压强较高(max2)
辅助给水系统 ASG	安注系统 IS 的启动
安全壳喷淋系统 EAS	安全壳内压强过高(max4)
安全壳隔离装置	第一阶段：安全壳内压强较高(IS 信号)； 第二阶段：安全壳内压强过高(max4)

这些自动启动的系统还需要以下人为操作来补充(对于 RIS 系统来说)：

(1) IS 的确认或者手动控制模式的投入；

---

① 当一回路压强约等于 40 bar 时，蓄水池开始泄水.

(2)利用蒸汽发生器来冷却一回路(为了更有利于一回路的降压,同时提高安注流量、降低破口流量);

(3)监控自动化控制的进程;

(4)长期来说,RIS 应该在冷端和热端同时注入.

4.1.4 研究细则和验收标准

这个事故瞬间导致第二道屏障的丢失,另外还有可能导致第一道屏障(燃料包壳)和第三道屏障(安全壳)的丢失.

从监管的角度来看,安全的验证是根据美国历史积累的方法来进行的.

一方面必须验证堆芯、反应炉以及所涉及的安全保护系统的建造尺寸,另一方面遵守常规操作细则能够减小事故发生的后果.

历史上,美国核管理局 US-NRC 在 1974 年出版的一个文献[①](10 CFR 50 的附录 K)设定了:

(1)5 条需要遵守的安全准则,包括包壳温度的最大值(<1204℃),包壳的最大氧化限度(<17% 的包壳厚度),氢气产生的最大值,堆芯冷却的几何结构及其长期冷却.

(2)对事故相关模型的建模,以及对这些模型的相关假设(例如,在大破口情况下,蓄水池水的旁路流动).

在这个验证范围里,为了放大事故的后果[②],研究的主要假设如下:

(1)堆芯的初始状态:

① 燃料中存储的能量和产生的剩余功率;

② 考虑包壳功率的轴向分布.

(2)引起严重后果的反应堆初始状态(对于不确定的物理参数的选择,往严重的方向去选).

(3)破口位置选在冷端:

① 最大化质量的流失,同时限制破口带走的能量(参照本章最后的问题讨论);

② 带来 RIS 拼接的损失(冷端).

(4)单一故障准则的应用,会导致部分重复的能减轻事故严重性的系统(例如,两条 RIS 管道中损失一个)的丧失,或者会导致一个一回路泵的停止.

(5)最小化地考虑安全保护系统的功能.

(6)厂外电源的丧失(导致一回路泵停止).

(7)如果涉及必需的人工操作,最大化操作员操作的延迟.

4.2 中 破 口

所有的一回路破口都会马上引起失水和降压,同时伴随着与破口尺寸有关的动力学现象. 中破口(直径 < 35 cm)所引起的事故现象与大破口(直径 > 35 cm)有显著的不同. 在中

---

① 从该日期起,该文献被允许在一些规章中使用.

② 我们注意到,出现在额外情况的破口都是建立在合理的假设上的,对于操作进程的最优化研究是同样的.

破口的情况下，冷源(蒸汽发生器)对于堆芯功率的排出扮演着重要的角色. 另外，在失去强制对流之后，我们可以观察到一回路中液相与气相的分层.

我们在以下条件下研究事故：

(1)堆芯初始满功率运行；

(2)破口位置在一回路的冷端；

(3)假设发生四级地震，还会伴随着外部电源的丧失，进而引发一回路泵组(GMPP)的停运(我们此后将会对是否保持一回路泵的运转做一个灵敏度研究).

在中破口事故工况中，我们可以把该进程区分为连续出现的几个阶段：首先是单相降压阶段，接着是压强稳定阶段，然后是新一轮的降压，但这次一回路是两相的(当破口处流体为气体时). 最后，一回路在蓄水池投入注水后进入稳定的阶段.

4.2.1　自动化操作控制阶段

1. 排水及单相降压阶段

该阶段开始时，破口处达到临界流量，流体处于欠饱和状态. 破口的液体流量一方面会随着压强的降低而减少，另一方面会随着一回路逐渐接近饱和状态而减少(参考第 1.3.3.1 节). 在此情况下，破口带走的能量很少.

由于降压速度太快，稳压器会逐渐排空，并会通过加热组件的满功率运行试图加热汽化其内部的液体以稳定压强. 同时，稳压器的水位调节系统会增加化学和容积控制系统 RCV 的上冲流量，但这个上冲流量依然远远不足以补足破口流失的流量.

自动停堆系统(AAR)和安全注入(IS)分别受低压强(131 bar)和过低压强(121 bar)[①]触发而投入到反应堆的保护中.

这样会导致：

(1)控制棒的插入(核反应的停止)和涡轮机的脱扣；

(2)保护系统的启动：RIS 和 ASG(ARE 被隔离).

对于这种类型的瞬态事故，我们假设在自动停堆系统启动的同时，一回路泵也停止运转. 这导致一回路逐渐变成自然(非强制)单相循环流动. 一回路的热量(堆芯的剩余功率和一回路冷却时释放的能量)总会被传递到一回路冷源，即蒸汽发生器中(蒸汽发生器此时由 ASG 供水).

在稳压器逐渐排空的过程中，一回路热端的空泡份额(空泡率)增加. 一回路温度最高的区域所导致的沸腾会减缓降压(负反馈).

中压注水系统 ISMP 往冷端注入硼水，然而此时注水的流量不足以补偿破口的流量.

在蒸汽发生器方面，随着涡轮机的脱扣，其内部压强上升直至 GCT-a 阀门的开启阈值(大约 84 bar)[②].

一回路压强逐渐接近二回路压强，然后稳定.

---

① 见第 4.4 节，初始状态是在 P_{11}(<139 bar)的特殊情况下.

② 出现在二回路的该现象会在第 6.3 节被解释，第 6 章是与 RTGV 事故相关的.

2. 排水及压强稳定阶段

在此阶段,一回路跟二回路一样是饱和的. 一回路中的流体以两相的自然循环的形式流动(见第 1.3.4 节).

一回路的压强会稳定在一个水平阶段上. 破口带走的能量小于堆芯产生的能量,因此剩余的蒸汽需要在蒸汽发生器中被液化,这就要求一、二回路之间有一个足够大的换热,因此一、二回路之间会有一定的温度差以确保这个换热的进行. (详细请见本章最后讨论的问题中的能量分析内容). 安注系统注入的水还参与了一回路的冷却,但不足以弥补一回路通过破口以液体形式流失的质量(流量为常值).

因此,一回路质量的流失与时间的关系应该是线性的. 当破口处有气体流失时,本阶段结束.

3. 破口排气阶段:两相降压然后稳定

中间管道(U 形管)对于一回路中产生的气体构成了一个水力阻碍,因为一回路蒸汽需要克服与 U 形管深度相关的重力压力才能到达破口处. 此后,蒸汽通过排走管中部分的水,便可打通 U 形管,此时便转变为排气阶段.

当破口处排出的是气体之后,尽管破口的质量流量减少到原来的 1/4,排出的能量却依然上升. 从此刻起,一回路与蒸汽发生器之间的换热对能量平衡不再是必需的(见本章最后的问题分析[①]).

因此,这导致了一回路新一轮的降压,这对质量的平衡是有利的(随着一回路压强下降,破口流量减少,安注流量增加).

注意到,中间管道(U 形管)中水的阻碍与此同时导致了堆芯部分裸露的瞬态变化. 当破口处排出的是气体之后,冷端及环形集气管中的水重新回到堆芯中,堆芯中的水位又快速地回到充足的水平. 然而,与破口流量相比,安注流量仍然不足,一回路的质量仍在持续的缓慢下降(参考图 4.2).

水的重力引起的堆芯部分裸露与燃料包壳的第一个温度峰值相关.

由于新一轮的一回路降压,中压安注系统(ISMP)的注入流量升高直至破口流量的水平(即使在应用单一故障准则的情况下).

在此时刻,第二次堆芯的部分失水结束,燃料包壳的第二个温度出现.

4. 蓄水池的注入——对一回路的填充

当一回路压强低于 42 bar,被氮气加压的硼水蓄水池自动地排空注入一回路之后,压力容器及一回路中的水质量迅速回到较好的水平. 一回路水位重新回到热端的水平.

至此,短期的瞬态事故阶段结束.

---

① 解释将在一回路产生及失去的气体体积流量这一现象;像第 1.3.3 节,我们可以从一回路热流的角度去解释. 特别地,一回路压强会被能量平衡所决定.

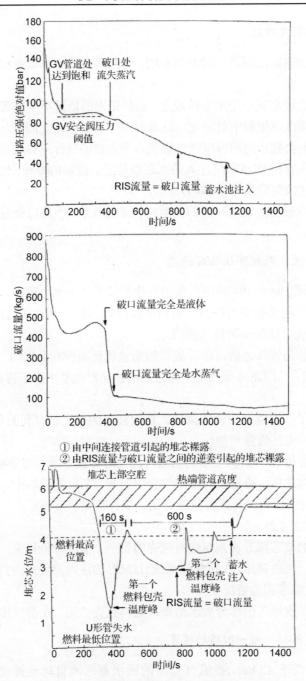

图 4.2　中破口（10 cm）：关键参数的变化
资料来源：transparent AREVA

4.2.2　中破口事故工况的时间进程与参数变化曲线

下述是等效直径为 10 cm 破口的特征事故工况数据：

0 s　　　　10 cm 破口出现.

单相降压阶段

20 s　　　AAR(131 bar)，GMPP 停止，触发 IS 启动信号(121 bar t=30 s)；

45 s　　　堆芯附近出现气泡.

压强稳定阶段：一回路压强 $P \cong$ 二回路压强 P_V

90 s　　　蒸汽发生器上升部分管道出现气泡，压强稳定阶段；

360 s　　　U 形管排水，堆芯因水重力而失水，包壳温度出现第一个峰值.

两相降压阶段

400 s　　　破口处排出气体($360\,s$，$x=0$ 然后 $400\,s$，$x=1$)：$P < P_V$，$q_{RIS} < q_{break}$；

800 s　　　$q_{RIS} = q_{break}$，包壳温度出现第二个峰值；

1100 s　　　蓄水池投入注水，结束堆芯失水.

对于这个事故工况，燃料包壳不会被破坏. 包壳温度一直保持在 1204°C 以下.

4.2.3　需要的操作行为

4.2.3.1　对一回路泵的操作

历史上，破口事故瞬态是在外部供电丢失(AAR 启动的同时一回路泵停运)的假设下进行研究的.

在 TMI2 事故之后(由于相的分离，在最后一个泵停止时，出现了堆芯的裸露：见第 7 章)，为了验证延迟停止一回路泵不会使事故更严重的假设，人们进行了一些关于灵敏度的研究.

保持一回路泵运转的工况(记为 ∞)与参考的事故工况(记为 AAR)的主要差别在于：

(1)一回路保持强制流动，堆芯中的水流量保持在正常工况的水平；

(2)在破口处排出两相流体之前，气液在一回路中是均匀混合的，这可以避免在参考工况中观察到气液分相的情形；

(3)在破口处排出两相流体之后，破口处流体保持是两相的(而在参考工况中，破口处流体很快地从液相转变成单一气相).

研究表明(见图 4.3 曲线"∞")保持泵运转的情况比起参考工况(AAR)更安全，原因是不会引起堆芯的裸露.

因此，人们实现了在 AAR 启动到无穷之间，不同延迟时间下关闭一回路泵的灵敏度实验，因为在两相环境下运作，一回路泵可能在任意时刻停运.

事实证明，在破口处出现两相的时刻与堆芯裸露结束的时刻之间存在一个临界时间段，在这时间段之内，因为气液两相发生分层，强制对流的丧失会增加堆芯裸露深度(见图 4.3 曲线中"450 s"到"600 s").

如果在冷却操作过程中没有操作员的人为干预，燃料包壳温度有可能会超过安全准则规定的阈值 1204°C.

总而言之，在后 APRP 处理中，保持一回路泵的运转更为可取. 然而，由于临界时间段中存在丧失一回路泵的风险，因此通过堆芯水位和堆芯出水处水的饱和裕度来制定维护或停泵的守则是合理的.

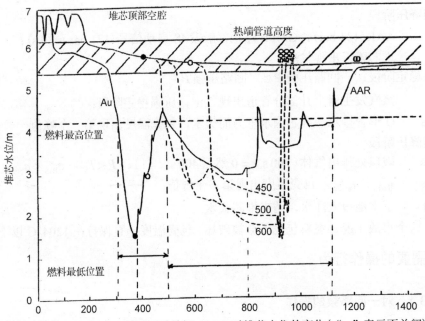

图 4.3　中破口(10 cm)：不同延时关闭 GMPP 时堆芯水位的变化（"∞"表示不关闭）
● 破口处出现气体，○ 破口处完全是气体

4.2.3.2　对 IS 和 EAS 的操作——事故瞬态的长期操作阶段

安注系统(RIS)和安全壳喷淋系统(EAS)一开始是由预先准备的水储备(反应堆和乏燃料水池 PTR)供水的.

当该水池水位达到了设定的低水位时(min. 2)，两个系统的管道将会被连接到安全壳的水井中，水井中的水就会进入循环利用状态. 安注系统会一直往冷端注水.

位于喷淋系统 EAS 上的热交换器能够把能量从安全壳里面转移给电站冷源. 水的再循环阶段的持续时间可能会很长，持续到事故发生后几个月甚至几年.

再循环阶段的过渡是自动完成的. 操作员只需确保水井有一个较好的倾斜度，在堆芯两相状态出现硼结晶风险下需要操作员的及时直接干预.

事实上，一回路水中硼是以硼酸溶液的状态存在的，其浓度根据事故的进程会在1000～10 ppm 变化. 安注系统的蓄水箱(PTR 水池)中含有浓度约为 2500 ppm 的硼水.

硼酸相对不易溶解，而且它没有被破口事故中产生的蒸汽所带走. 因此，硼浓度很可能会增加，然后结晶析出，从而阻碍堆芯附近流体[①]的循环.

图 4.4 归纳了不同破口位置和 RIS 注水位置的情况.

对于不同的破口位置，都有对应于一个适合的注水位置. 然而，对于控制室中的操作员来说，没有一个可靠的方法可以检测一回路破口的位置.

因此，我们保持同时往冷端和热端注水. 就功能的需求来说，我们分配在冷端和热端注水流量，目的是不管一回路破口的位置在哪里，都能确保堆芯剩余功率的排出，同时不升高压力容器中的硼浓度水平.

---

① 另外，水池中水的膨胀或许会导致在堆芯注水之后的临界风险.

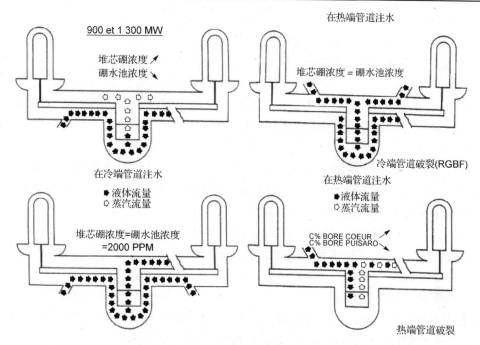

图 4.4　对应不同破口位置的冷/热端注水

　　控制室中的操作员可以在事故后 10 小时左右实现冷段和热段水的同步再循环．一回路水的温度与安全壳的温度相等(最大值 70℃，这是由于 EAS 系统对安全壳的冷却)．

　　最后，关于 APRP 事故的长期处理，我们注意到 RIS 系统与 EAS 系统的长期故障风险都已经被专门的进程所预计和处理．

4.3　大　破　口

　　此处，我们考虑一回路冷端的一条管道的两端(直径>35 cm)都发生断裂．

　　与第 4.2 节类似，我们在满功率运行的初始状态下假设 AAR 启动时外部电源丧失，并在此情况下研究该事故．

　　该瞬态事故可以分成几个涉及不同物理现象的阶段：泄压、充水和再淹没．

4.3.1　自动化控制阶段

1.　降压阶段

破口出现的瞬间，一回路压强骤降至高温部分流体的饱和压强．

　　堆芯中出现了空泡，使得慢化剂的密度大大减小，中子慢化效率降低(气泡效应)，从而抑制了链式反应．堆芯功率锐减到剩余功率的水平．但是在考虑初始运行状态的情况下，燃料棒中所储存的能量是可观的．

　　自动停堆系统和安注系统因反应堆中的低压和过低压信号触发而启动，从而导致控制棒的插入、涡轮机的脱扣、RIS 和 ASG 系统的投入．

在一回路泵停止后,一回路流体流动减慢(泵的惰转).

在泄压阶段的初期,由于破口附近流体处于欠饱和状态,破口处的临界流量很大.

破口处的流体来自于破损管道的两端.因此,在一回路中有一个速度几乎是零的点:停滞点.这个点的位置会随着时间而改变,同时会影响堆芯的冷却.事实上,当这个点处于堆芯中时,在堆芯的附近就基本没有对流换热.因此,燃料棒的最高温部分迅速达到了临界热流.这个沸腾危机迅速沿着径向和轴向蔓延到整个堆芯,引起燃料包壳的第一个温度峰值.

然后,我们关注一个两相流体在破口处的排出.汽化让停滞点从堆芯离开移动到热端.

在考虑到堆芯功率下降的情况下,蒸汽反向流动通过堆芯,保证了燃料包壳的部分冷却.这意味着包壳第一个温度峰值的结束.

ISMP 迅速往冷端注水,但是对该事故瞬态没有大的影响.

当一回路温度、压强掉落到二回路值(84 bar)之下时,一回路与蒸汽发生器的传热反向,二回路从此之后变成了一回路的热源,而这对事故的进程是不利的.

一回路的降压还在持续.接近 40 bar 后,用氮气加压且装有硼水的蓄水池会自动往一回路注水,但是由于受到堆芯中的反向流的阻碍,蓄水池注入的水很难进入堆芯的环形区域.

堆芯的水旁路流失现象:大部分注入的水被堆芯产生的蒸汽直接导出到破口处(图4.5).

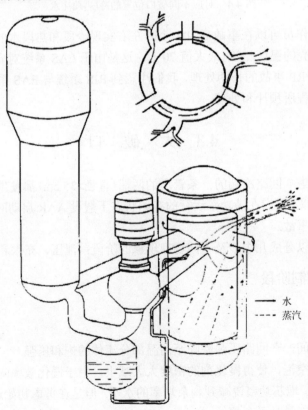

图 4.5　大破口:蓄水池注水的旁路流失现象
资料来源:EDF

在持续约 30 s 的一回路降压的最后阶段:

(1)一回路压强在安全壳内压强的水平($\approx$ 3 bar);破口流量接近为零.

(2)注入的水渗入压力容器的底部(或下部空间).

在此情况下,除了压力容器的底部、上部空间和注水区域,一回路的大部分空间都是蒸汽.

2. 压力容器底部的再充水阶段

一回路水的质量已达到了最小值,在持续约 20 s 的再充水阶段中,水迅速地重新充满堆芯,从压力容器底部补充至堆芯入水口.

随着压力容器上部(尤其是圆顶)的排空,反向流量逐渐降低,蓄水池的水将开始注入堆芯的环形区域中. 水的下降因容器表面热量的释放而被限制(热墙效应).

在此再充水阶段中充满低压蒸汽的堆芯,进行着近乎绝热的升温,因此其温度随着时间增长而呈线性上升.

在压力容器底部再充水之后,当水位到达堆芯的入水口处时,就进入淹没阶段.

3. 堆芯与燃料棒的淹没阶段

在充满压力容器底部和堆芯环形区域之后,蓄水池被完全排空. 此后,连接在冷端的低压注水系统 ISBP 承担起继续往一回路注水的任务.

然而,进入堆芯中的水因为温度过高而瞬间蒸发,这样会阻碍水对堆芯的直接覆盖. 堆芯将逐渐被淹没,然而因为包壳外被一层蒸汽覆盖,燃料棒不会立即被湿润(膜态沸腾,见第 1.1.2.1 节).

堆芯中的水流量重新回到正常的值. 堆芯再淹没是一个水重力现象. 在环形区域的水柱重力必须克服蒸汽的压头损失,让水穿过堆芯、上部空间与部分的一回路直到破口处(图 4.6). 因此,乳浊液的水位逐渐上升,直至堆芯完全淹没.

而燃料包壳的浸润本质上是一个热现象. 事实上,沿着燃料棒轴向的热传导使得湿润区域出现骤冷峰,从堆芯底部到顶部蔓延. 在这个峰的附近几毫米,包壳温度最高的区域可达到 1000℃,而对应 2~3 bar 的饱和温度仅仅为 130℃左右.

在该湿润峰的附近存在一层可以围绕燃料棒的蒸汽,从而阻碍包壳和水的直接热交换. 湿润峰的位置因此低于堆芯的水位.

湿润峰的向前移动导致大量能量释放到水中,从而让水汽化并产生水珠. 这个气体分数很大的气液混合流体会产生一个反压强,阻碍淹没堆芯的重力动力. 在这个阶段中,对于裸露的堆芯部分,蒸汽的对流和燃料棒向水珠的辐射放热都能在一定程度上保证其冷却.

因此,包壳温度上升得越来越少,然后由于换热的相对提升而开始缓慢下降. 这就是我们所说的温度翻转,这与包壳温度出现一个新的峰值相对应,它比湿润峰的到达时间要更早一点[①].

---

① 事实上,我们可以把这个翻转温度联系以下两个现象:

在堆芯失水的开始阶段,与蒸汽传动小水珠相关的"翻转"的开始;

在湿润峰前完全的"翻转".

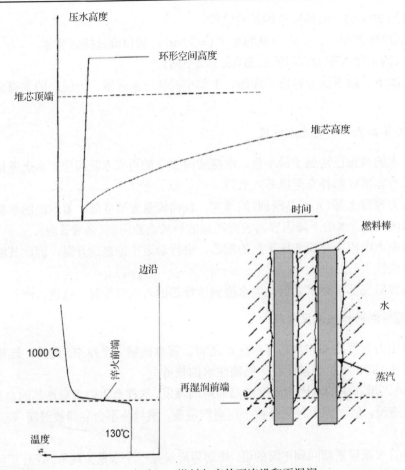

图 4.6　大破口：燃料包壳的再淹没和再湿润

再淹没/再湿润阶段通常持续 100 s. 在这个阶段的最后时刻（$t \approx 150\,\text{s}$），堆芯完全被淹没，燃料棒很好地与液态冷却剂接触. 剩余功率因此能通过破口排出到安全壳中. 在从 IS 和 EAS 到再循环的过渡中，该功率通过 EAS 热交换器被排放到一个机组（RRI）的冷源处.

对 RIS 和 EAS 的操作与之前的描述一致.

4.3.2　冷端管道截断事故工况时间进程与参数变化曲线

下述是冷端管道截断事故的特征事故工况数据：

一回路泄压喷淋阶段

0 s　　　大破口，一回路降压；

1 s　　　AAR（131 bar），然后 IS 启动信号（121 bar，$t = 5\,\text{s}$）；

7 s　　　堆芯流量反向（停滞点），包壳温度峰值 T_1（堆芯中间）；

15 s　　　蓄水池注水（$P^{(1)} \approx 40\,\text{bar}$），但有水从旁路流失；

30 s　　　蓄水池的旁路流失结束，开始向下部空间注水，$P^{(1)} \approx P_{\text{BR}}$.

下部空间的再充水阶段

35 s　　　低压注水 ISBP 投入.

堆芯再淹没阶段

40 s　　　下部空间的充水结束，堆芯再淹没开始，包壳温度峰值 T_2 (堆芯中间).

50 s　　　蓄水池注水结束，环形集流器被水充满.

150 s　　温度最大值 T_3 (堆芯上部).

图 4.7 展示了包壳温度随着时间推进的变化. T_2 和 T_3 分别对应的是堆芯中部与顶部的翻转温度.

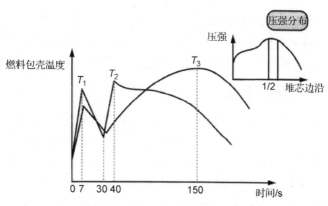

图 4.7　大破口：包壳温度的变化

4.3.3　安全壳的热工水力瞬态变化

安全壳作为最终的保护屏障，维持反应堆厂房的稳定是保护公众与环境的基本要求. 其设计压力大约为 5 bar.

在大破口工况中，基本所有一回路的水和部分安注系统的水 (来自蓄水池) 都以高能量的液态或气态的形式排放到安全壳中. 这导致了安全壳内压强和温度的剧增.

安全壳内部的掩体结构使得每个回路或多或少地被分隔开，因此该排放现象最初只会发生在破口附近. 但是，这些结构并非完全密封，这会使得结构内的蒸汽迅速逸出.

在反应堆厂房中，第一个压强峰值出现在一回路泄压阶段的结束时刻. 另外，部分水蒸气在建筑物壳壁上的凝结会起到降低壳内压强的作用.

再淹没阶段时产生的蒸汽会使得壳内压强在 EAS 系统启动前再次升高. 这个系统会在壳内压强超过 2.6 bar 之后自动运行. 自此之后，壳内压强和温度会持续下降.

安全壳除了承受一个或两个压强峰值之外，还需要承受因温度峰在混凝土里的传播而缓慢形成的热应力.

最后，安全壳此后还可能遭受氢气爆炸形成的超压. 事实上，除了在安全壳内的空气里存在的氧气，氢气可以从以下的源头中被释放：

(1) 放射性物质的辐射引起水的辐射分解；

(2) 锆水反应 (燃料包壳的氧化)；

(3) 一回路水的微量分解.

氢气爆炸对安全壳的影响会在第 9 章与严重事故相关的部分再深入探讨.

4.4　在停堆状态下的特殊破口工况

风险概率评价 EPS 的结果表明,在停堆状态下,一回路破口事故在每年熔堆事故的总概率中占了很大的比例. 而且,在停堆状态下的破口比起在正常运转工况下出现的破口会带来更大的风险.

停堆状态的特点如下:

(1)一回路中的水量可能较少,只有在回路上的水平(以冷停堆为例);

(2)一回路的压强和温度低于正常工况下的值(155 bar,307℃),而这个状态会处于温度/压强图上的一个有限的区域,使得 RIS 系统有可能变得无效.

4.4.1　P11 许可下的破口工况

为了避免不合时宜的操作,一些安全保护措施的启动信号会被抑制. 特别地,在 P11 许可下安注 IS 由"稳压器的过低压强"信号触发即属于这种情况(139 bar).

在此情况下,唯一能自动启动安注的信号仅剩下"安全壳内的高压强 max2".

在 P11 许可下,我们应该根据破口的尺寸区分以下两种启动 IS 的情况:

(1)尺寸大的破口会因为大量排放到安全壳中水的质量和能量引起安全壳的高压预警 max2,从而激发 IS 的自启动. 除非之后出现故障,自动系统都是能足够缓和一回路的破口工况的.

(2)尺寸很小的破口则不会激发 IS 的启动,因此需要操作员在得到有效的破口警告信号之后人为地启动 IS.

对于后一种情况,我们可以认为,事故的风险是与操作员可能的失误(事故的诊断和/或操作的执行)联系在一起的. 而这个失误的概率同时也是与堆芯裸露之前可供操作员操作的时间联系在一起的.

另外,对于手动启动 IS 的特殊情况,我们需要监控 PTR 水池的水位,目的是人为地过渡到水的再循环阶段.

4.4.2　在 RRA 状态下的破口工况

另外,如表 4.3 所提及的,在以 RRA 排热的停堆状态下,ISMP 的基本单元不运行. 在相同的逻辑之下,低于 70 bar 的情况时,蓄水池会被隔离.

表 4.3　不同初始状态下注水方式的自启动阈值信号的可行性概括

初始状态[①]	压强	"稳压器压强过低"信号	"安全壳压强高 max2"信号	ISMP 泵	蓄水池的投入
正常运行	155 bar	可行	可行	可行	可行
以蒸汽发生器排热的正常停堆	$P<139$ bar	不可行	可行	可行	可行
	$P<70$ bar	不可行	可行	可行	隔离(控制室)
	$P<40$ bar	不可行	可行	可行	隔离
以余热排出系统 RRA 排热的正常停堆	$P<30$ bar	不可行	可行	不可行	隔离

---

① RP=反应堆功率,AN=依靠 GV 或 RRA 的正常停堆.

在破口工况下, RRA 系统被连接, 相应的处理策略是:

(1)隔离该破口;

(2)手动启动 IS.

在隔离 RRA 的情况下, 功率的不平衡会导致一回路温度和压强的上升, 使得救援所需的蒸汽发生器恢复运行.

最后, 我们注意到, 在某些 RRA 状态中, 一回路初始是开放的(因此会降压). RRA 系统的丧失与一回路破口的情况相似. 一旦沸腾出现, 一回路的水因汽化而丢失且不能被补足.

4.4.3　RRA 在较低工作范围的丧失

法国、美国等国家的经验表明, 堆芯熔化是可能的, 有必要对这种可能进行概率风险评估, 并应为降低该风险进行物质和组织上的准备.

在机组停机过程中, 需要对蒸汽发生器管道进行一些必要的操作, 这有时会因为操作时间太长而只能在堆芯卸载的周期内进行.

此外, 操作员可接入一回路侧蒸汽发生器的水箱(尤其是安装蒸汽发生器的分接头时). 为此, 在主回路的某个区域, 一回路中的水位要足够低, 这个区域被称为 RRA 的低工作范围(RRA PTB①). 在这个区域, 存在空气被吸入 RRA 的风险, 同时两个泵的通道有可能被"漩涡"损耗(共模故障).

根据法国的经验反馈, 在 1995 年之前, 已经有 6 个因漩涡而丧失整个 RRA 系统的事故, 原因是误操作降低了一回路的水位.

幸运的是, 由于剩余功率水平很低, 因此在沸腾②之前仍有足够的行动时间.

采用最大的剩余功率已经开展了一些保守研究. 结果表明, 在一回路达到沸腾之后, 由于一回路的某些开放性结构, 堆芯的裸露可能会非常快.

图 4.8 展示了两个极端结构都能引起堆芯裸露的延迟:

(1)在热区域的开口尺寸很大时, 通过简单的蒸发, 能延迟约 1 h(例如, 容器的顶盖打开);

(2)仅仅在一回路冷区域有一个开口时(例如, 蒸汽发生器冷水箱因一个检修孔而敞开在空气中), 在累积的蒸汽引起的活塞效应下对容器上方部分加压, 能引起几分钟的延迟.

还存在着很多其他的中间开放结构, 这些结构都是操作技术规范所允许的. 事实上, 这个事件在电站设计时并没有被考虑到, 各种展示在图 4.8 或本章最后的问题讨论的相关物理现象都没有被考虑.

一旦风险被识别, 为了加固各条安全防线, 一些缓和事故的措施会马上投入使用:

(1)在判断风险的操作阶段, 限制 PTB 到 RRA 的过渡;

(2)根据稳压器检修孔(热区域③)的大小开放一回路, 伴随着一个开放前的延迟, 目的是要限制剩余功率的水平;

(3)在这种状态下, 采用加强度量一回路水位、监测 RRA 系统水泵和注水能力的方法.

---

① 另外的一些操作(如一回路稳压器与压力容器之间的通气孔的除气)使得我们必须在该工作区域上.

② 然而, 在美国核电厂中, 沸腾这一现象曾经被发现过.

③ 在热侧的开口提供了流出气体的开口, 同时妨碍了活塞效应.

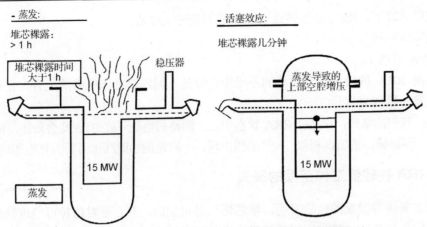

图 4.8　PTB-RRA：不同的开放结构导致的一回路沸腾效应

(4) 利用 IS 水泵 (从 PTR 中吸水) 执行一回路的自动补水, 以 RRA 泵的丧失作为特征信号, 确保水位处于压力容器连接平面 (PJC) 以下, 如图 4.9 所示.

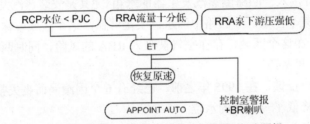

图 4.9　PTB-RRA：专设自动补水系统的启动逻辑

这些材料设备会通过完善一些涵盖所有停堆状态的事故后处理进程而补充完整. 特别是在自动补水设备出现故障的时候, 可以通过 RIS 和 RCV 管道进行人工补水.

从 1995 年以来的实验反馈证明了这些预防措施的有效性. 对于减灾方面, 自动化补水的收益也被概率风险评估所看重 (见第 6 章的最后部分).

注意到还存在其他丧失 RRA 的情况, 例如供电的完全丧失 (泵的丧失) 和/或冷源的丧失 (热交换机的丧失). 这些情况会在第 5 章被讨论.

4.4.4　停堆状态下破口工况的总结

总的说来, 在停堆状态下的破口事故在最开始的电站设计中并没有给予考虑. 然而, 经验的反馈证实了这些情况是不容忽视的. 在连接 RRA 的状态下熔堆的概率是值得注意的.

通过改进一些设备 (如自动补水) 并且修订一些日常运行规则 (操作技术规格和操作进程) 能够极大地降低风险. 安全保证与操作员诊断事故、执行干预的质量息息相关.

问题 5　中破口研究

点模型, 平衡方程以及完成练习所需的工程数据都整理于附录 A5 之中.

在这个问题中, 我们关注一个等效直径为 10 cm 的破口 (面积约 80 cm^2). 研究对象是一个在正常工况下运行的 1300 MW 电功率的反应堆.

我们可以参考图 4.2 的曲线来核实计算所得的数量级.

1. 初始条件

图 4.10 提供了根据破口前的条件(一回路流体压强、温度及焓值)所得的破口处临界流量(cm^{-2} 截面)的值.

(1)对于不同位置的一回路破口,请给出破口的初始质量流量和体积流量.

(2)从质量流失的角度,阐述会引起最严重后果的破口位置.

(3)阐述破口处质量流量在 $t=0^+$ 时刻(破口刚刚出现时)的发展变化.

2. 热区域向两相的过渡

一回路泵在 AAR 启动的同时停止运转.

在流体变成两相之后,定性解释一回路压强稳定在一回路热区域的压强与二回路压强之间的原因.

请从能量平衡的角度详细指明所涉及的稳定反馈反应.

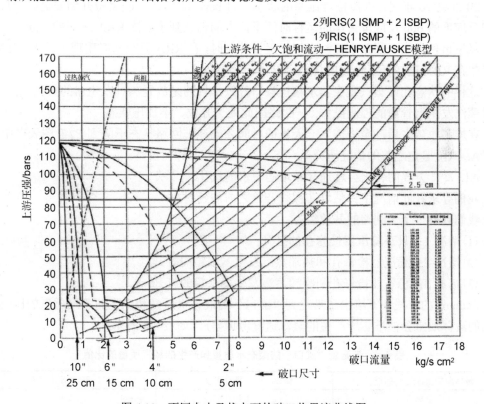

图 4.10　不同大小及状态下的破口临界流曲线图

3. 破口处向两相的过渡

假设我们现在处于中破口事故工况的 $t=400\,s$ 时刻,也就是破口处变为两相的时刻.

我们一方面观察到一回路压强刚好高于被 GCT-a 阀门限制住的二回路压强($\approx 84\,bar$),

另一方面 IS 的一条注水线丧失在破口中.

(1) 质量平衡：请验证，不管破口处流体的状态如何，RIS 流量在此条件下都不足以补充破口流量.

(2) 能量平衡：

① 请分别估计，破口为气体之前(气体分数 $x=0$)和之后(气体分数 $x=1$)这两种情况下，参与该能量平衡的不同的功率项.

注意：对于第一种情况，我们认为因破口丢失的体积会在堆芯中被相等质量的蒸汽所补充.

② 解释破口处排出气体这一条件是使得一回路压降能下降至二回路之下的原因.

(3) 从质量平衡变化的角度，评价一下这一事件对于瞬态事故后续进程造成的后果.

(4) 试解释这一事件与包壳的第一个峰值相关.

问题6   RRA 在 PTB RRA 中丧失的概率研究

点模型，平衡方程以及完成练习所需的工程数据都整理于附录 A5 之中.

20 世纪 90 年代，在冷停堆维修的状态下(1 bar，60°C，一回路敞开到安全壳中)，在法国反应堆的 600 反应堆·年的运行时间里，人们记录到了 6 次 RRA 冷却的中断.

激发事件是当一回路水位没有很好地被控制时，在 RRA 泵吸水时出现了漩涡. 然而这是发生在 RRA 的较低工作范围(PTB RRA).

这样的状态允许蒸汽发生器水箱检修口打开，目的是放置蒸汽发生器的封头，然后开始对蒸汽发生器管道的控制操作. 一回路因此处于开放、不加压状态.

在堆芯收敛之后，至少需要一天半的时间才能让一回路状态下降到 P/T 图表之中.

A. 风险鉴定之前的情况研究

A1. 冷却方式的丧失会迅速导致堆芯中水的汽化.

我们寻求在此情况下评估堆芯裸露开始之前的延时.

我们观察三个一回路的开放组态：

(1) 情况 1：只有稳压器检修孔的打开；

(2) 情况 2：稳压器检修孔和热端蒸汽发生器水箱的打开；

(3) 情况 3：稳压器检修孔和冷端蒸汽发生器水箱的打开.

Cathare 的一些计算给出了带走到"破口"的液态水质量和产生的蒸汽质量的比值(被带动的液体质量会被堆芯所产生的蒸汽速度所调整)，如表 4.4 所示.

表 4.4   带走到"破口"的液态水质量和产生的蒸汽质量的比值

液体质量和蒸汽质量比值	储存于稳压器的液态水	通过开口流出的液态水
情况 1	1.4	0.4
情况 2	—	2.8
情况 3	—	1

(1) 请分别从中推断出，对于 3 种不同的组态，在此情况下出现堆芯裸露之前的时限. 我们可以忽略结构的热惯性且假设一回路流体一直保持均匀.

(2)哪一种组态最危急？

关于 PTB-RRA(1300 MW 电功率)的数据：在 PTB-RRA 的水平，一回路水的总质量为 115 t.

A2. 在此标准状态下，RIS 系统不能自动启动(在 P_{11} 和 P_{12} 许可下).

(1)请指出，为了避免堆芯裸露，哪个人为干预需要被执行，且指出对于最危急的组态操作失败的概率.

(2)推断出，对于最危急的组态，每年与此初始事件相关的造成堆芯裸露的概率，并给出一个总结.

我们保守地假设在堆芯裸露开始时发生堆芯熔化.

人的可靠性数据：事故诊断+操作的失败概率(中等困难的情况)，见表 4.5.

表 4.5

操作时限/min	0	10	20	30	40	50	≥60
失败概率	1	1	10^{-1}	10^{-2}	5×10^{-3}	2×10^{-3}	2×10^{-3}

B. 考虑此风险之后的情况研究

在反应堆中对此风险的考虑会导致以下的针对措施：

(1)限制向 PTB-RRA 的过渡；

(2)加强对一回路水位的测量，同时伴随有警报，加强对漩涡的监测，带有涡流警报的传播(事件进程的开端)；

(3)自动补水系统，在失去 RRA 的代表性信号后启动(事故进程的开端).

证实这些选择满足纵深防御的原则.

B1. 从 A1 所得的结果出发，我们尝试最大化地降低操作员失败的概率.

从中推断出停堆之后，操作员在 STE 中得知该如何处理预备好的稳压器抢修孔的打开和蒸汽发生器一回路水箱打开之前的最低时限(考虑混淆各个蒸汽发生器水箱的可能性).

B2. 我们关注与此初始状态相关的每年堆芯熔化概率的新评估，包括所有物质和组织上的针对措施.

(1)在认为各个事件之间是相互独立的情况下，评估与此初始状态相关和与反应堆新状况相关的新的每年堆芯熔化的概率，请总结.

(2)评价不同设备的概率上的贡献.

自动补水的设备可靠性数据：

(1)启动故障率：10^{-2} / 启动；

(2)运行故障率：$\lambda = 10^{-5}\,\mathrm{h}^{-1}$(我们可以忽略).

第 5 章　冷却剂供给系统完全丧失事故：福岛事故类型

堆芯冷却系统的正常运行需要满足以下三个条件：

(1) 堆芯必须一直浸没在水中，便于带走其内部产生的热量；

(2) 需要有冷源与堆芯持续进行热交换；

(3) 堆芯冷却系统由一个或多个蒸汽发生器循环回路或 RRI 的热交换器组成，当有一组冷却回路失效时，需要有备用设备或系统持续将堆芯热量导出.

图 5.1 为堆芯冷却系统示意图. 从图中我们可以看到，堆芯冷却相关各系统回路的设备构成. 图中所有系统设备都需要安全系统的支持，如紧急冷却系统、供电系统、各种给水泵组的供应等.

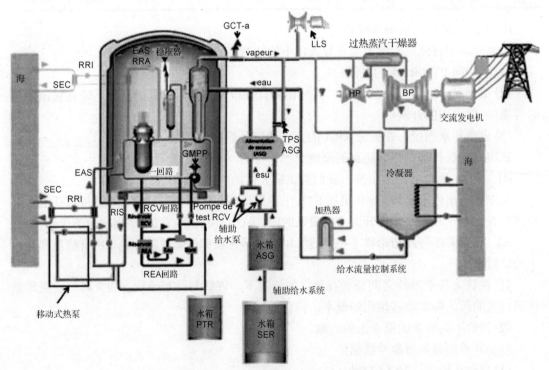

图 5.1　堆芯冷却系统示意图：用于冷却的设备及系统

资料来源：EDF-ECS

冷却水系统用于给核岛或常规岛各设备的冷却系统提供冷却水.

对于建在海边或者大江大河旁边的核电站，冷却水系统所用到的冷却水取自自然界：用于冷却反应堆二回路工质或其他电站设备环路的循环冷却水直接从海里或者河里抽取，然后将冷却水重新排入海里或河里(这种冷却环路称为"开式循环").

冷却水源通过冷却水渠以及泵站进行过滤和输送，并通过热交换器被用于冷却各回路系统或电站设备. 每个发电机组都会有一个泵站，每个泵站都会设立两个地理位置隔离的通道，与 SEC 系统相连.

对于建在小流量河流旁边的电站，其主要的冷却环路采用"闭式循环"，常规岛中的冷却回路使用空冷方式，即用空气做冷却剂，通过热交换器冷却回路中的工质. 但反应堆安全冷却系统仍然采用"开式循环"：从电厂外部获取冷却水源，通过换热器冷却电站设备或系统后再排放到环境中去.

多种自然原因(如天气过冷、管道的自然堵塞、潮汐等)或工业原因(碳氢化合物等)都有可能引起应急冷却系统功能的完全丧失，虽然电站采取了很多预防措施来防止此类事件的出现，但为了保险起见，核电站仍然需要建在海边或湖边，利用海水或湖水作为应急冷却的冷源.

反应堆的电源供应拥有至少 5 个不同供电电源(每个电源均可独立承担厂用电需求)，每个电源都按照纵深防御的安全逻辑设计：

(1) 正常工况下，由 400 kV 供电母线为电厂供电.

(2) 出现供电母线故障时，辅助变压器启动(涡轮交流发电机组相对于电网是独立运行的，但可作为反应堆的辅助供电电源).

(3) 当辅助变压器失效时，将由外主电网触发 400 kV 的外辅电网供电. 此时将会触发自动停堆信号，外辅电网不再对主泵供电.

(4) 在外部电源供给全部失去的情况下，两组柴油机 A、B 自动开启，保证对备用辅助安全设备进行供电的电路板 LHA 和 LHB 正常工作.

(5) 最后，在失去了所有的电力供给情况下，外电源、柴油机以及对电路板 LHA 和 LHB 的供电仍可由应急发电机组，即电站蒸汽涡轮发电(TAC)或临近机组的柴油机，进行供电.

需要注意的是，最后的应急电源必须手动连接，这个过程一般需要几个小时.

此外，启动较为关键的反应堆冷却安全系统需要额外电力支持：涡轮交流发电机 LLS 由蒸汽发生器产生的蒸汽推动. 蒸汽发生器在外电路系统不可用的情况下，可确保在启动后几秒内完成任务(图 5.2).

本章主要研究这些电力供给系统完全丧失的事故.

福岛核电站①遭受严重的地震海啸灾害，使得内外电力供给全部瘫痪，反应堆丧失了所有冷却手段，就属于此类事故.

本章首先选取反应堆为研究对象，对以下恶劣事故依次进行测试，然后选定整个电站作为研究对象进行测试：

(1) 全厂供电完全丧失的情况，也是最严重的情况.

(2) 冷源完全丧失的情况.

(3) 以上两种情况的同时出现，对应福岛核电站事故. 其引发的一系列事故以及相关分析参见附录 A2.

---

① 这里不考虑这类事件对 BK 厂房乏燃料池里的燃料所产生的影响.

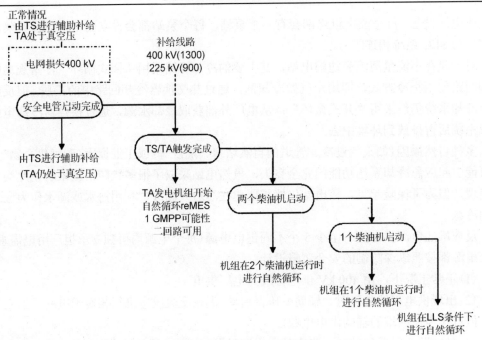

图 5.2　供电系统的逐步丧失
资料来源：Chaudière REP, EDP Sciences

5.1　全厂供电完全丧失

5.1.1　全厂供电完全丧失的后果

在核电站安全运行与设计方面，反应堆厂外电源的完全丧失是我们研究的工况之一．该情况假设外部主电网无法供电、辅助变压器无法启动、外辅助电网失效．

在这种情况下，发电机组供电由内部电力供给：两组柴油机自动启动，对电路板 LHA 和 LHB 进行供电，使得两个辅助安全通道得到供电，但不向主泵供电．

压力过低或一回路给水泵停运信号将触发反应堆自动停堆，停堆后堆芯的热功率会急剧下降至剩余功率水平．

随后主泵停止运行，同时一回路的流量减缓，冷却剂自然循环(或热虹吸现象)将逐步建立，继续将堆芯余热排到蒸汽发生器中．

在二回路侧，由于停堆、涡轮机断开，汽轮机进气阀关闭，蒸汽发生器的正常给水泵(ARE 环路)停运，触发辅助给水系统(ASG)启动．由柴油机供电的给水泵和蒸汽发生器蒸汽驱动的涡轮都投入运行．

通过开启涡轮，打开通向大气的旁路阀门(GCT-a)[①]，堆芯剩余衰变热最终由蒸汽发生器带出，有效降低堆芯温度．

---

① 与福岛事故中的沸水堆相比，压水堆的优点在于堆芯余热排出是由二回路工质通过热交换器带走一回路热量实现的，由于不接触堆芯，因此排放的蒸汽不具有放射性．

厂用电完全丧失的工况在外电源失效和两组应急发电机无法再次给备用电路板供电两种情况合并发生时出现.

运行人员安全规范的补充工况中对此类事件有相关说明. 这种恶劣事件也曾在 EDF 的"H3"中有所涉及.

一回路方面，主泵停止运转，冷却功能就此丧失，保证冷却剂注入主泵的上充泵也无法启动，造成了水泵接口放射性泄漏的潜在风险.

LH 电路板所控制的所有给水泵都停止工作：这属于安注系统失效的特殊情况(图 5.3).

这类事故要求我们进行相应的策略性操作，以保证一回路的完整性.

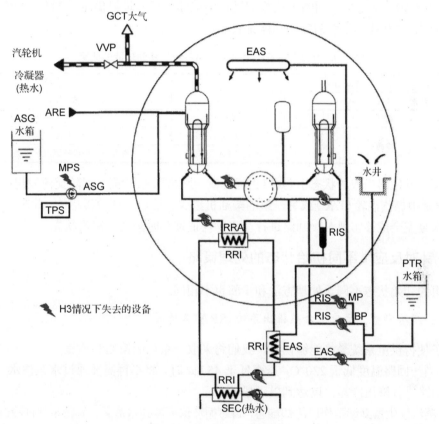

图 5.3 H3 情况失去的设备

资料来源：transparent AREVA

二回路方面,蒸汽发生器只能通过自动启动的 ASG 系统给水涡轮泵 TPS 进行供水. 这个过程的热量由蒸汽发生器产生的一部分蒸汽提供.

在此类电厂大范围失去电源的恶劣事故中，需要保证：

(1)在短时间内，主控室的照明设施正常，传感探测器能继续反馈反应堆实际运行参数，便于操纵员正确判断堆芯运行工况，并做出正确干预使电站安全停堆；

(2)随后时间内，通过应急指令和基本操作引入调整操控装置所需的空气，并对这些装置下达指令(尤其是 ASG 的 TPS 以及与大气相连的旁路阀门).

　　在短时间内，最低限度的电源供应由蓄电池保证，蓄电池的续航时间必须保证在 1 小时以上.

　　另一方面，每一个发电机组都由蒸汽发生器产生的蒸汽推动，在探测到备用电路板失去电源时应自动启动应急涡轮交流发电机(LLS).

　　除了主控室的照明以及对最低限度的操作指令提供电源供应，该应急涡轮交流发电机 LLS 还可以确保一个 RCV 注水泵(称为 RCV 测试泵，从 PTR 蓄水箱中抽取硼化水)所需的电源供应. 这是为了确保：

　　(1) 接入主泵，保证一回路的完整性；

　　(2) 引入硼化水，使一回路工质冷却过程中继续为反应堆提供足够的负反应性，并保证冷却水量. 余热排出系统的辅助功能见表 5.1.

表 5.1　"H3"情况："余热排出系统"辅助功能的研究

"余热排出系统"的辅助功能	系统	"H3"效果
注水(被浸没的堆芯)	RIS	失去→维持 CP 完整性
循环	GMPP	失去→热虹吸现象
冷源	GV/ASG	MPS 失去→TPS
	RRA	失去→尽量维持蒸汽发生器运行

　　在蒸汽发生器失效的状态下(如停止运行或一回路压力过低)，涡轮交流发电机 LLS 不可用. 电站中燃气涡轮(TAC)或另一组的柴油机组成了最后一项救援措施. 此时，剩余的一个主给水泵完全能够实现对一回路进行注水，保证堆芯时刻处于浸没状态.

5.1.2　针对反应堆不同初始状态的处理策略

　　机组的初始状态不同，处理方法和步骤也不相同.

1. 一回路完整，反应堆余热排出系统(RRA)未连接

　　为了使得供电系统最终能够恢复，我们将采取一系列的策略和措施.

　　(1) 当一回路温度低于 220℃，压强低于 45 bar 时，将不再需要通过水泵注水，反而要求对一回路进行降压冷却，以达到以下条件：

　　① 蒸汽发生器继续工作以冷却堆芯，自然循环保证冷却水流量，涡轮泵保证冷源的效率.

　　② 稳压器热损失引起的压降可以由稳压器水位控制(收缩)来补偿.

　　(2) 在反应堆紧急停堆到回到安全状态的过程中，水和硼的补给也是十分必要的，用以补偿慢化剂温度负反馈引起的反应性效应和一回路水冷却引起的体积收缩.

　　从一回路完整性的角度来看，达到安全状态(<45 bar，220℃)后，反应堆的持续工作时间与蒸汽发生器二回路冷却水的流量有关，一方面需保证储备在 SER[①] 的除盐水量充足，另一方面还可通过重力作用补给 ASG 水箱.

　　一旦二回路存水被用完，蒸汽发生器就会蒸干，则无法保证其正常工作. 没有柴油机发电，反应堆余热排出系统(RRA)就起不到堆芯救援的作用.

---

① 单一的蓄水箱 SER 水位需满足运营技术规范规定的界限.

　　丧失了一切冷源时，一回路将不断升温并进一步升压到稳压器安全阀的整定值，然后将会引起一回路排气，这个阶段将没有任何有效方法可以对一回路供水.

　　一般从事故开始到二回路存水 ASG/SER 耗尽(初始状态假定为满功率运行)会有几天的延迟，之后将发生堆芯裸露甚至熔堆[1].

2. 一回路完整，反应堆余热排出系统(RRA)连接

　　当供电完全丧失时，反应堆余热排出系统(RRA)失效，会引起一回路温度、压力升高.

　　这个过程是有利的，因为它可以使蒸汽发生器的运行工况重新达到设计运行技术规范的要求. 当一回路自然循环建立后，蒸汽发生器将堆芯热量逐渐排出，一回路的温度也将稳定下来. GCT-a 的参考压力为 10 bar，可以使一、二回路温度保持至 180℃ 左右，即该压力下的饱和温度.

　　蒸汽发生器产生的蒸汽可供给辅助给水系统(ASG)的涡轮以及应急涡轮交流发电机(LLS). 其作用机制与前面所述的情况一样.

　　在升温阶段，堆芯温度的上升引起一回路流体的体积膨胀. 超过回路容积之外的部分冷却剂将由反应堆余热排出系统(RRA)的限压阀门排出.

　　对一回路完整的工况而言，所有控制的要求都集中体现在对蒸汽发生器的控制操作上.

3. 一回路小破口[2](RRA 上)

　　在这种情况下，主要的操作是要使局部的裂缝重新闭合，并与之前工况一样，让一回路的温度和压力自然上升，使得蒸汽发生器可以根据运行技术规范 STE 的要求对其进行冷却.

　　即使在裂纹未能重新闭合的情况下，由于裂纹尺寸减小，一回路可以加压并使蒸汽发生器恢复正常运行，重新保障一回路的冷却. 相反地，如果一回路压强不能维持在 10 bar 或大于 10 bar，就不能推动涡轮交流发电机 LLS 工作，也就不能进一步使 TPS ASG 运转.

　　为了补偿裂纹引起的冷却剂损失及维持一回路水的体积，需要启动 RCV 上充泵，此时，应急发电机组(燃气涡轮机，或临近机组的柴油机)就十分必要了.

4. 一回路大破口(RRA 上)[3]

　　停堆状态下，若出现一回路破口则无法加压，蒸汽发生器也不再工作(图 5.4). 这类事故的调控策略重在对一回路进行补水，以弥补由于破口而失去余热排出系统(RRA)所引起的流量损失. 此时可通过重力作用，用乏燃料水箱对一回路进行补水[4].

　　接下来的补水由热泵从 PTR 水箱中抽取实现. 堆芯产生的蒸汽将被排放到安全壳中，导致安全壳缓慢增压[5].

---

① 为了避免高压引起的熔堆(见第 9 章)，"重大事故"规程要求开启安全阀.

② 对于那些开口大小相对于检修孔很小(例如，一个裂缝)，并允许一回路重新增压的破口，我们称之为一回路小破口.

③ 一回路大破口的情况下，由于反应堆的热惯性，一、二回路中充满水，短时间内并不会引起太大的问题.

④ 这种情况下，压力容器里面的堆芯是处于运行状态，因此压力容器中的功率远大于乏燃料池中乏燃料产生的功率，这也解释了"堆芯优先"的操作原则.

⑤ 若安全壳封闭，则可借助 U5 限制压力的进一步升高并保证安全壳的完整性. 这种调节模式在最早的国家风险研究团队所提出的规程中有所描述(见第 9 章).

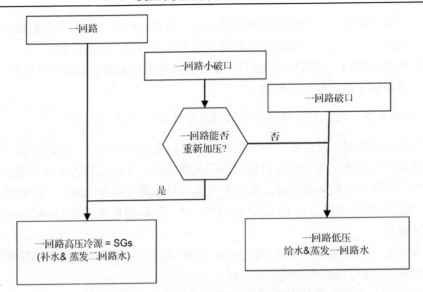

图 5.4　根据一回路破口情况确保功率排出的方法

这里，反应堆的持续工作时间与 PTR 水箱中水的体积有关.

事故发生后几天内，如果没有任何水补给措施，一旦该水箱的水用完，堆芯就会裸露[1].

简言之，在此类情况下，在堆芯裸露前，由于电站有一定储水量，可供一、二回路的冷却剂补给，反应堆可安全运行的时间大概有几天. 这段时间也就是允许供电系统修复的最长时间，或应急救援发电机组的调用时间，运行人员有义务在事故发生后第一时间将事故公布出来.

5.1.3　自然循环工况的操作

在压力容器的顶部，即压力容器顶盖下方的部分区域，在自然循环过程中只有一小部分流体参与一回路循环. 所以，这部分空间可以看成一回路中相对独立的容器.

在紧急停堆的过程中，随着一回路温度和压力的下降，压力容器顶部的流体可以持续保持较高温度，随即达到饱和状态，最终在顶部形成水蒸气气泡，而一回路其他部分的流体(除了稳压器中的液相流体)则远未达到饱和(图 5.5).

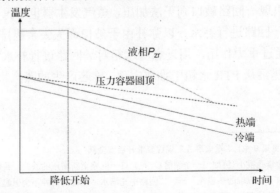

图 5.5　在紧急停堆并且压强急剧下降时一回路温度变化

---

[1] 例如，风险研究团队所处理的 PTR 水箱的再补给.

这一现象并不是通过研究得出的，早在 St Lucie 事件(USA，1980)中就有过这样的案例.

在这一事件之中，气泡的形成和膨胀对电站操作主要有两方面的影响：

(1)形成的蒸汽气泡将水体积压入稳压器中，使得稳压器液位高低并不等于操纵员所设置的液位高低；

(2)当稳压器被水填满之后，操纵员便很难再通过稳压器降低一回路压强. 但是，这并不会直接危害机组安全. 因为气泡并不会扩散到一回路其他的循环管道中去，也就不会使堆芯上部裸露.

一旦气泡形成，可以通过给一回路加压来吸收气泡，或者在电力供应恢复时启动主泵注水以吸收气泡. 但为了避免对压力容器构件产生热冲击，工程上更倾向于靠蒸汽自行散热而自然冷凝. 尽管自然冷凝过程时间较长，但二回路 ASG/SER 水箱的持续时间还是可以满足的.

当然，在操作时完全可以采用一些措施来预防压力容器顶部的流体饱和，只要遵循运行规范，保证降压梯度小于顶部流体的冷却梯度，就可以较好地防止此类事件发生.

(1)通过逐步降低 GCT-a 的整定值来控制蒸汽发生器，从而进行缓慢冷却；通过蒸汽冷凝收缩降低稳压器液位，以实现自然降压. 操作目标是到达 P/T 图的左限线(在热管处有很大程度的欠饱和).

(2)实现沿 P/T 图左限线的紧急停堆.

事实上在自然循环工况中，一回路流体的循环速度很小，这意味着：一方面从自然循环系统启动到堆芯冷却在时间上有着一个很显著的延迟，另一方面堆芯探测器的响应也会存在延时.

5.1.4　特殊情况：电站所有机组供电完全丧失

在核安全分析报告中，通常只考虑单一机组完全失电的事故. 核电站所有机组全部失电的情况对于法国核电站来说发生概率是极小的，但仍然需要将此项课题作为研究内容补充到后福岛安全评估报告中去[①].

一回路完整性良好，与第 5.1.2 节中描述的情况相比，每个机组的持续工作时间缩短，因为 SER 中的水量被多个机组同时使用. 熔堆的时间比只有单一机组断电时要短很多，但根据 EDF 的报告，这个时间仍长达一天半.

研究人员在假设涡轮交流发电机 LLS 不可用条件下做了同样研究. 在这种条件下，EDF 总结了国际上所有相关的研究经验，证明即使在一回路缺乏冷却水补给的情况下，仍可以排除主泵接口发生泄漏的风险.

一回路出现小破口，在堵塞破口失败的情况下，采用应急发电机组给 RCV 上充泵供电，以此维持冷却水补给来补偿破口流量. 燃气轮机(TAC)作为电站备用设备，也可以运行，但只能对电站的一个反应堆进行供电[②]. 当第二个反应堆也出现小破口时，同样需要电力供应，但由于没有可用的 TAC 为其供电，便会出现更严重、更危急的事故工况.

---

① 在福岛第一核电站，由于地震以及地震引发的海啸，电站所有反应堆的各类救援方法都失效了.

② 在这种情况下，其他机组的柴油机均无法使用.

　　基本充分原则，在基本运行规范中强制规定核电站的唯一性设备都足以用来干预一回路运行，因此不存在需要多机组同时补水的情况.

　　一旦出现大破口事故，几天后在 TAC 不可用的情况下，PTR 水箱的水用完后几个小时内堆芯就会裸露.

　　在这种情况下，为了在多个反应堆同时完全丧失供电时增强各设备的安全性，EDF 在机组中增加了以下辅助装置：

　　(1)反应堆的应急柴油机(DUS)要能保证在应急状态为电网供电 48 小时(最低限度是保证一个 ASG 给水泵及 LLS 的运行，并保证 RCV 和 RIS 对一回路水的补给).

　　(2)在电站钻井或建造水池，作为向 ASG 和 PTR 水箱再供水的补充手段.

　　(3)将机械电路的联结设计成即插即用的形式，以保证紧急情况下向一回路和二回路顺利注水.

　　很显然，针对各类自然灾害，尤其是地震及洪水等严重灾害，这些措施对提高核电站安全稳定性有很大帮助. 针对上述三种情况的应对措施见表 5.2.

　　针对核电站全厂断电事故时的组织策略，除了制定特殊的操作规程外，在全国性人力组织救援方面也有一定的应急措施. EDF 运行人员们组建了一支具有国家级水准的核事故应急救援队(FARN). 这支救援队可以在 24 小时内调用一支可胜任电站操作、安全维护以及后勤撤离等全部工作的队伍到达出事的电站(环境已经具有辐射性，并且设备已经损坏)，救援队可以帮助或者直接取代电站现场操纵员，重新建立反应堆冷却系统循环或使反应堆的冷却系统能够工作更长时间，并针对风险管理提出相应的后处理方法.

　　除此以外，EDF 运行人员，法国安全局和其所属的技术部门正在共同致力于制定一个具有实质性预防措施的"强效方案". 这些预防措施是对现有的、纵深防御[①]安全措施中最后三个等级预防措施的补充，在电站发生严重事故并威胁到机组设备安全时，这些措施可有效阻止机组运行工况的恶化，使其能维持到 FARN 的介入.

表 5.2　单一反应堆或整个电站(H3)在一回路不同工况下的情况总结

	单一反应堆 H3	整个电站 H3
情况 A.一回路完整(/GV)	(1)SG 可对 TPS ASG 和 LLS 供电； (2)LLS 保证照明+最低限度操作-指令+RCV 测试泵对一回路补水并注入 GMPP 水泵接口； (3)冷却：物质运输=自然循环+冷源=SGs(ASG/SER 水箱, TPS ASG, GCT-a)； (4)操作要求：一回路冷却降压至<45 bar, 220 ℃(停止向水泵接口注水)； (5)熔堆推迟时间= ASG/SER 续航时间：几天	(1)多个反应堆共用 SER； (2)熔堆推迟时间：缩短到一天半
情况 B.一回路完整或小破口(/RRA)	(1)没有 IJPP 所带来的问题(<30 bar, 180 ℃)； (2)失去 RRA：通过 SGs 作用，情况同上； (3)特殊情况，小破口：无法对 TPS ASG 和 LLS 进行供给，GUS 投入使用； (4)熔堆推迟时间：同情况 A 和 C	(1)每个电站 GUS=1TAC； (2)对于没有 TAC 的反应堆，熔堆推迟时间为十几个小时

---

① 为保障堆芯安全，"重大事故"管理提出在熔堆时采取限制污染物排放，最后，危险管理提出在污染物泄漏时限制放射性物质对民众的影响.

续表

	单一反应堆 H3	整个电站 H3
情况 C.一回路大破口 (/RRA)	(1)一回路不可加压(不可对 SGs 进行操作)； (2)由一回路水蒸发进行冷却； (3)由 BK 对一回路补水(重力作用)，PTR 通过热泵供应，随即是 RCV/GUS； (4)熔堆推迟时间=PTR 续航时间：几天	STE 规定每个电站只允许一个反应堆出现这种情况

5.2　冷源完全丧失

5.2.1　冷源完全丧失的后果

反应堆紧急冷源完全丧失的情况属于附加工况，在安全论证(安全报告)中有所涉及．这份报告曾是 EDF《H1》参考文献．冷源完全丧失会导致以下设备(图 5.6)不可用：

(1)核岛应急制水系统(SEC)的水站，进而影响设备冷却水系统(RRI)[①]．

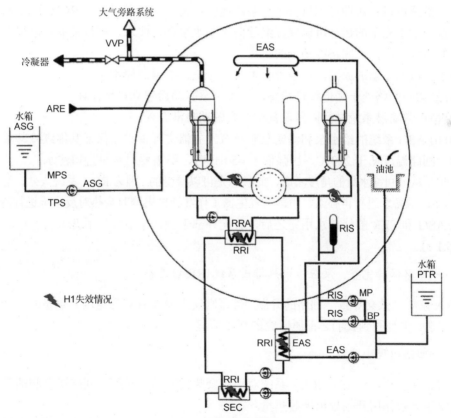

图 5.6　H1 失效情况的设备

资料来源：transparent AREVA

----

① 失去 SEC 导致 RRI 逐步升温．在这个过程中，尽管有利用一回路储蓄的硼化水(PTR 容器)的热惯量作为应急冷源，但整个 RRI 效率降低，最终不再能够进行操控．

(2) RRA/RRI 热交换器, 余热排出系统(RRA).

(3) EAS/RRI 热交换器, 进而影响安全壳喷淋系统(EAS)和安注系统(RIS)(见第 1.4 节).

(4) 主泵, 因为各轴承、发动机以及热阱均失去冷源.

5.2.2　针对反应堆不同初始状态的处理策略

最终冷源的丧失意味着失去了大部分热交换系统.

当导致 SEC 两个通道逐渐失效的低流量警报信号出现时, SEC 系统可探测到这种情况.

实际上, 由于这种情况与全厂断电的情况很相似, 我们可以参考第 5.1 节以便更好地了解其瞬态过程.

跟之前一样, 对于机组不同的初始状态, 有不同的操作响应方法.

1.　一回路闭合, 反应堆余热排出系统(RRA)未连接

SEC 系统的丧失导致 RRI 系统温度逐渐上升. 利用 PTR 储蓄水的热惯性作为应急冷源可以延迟 RRI 系统的最终失效.

这一措施可以在短期内维持一个主泵的运作: 正常的喷淋以及对 RCV 负载及卸载.

维持一个上充泵的运行可以保证继续向主泵水泵接口注水, 维持辅助喷淋以及控制负反应性的裕度, 维持一回路冷却剂的流量.

由于蒸汽发生器的原因, 反应堆会发生类似正常的紧急停堆.

(1) 最初一回路处于强迫循环状态, 失去主泵驱动后建立自然循环;

(2) 由正常喷淋系统进行降压, 甚至会有辅助喷淋介入;

(3) 由 ASG 系统的给水泵和涡轮泵对蒸汽发生器进行供水, 保证其继续冷却堆芯.

当一回路温度低于 220℃、压强低于 45 bar 时, 不需要对水泵接口注水.

此时, 从一回路水量的角度考虑, 此状态是可以接受的. 因为 RRA 系统失效, 通过 SER 系统对 ASG 储备水进行再补给, 由蒸汽发生器工作继续排出堆芯余热对反应堆进行冷却.

在 ASG 和 SER 的储蓄水用完之后, 若无外部干预, 事故发生后几天时间内将出现熔堆(见 5.1.3).

2.　一回路保持完整, 反应堆余热排出系统(RRA)连接

RRA 系统失效会导致一回路的升温. 当蒸汽发生器能有效带走堆芯热量时, 一、二回路温度平衡. 于是回到我们之前所研究的那种情况.

3.　一回路出现小破口

如同之前一样, 失去了 RRA 系统对堆芯余热的冷却将导致一回路温度和的升高, 直到蒸汽发生器起作用开始导出堆芯热量.

事故应急措施一启动, 破口立即被封闭, 在有必要的情况下还可以采取补偿系统冷却剂的措施, 如通过 RISBP 泵(小破口)和 RCV 泵(抽取或向水泵接口注水)从 PTR 水箱中抽水来进行补给, 通过不断补充水来补偿破口带来的流量损失.

对于熔堆前的可操作时间, 与前文一回路保持完整性的情况相同.

4. 一回路出现大破口

在这种情况下，RRA 系统无法排出堆芯余热，蒸汽发生器也失效，则一回路不能进行升压. 余热只能通过冷却剂蒸发排入安全壳中.

冷却剂的流量损失将利用 PTR 水箱的水，经过 RIS 回路（小破口）或 RCV 回路对一回路水进行补给.

如我们所知，从事故后果和操作策略的角度讲，比起第 5.1.3 节中供电系统失效事故而言，冷源丧失的事故后果相对较为轻微.

实际上，根据反应堆的不同初始状态，当二回路水箱（ASG，SER）或一回路水箱（PTR）失去冷源时，机组还是有很多供水条件的（二回路 ASG 给水泵，RCV 上充泵和一回路 RISBP 泵）.

5.2.3　特殊情况：电站所有机组冷源完全丧失

在安全报告中，单一机组冷源完全丧失的情况有所涉及.

本章节研究的事故不属于核安全规范的范围，但却是福岛事故后法国安全局要求的安全补充评估内容.

对于大多数电站来说，尽管机组水箱的维持时间有所降低，但为了安全起见，运行人员还是希望能保证维持时间超过恢复电站冷源所需的时间.

另外，在后福岛事故的研究范围内，第 5.1.4 节所描述的补充方法可以在很大程度上提高反应堆在此类事故工况下的安全性和稳定性.

5.3　冷源和供电完全丧失情况综合

冷源丧失和内外供电完全丧失的综合事故并不属于反应堆运营安全规范，也不在其设计之中.

之所以讨论这种情况，是因为虽然它超出了常规的核电事故预测范围，但却在福岛 Daichi 核电站事故的 1～3 号机组上真实发生了.

事实上，冷源和内外供电完全丧失同时发生的情况并不会对电站带来其他更多的影响. 因为设备冷却系统（RRI）的泵组由备用电路板 LH 进行供电，所以供电的完全丧失必然会导致冷源的完全丧失.

从反应堆的功能上讲，这种情况与第 5.1 节所描述的情况相同.

5.4　小　　结

类似福岛的事故若发生在法国核电站，同样会导致电源供给系统的丧失，从而影响反应堆安全冷却系统的运行. 实际上，最严重的问题是整个电站的所有机组均失去供电；这种情况包含了冷源的最终丧失以及两者的综合情况.

除了对供电设备实施最低限度的操作指令，能够缓解的方法就是通过电站的储蓄水（ASG/SER 和 PTR 水箱中的水），利用主泵补充冷却剂到各回路中.

必须确保这些措施被有序地组织成为核电站安全的、有冗余的、多样化、合理尺寸和间距的连续防线.

法国现役的所有核电站机组中, 每个反应堆的单一可操作 ASG 涡轮泵可满足两台蒸汽发生器中至少有一台正常运行, 以确保堆芯能够继续冷却. 在这种条件下, 结合机组的可用储蓄水量, EDF 提出从事故发生到反应堆开始熔堆, 至少可争取一天半左右的应急时间.

另外, 如果一个电站至少有两个反应堆, 并且两个的 TPS ASG 系统都不可用(一回路小破口情况), 考虑到需要不只对其中一个反应堆的一回路注水, EDF 指出事故发生后, 在熔堆前大概只有十几个小时的应急时间.

反应堆安全壳厂房的密闭性保证了熔堆事故发生后安全壳压力不受影响, 因此有效降低了放射性泄漏的可能性. 所以在法国即使发生类似福岛事故的情况, 只要保证反应堆安全壳厂房完整, 就算发生熔堆, 反应堆所泄漏的放射性物质也会被封闭在厂房内[①].

后福岛事故的安全补充评估指出, 除了不常规的严重事故工况, 在供电系统完全丧失事故中, 电站的各个机组和设备都会受影响, 在这类工况下, 电站的安全设备及运行操作需进行一系列的改进.

如今多数核电站在福岛事故后启用了很多安全设备和安全系统, 这些系统设备在自然或非自然因素引起的冷却剂供给系统丧失事故中, 可以大大加强反应堆固有安全性.

此外, 我们还可以发展应急安全设备, 但这类改善现在只在设计阶段, 将来也只能应用到新堆型中去(见附录 A4).

问题 7　辅助变压器失效的事故研究

本小节讨论中所涉及的局部模型、平衡方程以及必要初始参数都可以在本书附录 A5 中找到.

以 1300 MWe 反应堆为研究对象, 初始工况是反应堆满功率运行, 主电网断开, 开始孤岛运行.

经过一系列瞬态过程, 堆芯功率稳定到满功率的 30%, 蒸汽发生器以 5%额定流量的蒸汽供给涡轮发电机组, 剩余气体排入冷凝器.

安全保护系统不能正常启动就有可能导致反应堆无法进行孤岛运行: 在这种情况下, 控制棒将全部下插引起停堆, 无法通过涡轮发电机组向核辅助设备提供必要的能量.

堆芯状态只需要在孤岛运行初期考虑, 随后着重关注运行期间事故进程的敏感性分析.

A. 一回路温度变化

根据 T_m-T_v 图像的整定值图像, 确定孤岛运行工况下一、二回路的最终温度及压强.

事实上, 由于一回路/二回路换热不匹配, 在此过程中一回路温度会出现一个瞬态峰值.

二回路方面, 汽轮机蒸汽流量在 1 s 内线性下降为零, 一旦进气阀关闭, GCT-c 将在 2 s

---

① 由于放射性物质的过滤而引起安全壳开启降压设备不属于丧失其密闭性; 这里的密闭性丧失是指氢爆或保护层穿孔: 见第 9 章.

内线性开启，然后在 30 s 内保持完全开启状态，此时流量将达到额定蒸汽流量的 85%.

堆芯中，R 棒组和功率补偿棒组以最大速度下插.

(1)此时，需评估一回路能量的不平衡，推断一回路温度出现峰值的时间及峰值温度.

(2)在 $T_m - T_v = f(\%P_n)$ 温度示意图上，把表示孤岛运行瞬态过程中的关键点绘制出来.

(3)考虑燃耗的影响，进行定性分析.

相关参数和特定假设：

(1)功率反馈系数(包括多普勒系数，慢化剂反馈系数，功率重分配系数)：寿期初为 $-12\ \mathrm{pcm} \cdot \%P_n^{-1}$(寿期末为寿期初的 2 倍)；

(2)功率补偿棒组的最大棒速：$60\ \text{步} \cdot \mathrm{min}^{-1}$，平均价值：$-2\ \mathrm{pcm} \cdot \text{步}^{-1}$；

(3)R 棒组的最大速度：$72\ \text{步} \cdot \mathrm{min}^{-1}$，平均价值：$-5\ \mathrm{pcm} \cdot \text{步}^{-1}$.

时间常数取考虑结构因素和不考虑结构因素时的一回路热惯量平均值.

B. 不启动喷淋时的压力变化

(1)不启动喷淋系统时，计算稳压器达到 AAR 阈值(高压 165 bar)所需升高的温度.

为了简化计算，对于一回路工质的膨胀近似水蒸气等熵变化.

(2)结论.

C. 运行中有氙出现

孤岛运行瞬态过程之后的最初 30 min 是研究重点，此时功率将达到初步稳定.

在此工况下，氙引入的负反应性随时间呈线性累计：$-10\ \mathrm{pcm} \cdot \mathrm{min}^{-1}$(在[0,30 min]的时间区间内).

(1)估算为补偿氙毒带来的负反应性稀释的水量，并进一步考虑燃耗影响，进行定性分析.

(2)考虑到 RCV 系统的储水容量，若通过稀释无法完全补偿氙引起的负反馈，会出现怎样的情况？我们区分调节相(有效调节)和非调节相.

问题 8　供电完全丧失，自然循环和 H3 操作

问题讨论中所涉及的局部模型、平衡方程以及必要初始参数都可以在本书附录 A5 中找到.

以满功率运行的 1300 MWe 反应堆作为初始研究工况.

一次猛烈的暴风雨使得外部供电丧失，并且无法启用应急柴油机. 这时反应堆所处的状态称为"H3"，内外电源完全丧失.

控制棒全部插入堆芯，反应堆功率降至剩余功率水平.

仅剩的电源只有供给操纵-指令及主控室用电的电池. GCT-a 系统仍可通过主控室调节.

涡轮交流发电机 LLS 还不能投入运行.

这种情况下有什么风险？

A. 自然循环建立

供电系统失效导致主泵停运，随后建立起自然循环.

设 H_{coeur} 和 H_{cuve} 分别对应堆芯高度以及堆芯底部到一回路的高度. 设 H_{tube} 和 H_{be} 分别

对应 SG 管道高度以及管道底部到一回路的高度. 建议划分三个子系统对自然循环进行建模(图 5.7):

(1) 堆芯出口及热端温度为 T_c;

(2) SG 出口及 U 形管和冷端温度为 T_f;

(3) 堆芯及 SGs 平均温度: $(T_c+T_f)/2$.

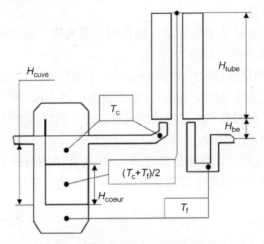

图 5.7　H3 情况: 自然循环建立

资料来源: AREVA 幻灯片

我们将根据体积膨胀系数计算工质密度的变化. 参考温度取 T_f, 其取值与二回路温度相近, 大约为 290°C. U 形管进口处单位时间内的质量流量为 q, 体积流量为 Q.

(1) 写出自然循环的压头与堆芯剩余功率水平之间关系的表达式;

(2) 根据自然循环压降的表达式写出平衡条件, 已知一回路流体压力沿程损失表达式为

$$\Delta P = 1/2 \cdot \rho_0 \left[\frac{K}{A^2}\right]_{eq} \cdot Q^2$$

其中, $\left[\dfrac{K}{A^2}\right]_{eq}$ 表示堆芯和 4 个相同环路的总压损.

(3) 由此得出一回路流体质量流量 q 关于堆芯余热的函数表达式.

(4) 在自动停堆 30 分钟、1 小时、2 小时及 5 小时后, 受反应堆余热的影响, 估算一回路质量流量 q, 自然循环过程中温度和压强的变化, 即 ΔT_{coeur} 和 ΔP_{moteur}, 并得出结论.

相关参数:

(1) 几何参数: H_{coeur}=4.2 m, H_{cuve}=5.2 m, H_{tube}=10 m, H_{be}=1 m.

(2) $\left[\dfrac{K}{A^2}\right]_{eq} = 4^2 \times \left[\dfrac{K}{A^2}\right]_{coeur} + \left[\dfrac{K}{A^2}\right]_{boucle} = 48 \text{ m}^{-4}$.

B. 紧急停堆

机组进入紧急停堆工况(<45 bar, 220°C), 不再向主泵接口注水, 启动 RRA 系统(30 bar, 180°C).

逻辑图如图 5.8 所示:

(1)解释在事故条件下如何对一回路进行冷却减压.

(2)解释为什么要使反应堆参数沿着 *P/T* 图(图 5.9)"左界线"运行.

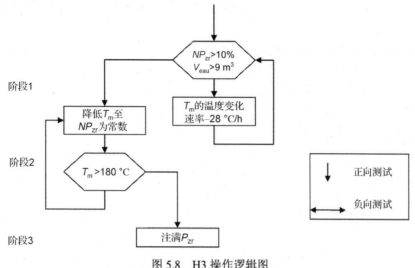

图 5.8　H3 操作逻辑图

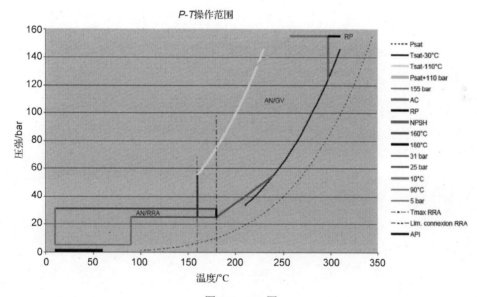

图 5.9　*P-T* 图

资料来源：EDF 幻灯片

阶段 1：

(1)一回路冷却剂总量不变，在冷却速度为 $-28\,°C/h$ 的情况下，估算流体体积收缩情况下水流量的数量级. 计算第一阶段操作的时间(压力容器内的水体积 $<9\ m^3$ 时表示阶段 1 结束).

(2)给出一回路温度/压力在一阶段末的对应数据以及对应于 *P-T* 图中的位置，得出结论.

一回路工质在此过程中视为等熵过程，忽略稳压器的热量损失.

阶段 2：

LLS 系统和 RCV 系统可用，保证一回路硼和水的补给，其流量为+8 m³/h.

在操作的第二阶段，操纵员必须在保证稳压器水位稳定在标准水位 10%的偏差内（以避免超出测量范围），使一回路降温至 180℃.

降压过程因此受到稳压器热损失的限制.

(1) 为达到要求，该如何保证冷却梯度？

(2) 第二阶段操作的时间是多长？

第 6 章 蒸汽发生器管道破裂(RTGV/SGTR)

6.1 事 故 概 况

蒸汽发生器管道破裂事故, 是指蒸汽发生器内部传热管道的破裂, 导致一回路的冷却剂通过管道破口泄漏到二回路中(图 6.1).

对于一回路, 该类型事故可以视作一个小破口事故. 由于管道直径约为 2 cm, 因此 RCV 系统无法补偿破口流量. 但是这个流量可以由自动保护系统来补偿, 以此保证了堆芯的完整性.

对于二回路, 此类事故导致了压水堆核电站第二道屏障的丧失, 带有放射性的一回路冷却剂泄漏至二回路中. 在蒸汽旁路系统至大气阀(GCT-a), 甚至二回路安全阀(SSGV)启动的情况下, 还可能造成第三道屏障的丧失.

因此, 蒸汽发生器管道破裂事故的分析需要对三道屏障安全性原则进行讨论. 事故中最大的风险最后取决于事故蒸汽发生器是否被注满. 事实上:

(1)当事故蒸汽发生器被注满后, 被放射性污染的二回路水从阀门泄漏, 该情况导致的放射性后果比没有水溢出的情况要严重得多. 蒸汽发生器被注满的情况下, 液体溢出的质量流量大约是气体的 5 倍, 而前者的质量活度是后者的 10～100 倍;

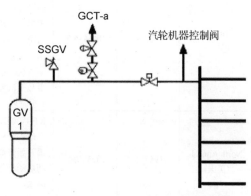

图 6.1 RTGV: 蒸汽管道线路图

(2)蒸汽发生器的安全阀可能在打开的位置卡住, 从而蒸汽发生器的相关装置不能被隔离. 这种由 RTGV 和 RTV 事故共同导致的情况可以考虑成一个一回路外部的破口事故, 因为此情况下安注系统 RIS 的循环无法进行, 将可能导致安注系统的水池排空, 从而失去保护第一道防线安全的安注系统.

为了限制第一步放射性泄漏(事故蒸汽发生器注满)以及避免必须防止的熔堆情况下的泄漏, 这个事故就要求操作员的迅速介入, 在事故蒸汽发生器被注满前稳定其水位, 最终在冷停堆后对事故蒸汽发生器进行检修. 这种操作与安全系统的自行停止相关.

蒸汽发生器管道破裂的最后一个重要特点在于, 其对于世界范围内事故经验总结的重要性.

6.2 世界范围内事故经历反馈及法国的事故经验

RTGV 事故是一个世界范围内的重要事故, 对于 Westinghouse 的反应堆型, 记录中已经有超过 20 次的一、二回路泄漏发生.

　　总结表 6.1 仅记录了最严重的、管道几乎断裂的 RTGV 事件，而且其情况一般都进一步恶化. 这些事件都在比较早的时期发生. 20 世纪 90 年代后，业界针对 RTGV 事故对核电站进行了改良，其后该类事件发生率下降.

表 6.1　RTGV：Westinghouse 反应堆发生的主要泄漏和蒸汽发生器管道断裂

事故反应堆	事故时间	初始状态	事故过程	事故评价
Doel 2 （比利时）	1979 年	热停堆	RTGV 破口流量约 31 m³/h； AAR 和 IS 自动启动； 由于过晚关闭 RIS，事故蒸汽发生器被注满，事故开始后 3 小时才抵消破口流量	事故蒸汽发生器被注满但没有水排放到大气中
Pairie Island 1 （美国）	1979 年	100%功率	RTGV 破口流量 130 m³/h； AAR 和 IS 自动启动； 事故蒸汽发生器 GCT-a 打开； 根据 NRC 准则停止主泵机组； LDP 引起的一回路降压，RDP 盘断裂； 1 小时后抵消破口流量	泄漏受到限制； 不合适的程序：主泵机组的停止使得稳压器的洒水调节无效
Ginna 1 （美国）	1982 年	100%功率	RTGV 破口流量 173 m³/h； AAR 和 IS 自动启动； GCT-a 隔离阀的关闭促使 SS GV 打开； 根据一回路压力准则关闭主泵机组； LDP 导致的降压； 由于炉顶有气泡而且 LDP 在打开的状态下卡住，根据准则未关闭 RIS； 事故蒸汽发生器溢满，安全阀被卡住； 3 小时后抵消破口流量	典型案例：必须避免的情况； 安全壳旁路：69 m³ 的水通过蒸汽发生器阀门溢出； 由于一回路冷却剂本身放射性活度较低（STE 2%的允许极限值），所以释放出的活度不高； 主泵机组关闭（稳压器的洒水调节无效，顶部产生气泡）
North Anna 1 （美国）	1987 年	100%功率	RTGV 破口流量 148 m³/h，VVP 警报，及早地探测到 RTGV； 最开始降低荷载，手动打开 AAR，IS 自动启动，没有停止主泵机组，开启稳压器洒水； 34 分钟后抵消破口流量	合理及时的操作使得泄漏非常少（得益于 REX Ginna）： 合适的程序：未停止主泵机组； 操作员在模拟机上进行了良好训练
Mihama 2 （日本）	1991 年	100%功率	冷凝器和排气装置的警报启动； 荷载的降低（较晚）； AAR 和 IS 自动启动； 打开 LDP 失败； 34 分钟后抵消破口流量	RTGV 发生的可能性在事故发生的 6 个月前通过检修就已经发现； 操作执行太晚； 泄漏大约等于年允许量的 5%

　　得益于丰富的经验反馈，我们发现蒸汽发生器传热管道是一回路壳，即第二道防线较为薄弱的地方. 所有在表 6.1 中介绍的事故都导致了安注系统 RIS 的自动启动. 从事故的发生，到最终抵消破口流量，所需要的时间根据操作的难度从 30 分钟到 3 小时不等，主要原因在于蓄水故障和不当的操作带来的影响.

　　在两个历史事故（Doel 2 和 Ginna 1）中，破裂的管道以及过晚地关闭安注系统导致了事故蒸汽发生器被注满.

　　在 Ginna 1 的案例中，我们甚至注意到从二回路安全阀泄漏到环境中的放射性水，是由于其中的一个阀门在打开的位置被卡住了. 幸运的是，这些事故的后果都相对较轻，因为一回路的冷却剂带有的放射性较弱，而且第一道防线仍然完好无损. 在法国，为了能融入这些重要经验反馈, 安全措施与方法都不断地在进步.

事实上, 这使得我们对 1992 年出现的 RTGV 单管道破裂进行了再评估. 自此, Westinghouse 的反应堆堆型中此类事故的发生概率估计值约为 10^{-3} 堆·年.

尽管 RTGV 事故并没有在法国发生过(不考虑没有引起安注系统自动启动的蒸汽发生器管道泄漏), RTGV 单管道事故仍旧被归类为很可能发生的事故(第 3 类事故), 并且不再被认为是假设类的事故(运行状况下第 4 类事故).

因此, 对于此类事故, 相关的要求是在可接受范围内有效地降低放射性泄漏的限度(约 30 倍).

分级的改变具体地反映 20 世纪 90 年代法国核电界在材料的改良和组织的改进, 深度地加强了相关的防线. 这些变化尤其体现在:

(1) 蒸汽发生器管道的可靠性由非常严格的制度来监督.

(2) 正常工况下, 降低了一回路流体允许的活度限制.

(3) 岔开泄压阀 GCT-a 和保护气门的开启压力值, 减小它们在停堆时因蒸汽而启动的风险.

(4) 改良检测 RTGV 的手段: 在蒸汽管道 VVP、冷凝器 CVI 和蒸汽发生器排气位置 APG 处, 通过三个额外的 KRT 链来测量活度, 见图 6.2. 关于堆芯, 测量是针对 ^{16}N 活度的. 这个测量是连续、快速、敏感且可靠的, 可以使我们辨别出事故蒸汽发生器.

(5) 改良操作程序(特别是关闭 RIS 的准则和处理 RTGV 与 RTV 同时发生的情况).

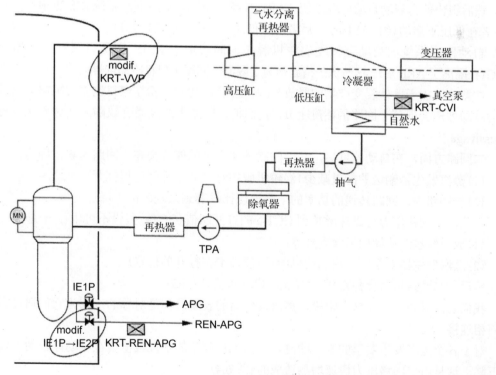

图 6.2　RTGV: 蒸汽发生器活度检测链
资料来源: transparent AREVA

(6)通过在模拟机上操作，培养操作员对 RTGV 事故的敏感性.

由此可知，这种经验反馈一方面使我们可以找到重要的操作方式并加强相关的准则要求，另一方面让组织架构得到了改善.

对于 N4 平台，同样的措施体现在对于概念的总结，尤其是对安全阀 GCT-a 的分级.

最后，对于 EPR，正如附录 A4 中详细介绍的，为了减少放射性物质泄漏，对于 RIS 的设计选择有所改变.

6.3 RTGV 瞬态事故过程描述

本部分我们描述的 RTGV 瞬态事故的初始条件和保守性假设为：

(1)事故发生时，反应堆功率为 100%；

(2)管道在冷端剪切式断裂，管内流动混乱；

(3)汽机旁路(至凝汽器)系统 GCT-c 和蒸汽发生器排污系统 APG 不可用，因为安全级别未达到要求.

此外，关于事故对于主要参数变动的敏感性将会在第 6.4 节中介绍.

6.3.1 自动系统干预阶段

当一个无法被 RCV 系统补偿的破口出现时，一回路的水位会下降从而导致压力的下降，然后很快就会启动自动停堆系统 AAR，控制棒下插，随后安注系统 RIS 也很快会启动(前者在低压下启动(约 131 bar)，后者在极低压下启动(约 121 bar)).

自动停堆系统的启动直接使涡轮机脱扣，间接地启动 IS 和所有蒸汽发生器里的 ASG(在隔离了 ARE 后). 这些保护措施是为了限制一回路破口将冷却剂排向安全壳内的后果.

注意到，由于气体裂变产物的释放(尤其是碘)，初始累积在燃料包壳气隙层、自动停堆的冷却效应会促使一回路的活度上升. 我们把一回路水通过微管缺陷开孔进入包壳称为"lessivage".

二回路方面，在自动停堆后，从一回路传递出来的能量会在二回路积累，因为：

(1)蒸汽发生器输送的能量减少(涡轮机脱扣并且旁路系统延迟打开)；

(2)一回路向二回路传递的功率的下降速度比堆芯剩余功率的下降速度慢.

因此，二回路压力会迅速增长到 GCT-a 的打开阈值(GCT-c 假设不可用). 于是：

(1)放射性蒸汽从阀门泄漏到外界；

(2)蒸汽发生器安全阀有启动的风险(可能被卡在打开的位置).

然后，二回路压力会稳定在 GCT-a 的启动阈值(图 6.3).

我们之前提到过，在这个阶段，蒸汽发生器的表现总体是对称的，因为它们通过蒸汽管筒相连接.

对于各个蒸汽发生器里的水位的测量，由 GE 测量的水位数值会在自动停堆的时候剧烈下降，这是由二回路压力快速增加造成的(图 6.4).

接下来，所有蒸汽发生器中的水位都会回升，特别是事故蒸汽发生器中的水位会由于破口注水和 ASG 注水而更快地上升(图 6.5).

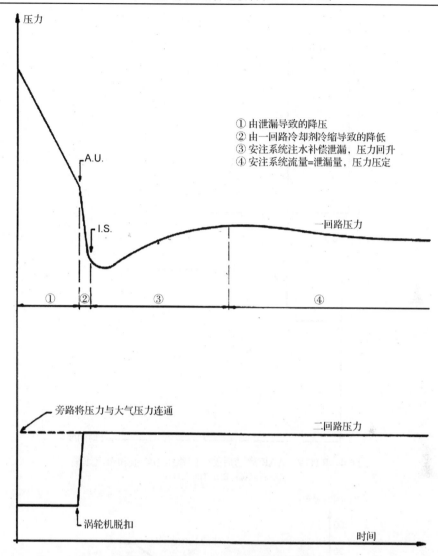

① 由泄漏导致的降压
② 由一回路冷却剂冷缩导致的降低
③ 安注系统注水补偿泄漏,压力回升
④ 安注系统流量=泄漏量,压力压定

图 6.3　RTGV:一、二回路压力变化
资料来源:EDF TdC RTGV

一回路方面,压力等参数会随着 IS 的启动而变化.

为了帮助理解,我们要分析压力-破口流量(P, q)的变化关系(见本章末的思考问题):

(1)IS 泵(以 1300 MWe 压水堆的主要注水泵为例)的特点是,注水流量 $q_{IS}=f(P)$ 是 P 的单调减函数;

(2)RTGV 单破口的情况下,破口流量 $q_{RTGV}=f(P)$ 是一回路压力的单调增函数(二回路压力固定的情况下).

以上两个流量函数关于压力变化的曲线交点对应着一回路的质量平衡点($q_{IS}=q_{RTGV}$).

无论初始条件或者干扰条件如何变化,由注水引起的一回路压力变化导致的流量差[q_{IS} $-q_{RTGV}$]都会最终趋于 0(图 6.6).

这样的一个负反馈效应(已经在第 1.3.3.2 节中介绍)有利于系统建立一个质量平衡.

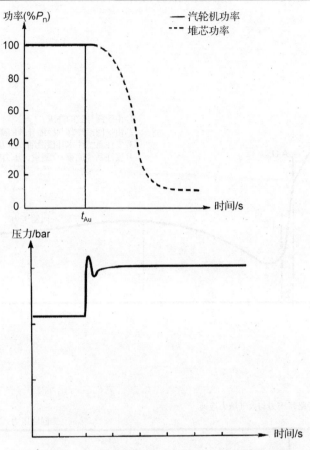

图 6.4　RTGV：AAR 启动后的二回路压力峰值和蒸汽爆破
资料来源：EDF TdC RTGV

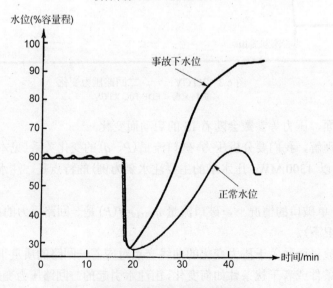

图 6.5　RTGV：蒸汽发生器水位变化
资料来源：EDF TdC RTGV

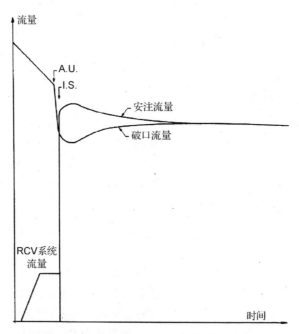

图 6.6　RTGV：RIS 启动后的压力平衡过程
资料来源：EDF TdC RTGV

总之，在自动化系统干预阶段后和人为操作介入前，一回路最后会得到一个稳定的状态：

(1) 一回路冷却剂质量不再变化而且有足够的冷却剂；

(2) 一、二回路热交换正常进行(ASG 的启动保证了二回路供水充足)；

(3) IS 维持将一回路压力稳定在高于二回路(图 6.3)的值，使得破口流量大约为 20 kg/s.

事故蒸汽发生器由于被破口和 ASG 同时注水，其水位升高得非常快，在压力稳定后的 20～30 min 内可能有溢满的风险.

6.3.2　短期操作策略

正如前面介绍的，尽管有保护系统自动干预，如果没有人为干预，RTGV 事故会先后造成放射性气体和液体的泄漏，长期不干预甚至会造成第三道屏障的损失.

短期操作的目的在于，在事故蒸汽发生器溢满前迅速稳定其水位，从而限制放射性物质泄漏到大气中并避免事故的进一步恶化.

我们采取的第一步措施就是判断是否已经发生 RTGV 事故并找到断裂管道所在的蒸汽发生器：

(1) 利用二回路活度检测链 KRT，特别是测量 ^{16}N 活度的蒸汽管道检测链 KRT VVP；

(2) 事故蒸汽发生器中水位上升得最快，这也可以作为变通的判断标准.

6.3.2.1　隔离事故蒸汽发生器(GVa/SGa)

确认发生 RTGV 事故并找到事故蒸汽发生器 GVa 后，操作员首先采取隔离 GVa 的操作：

(1)蒸汽方面，隔离 GVa 的措施是关闭蒸汽通道 VVP 的隔离阀. 这样的操作能隔离 GVa，使 GVa 维持在一个稳定的高压，而其他正常的蒸汽发生器则应该降压以保证一回路的冷却. 为了不触发蒸汽发生器安全阀的开启，需要对 GCT-a 设定一个"外部"值命令.

(2)液体方面，隔离 GVa 的措施是关闭 ASG 的阀门(ARE 已经在 IS 启动后关闭).

隔离 GVa 后，就只剩破口在给 GVa 注水.

一旦隔离 GVa，当其他蒸汽发生器降压进而导致一回路降温后，GVa 的表现就不再和别的蒸汽发生器一致.

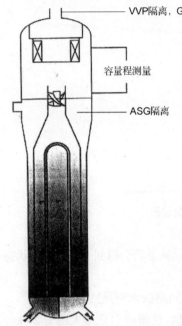

图 6.7　RTGV：GVa 传热逆转
(水位在管束高点和分离器之间)
资料来源：EDF TdC RTGV

VVP隔离，GCT-a打开
容量程测量
ASG隔离

首先，GVa 的温度维持稳定，一回路-GVa 温差逆转：GVa 成为一个热源反过来向一回路传递能量.

如果蒸汽发生器的水位在分离器之下，一回路液体的冷却以及二回路传热管道区域的水流会导致 GVa 内部的水热分层(图 6.7). 事实上，二回路中高于管道的水会保持较高的温度(密度较小)，同时管道附近的水则不断被冷却(密度较大).

如果蒸汽发生器中的水位在管道之下，液体和气体的界面处就会在一个饱和状态达到平衡. 少量的蒸汽在蒸汽发生器顶部冷凝使得 GVa 的压力得以稳定，这种状态有利于操作员执行操作. 由于活塞效应，GVa 的溢满甚至会令 GVa 的压力上升. 但这种情况会由 GCT-a 来限制.

6.3.2.2　抵消破口流量

接下来，操作的目的就是抵消 RTGV 的破口流量，所要采取的措施就是降低一回路压强，使一、二回路压强相等.

一回路压强在安注系统的作用下维持稳定($q_{RGTV}=q_{IS}$)，因此关闭 IS 是必要的.

但是，关闭 RIS 系统将会导致两种后果：

(1)一回路质量不再平衡，一回路质量继续损失；

(2)饱和裕度 ΔT_{sat} 会减小，因为一回路压力会继续降低.

这就是为什么有针对一回路热管道的饱和裕度准则，甚至一回路水位的准则.

在预计到策略性的系统关闭操作后，我们可以通过两个主要参数来估计裕度：

(1)打开正常蒸汽发生器的 GCT-a 造成的一回路降温；

(2)必要时，由稳压器喷洒效应造成的一回路压力略微升高，进而导致的稳压器的溢满.

这个结果是由之前提到的压力-流量负反馈造成的：稳压器的喷洒，通过冷凝部分蒸汽，使一回路压力降低到初始平衡压力以下，进而导致新的流量差$[q_{RGTV} - q_{IS}]$(本章末的思考题). 最后，活塞效应完全补偿由洒水引起的冷凝效应后，系统达到一个伪平衡状态.

此外，关闭 RIS 系统是完全可以满足饱和裕度准则的.

　　注意到，这些准则会随着处理程序的优化而不断改变(特别是从事故研究角度过渡到状态研究角度的过程中)，准则更加要求在操作中提前做好关闭 RIS 的准备.

　　在关闭 RIS 的两条注水线后，一回路压力自然降低到 GVa 的压力，但再一次洒水有助于节约时间.

　　当压力平衡再次建立时，RTGV 破口流量就被抵消掉，短期操作阶段就此结束.

　　图 6.8 总结了自动干预阶段和短期操作阶段的变化.

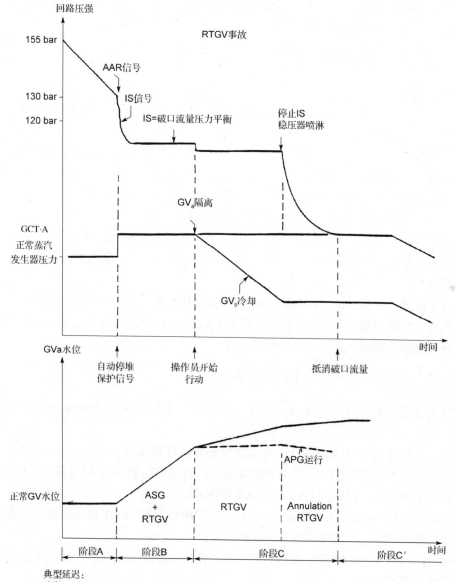

典型延迟：
阶段A：保护系统介入前，15~20 min
阶段B：保护系统介入后、人为操作介入前：10~15 min
阶段C：短期操作直到压强稳定：30 min
阶段C′：长期操作开始

图 6.8　RTGV：短期操作过程对系统的整体影响
资料来源：AREVA

6.3.3　长期操作策略

当一回路-事故蒸汽发生器压力差变为零从而抵消掉了 RTGV 破口流量后，长期操作开始.

长期操作的目标在于达到一个下降的状态：从 30 bar 和 180°C 开始连接 RRA，然后过渡到冷停堆.

因此，该操作涉及在遵守压力-温度程序的限制的前提下令一回路和 GVa 同时降压，因为这两个系统一直由破口连接.

6.3.3.1　长期操作的重要措施

操作措施如下：

(1) 至少保留一个主泵在运行(最小限度保证 GVa 中有 10%的正常流量，这样能使一回路的流体保持匀质)；

(2) 通过降低正常蒸汽发生器的压力来降低一回路温度(改变 GCT-a 的阈值)；GVa 的热传导逆转，一回路的冷却可以令 GVa 也冷却，因此使得 GVa 降压. 在默认的情况下，如果蒸汽发生器水位过高(在高管束和分离器之间)而且 APG 不可用，只有轴向导热和自然热损失可以冷却气液界面的水，这是冷却蒸汽的必要条件.

(3) 在稳压器的控制下洒水令一回路降压，以此来维持 GVa 的水位；

(4) 向一回路注入硼水，一方面补偿降温收缩的流量，另一方面抵消蒸汽发生器倒灌造成的稀释.

在这个阶段，很难保证一回路和 GVa 的压力严格相等. 当压力差发生逆转时，我们将看到蒸汽发生器的倒灌现象. 这个效应有利于 GVa 降压并消除其内部液体的分层现象，但是会稀释一回路的硼水，成为一个倒灌稀释源.

6.3.3.2　没有主泵机组情况下的长期操作

操作的主要困难在于一回路泵不能使用的情况，也就是失去外界电力供应情况下的事故.

事实上，被隔离的 GVa 成为了一个高水位热源，这将减弱一回路流体的自然循环. 对于临界的剩余功率(加热堆芯)，甚至可能造成一回路流体在 GVa 中的堵塞和分层(图 6.9).

这样的情况会使一回路和 GVa 的降压变得困难：

(1) 唯一的辅助洒水装置在可以操作时，其效率可以令气泡在稳压器顶部形成，结果会导致稳压器的溢满，从而导致洒水装置的失灵；

(2) 经过 GVa 的回路和 GVa 保持热学平衡；在没有冷却的情况下，蒸汽不会冷凝，因此 GVa 的压力不会下降.

当然，降压的方法也是存在的，但是有缺点：

(1) 一回路方面，打开稳压器泄压管 LDP，但可能造成安全壳内放射性泄漏(在 RDP 板断裂后)，而且还会使 IS 重新启动.

(2) 二回路方面，打开 GVa 的 GCT-a，但可能再次导致放射性物质泄漏到大气中.

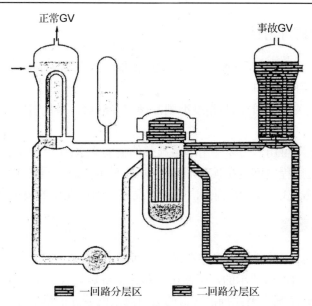

正常GV　　　　　　　　　　　　事故GV

■■■ 一回路分层区　　　■■■ 二回路分层区

图 6.9　RTGV：GVa 的热分层以及相关回路(GMPP 停止)
资料来源：EDF TdC RTGV

更好的方法是等到一个一回路泵恢复，同时监视 ASG 池的水的消耗.

最后，在这种情况下，GVa 倒灌造成的稀释以及 GVa 回路的水循环堵塞都会导致一回路冷却剂非匀质的稀释，因而可能在一个主泵启动后，后者连接了 RRA，形成一个稀硼水塞，影响堆芯，进而有引发反应性事故的风险(细节介绍见第 2.3.2 节).

由此我们看到了，RTGV 事故的处理中存在很多操作困难，这解释了为什么在安全性报告中，对 RTGV 事故的研究不仅仅局限在使一、二回路压力平衡.

6.4　事故主要参数的敏感性研究

现在我们来研究四个主要参数对瞬态事故进程的影响：初始功率，主泵机组是否可用，破裂管道数量和启动后蒸汽发生器安全阀的堵塞情况.

6.4.1　初始功率

在小荷载下发生的事故与 100%满功率下的事故相比，存在如下主要差异. 由于二回路的能量不平衡非常弱，因此：

(1)放射性蒸汽爆破现象不会出现；

(2)AAR 启动后的蒸汽发生器水位骤降也基本消失.

在后者的影响下，事故蒸汽发生器中初始水位越高，该蒸汽发生器就会越快被注满(尽管有水位最低限制条件：见附录 A0). 同时，在 2%功率以下，蒸汽发生器的供水由 ASG 完成，因此没有了 ARE 的水位调节能力.

总之，小初始功率对应着更少的放射性蒸汽泄漏，但有增加放射性液体泄漏的风险.

6.4.2　主泵机组的可用性

在失去外部供电的情况下(PAEE)，失去主泵机组会导致液体流动向虹吸过渡. 在短期操作的介入下，主要的后果有：

(1)为了要满足关闭 IS 的饱和裕度准则，操作会滞后，事故时间延长：GVa 的溢满裕度因此更小；

(2)正常的洒水不可用，需要使用非常高效的辅助洒水；

(3)在快速降压过程中可能在顶部形成气泡(几乎不会被一回路流体带走).

正如我们在第 6.3.3.2 节中看到的，这种情况对于长期操作的决策尤为重要.

6.4.3　破裂管道数量

破口总流量 $n \cdot q_{RTGV}$ 随着破裂管道数量增加而增大.

同时，正如图 6.10 中展示的，平衡压强($q_{RTGV}=q_{IS}$)随着 n 的增大而降低并趋向于由 GCT-a 稳定的二回路压强，因此每根管道的破口流量随着 n 的增加而减少.

所以，$n \cdot q_{RTGV}$ 趋于一个流量极限，这个极限就是由 GCT-a 限制的压力对应的 RIS 的流量. 这个极限在实验中由 10 根破管道确定(≈ 150 kg/s).

注意到，当破裂管道数超过 3 根时，事故蒸汽发生器的溢满就不可避免了.

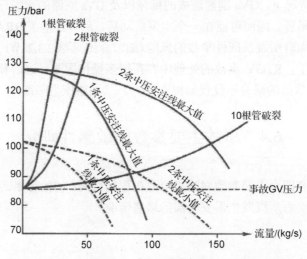

图 6.10　RTGV 多破口：压力-流量图中的平衡点曲线

资料来源：EDF TdC RTGV

6.4.4　RTGV+安全阀的锁定(同一蒸汽发生器中的蒸汽破口)

安全阀在打开的位置卡住的情况下：

(1)在 AAR 启动时，通过的物质是蒸汽；

(2)GVa 和 VVP 管线溢满时通过的物质是液体.

GVa 的压力会降低到接近大气压. 一、二回路的压力平衡，在抵消掉破口流量后，只有在整个一回路降压后才会达到该平衡(图 6.11).

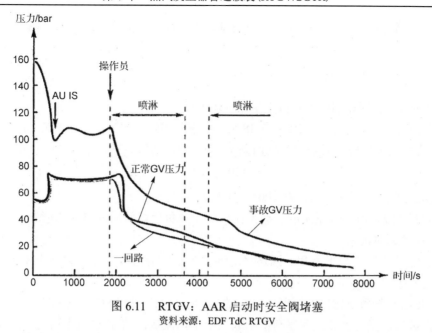

图 6.11　RTGV：AAR 启动时安全阀堵塞
资料来源：EDF TdC RTGV

事故时间因此会更长，放射性物质会不断地泄漏出去.

一回路外部破口要求对 PTR 池的水位有更高的警惕性. 从保守性假设出发，我们可以在保证足够的 PRT 池排空裕度的同时，抵消掉破口流量.

问题 9　RTGV 事故的短期操作研究——对 RIS 系统的管理

解决问题需要的点堆模型、平衡方程、一般的数值条件在附录 A5 中有详细介绍.

考虑一个 RTGV 事故，起始功率为 100%，所有相关假设为保守假设.

破裂管道内半径是 17 mm，对应的内截面约 2.5 cm^2.

这是一个小破口，因此不能完全被 RCV 补偿.

1. 阶段 A：RTGV 出现至 AAR 启动

整个事故过程中，我们考虑在破口的流体流动是一个单相的非临界流. 在这些条件下，RTGV 破口流量可以通过伯努利方程来估计.

(1) 以一、二回路压力差计算破口质量流 q_{RTGV} 的表达式；

(2) 在给定的条件下计算破口流量的初始值；

为了化简计算，我们假设水的密度是在平均温度为 300℃ 下的密度，从 0 到 100%功率都一样.

(3) 写出在这个阶段化简的质量守恒方程，注意，要考虑稳压器的平衡作用.

2. 阶段 B1：AAR 启动至 IS 启动

一旦达到"131 bar 低压"保护阈值，控制棒掉落，反应性受到控制，同时涡轮机脱扣.

(1) 二回路方面，解释压力的稳定以及在不考虑 GCT-c 的情况下计算稳定的压力值；

(2)一回路方面，在一回路能力守恒的基础上，解释为什么 IS 在控制棒掉落后会迅速启动.

3. 阶段 B2：RIS 启动

IS 启动后，一回路的注入和排出量条件就变化了.

值得注意的是，我们考虑 RCV 在 IS 启动后被隔离.

在压力稳定的阶段，我们将考虑两条中压安注线的特点：

$$q_{IS}=30\times(110-P)$$

单位为 kg/s，P 是一回路压力，在 100～110 bar.

(1)解释 119 bar 时 IS 系统的启动为什么会导致负反馈效应的出现，使得一回路在瞬态过程后建立稳定的状态；

(2)在能量守恒方程平衡和一回路平均温度为常数的假设下，计算这个平衡状态的特点(尤其是关于 P 和 q_{RTGV}).

IS 的信号会导致 ARE 的关闭和 ASG 的启动，只有一个 ASG 泵向 GVa 注水.

(1)在破口流量的初始值和平衡值中取一个平均流量，估计 GVa 溢满的可能时间. 这里不考虑汽化以及通向排污系统 APG 的流量.

(2)蒸汽发生器溢满可能导致什么样的后果？

4. 阶段 C1：人为操作介入至关闭 RIS

(1)解释为什么要抵消 RTGV 破口流量就要关闭 RIS.

在关闭 IS 前，操作员会先让正常蒸汽发生器冷却. 假定冷却速度为–56℃/h.

(2)解释采取这个措施的原因.

(3)分析产生的负反馈作用以及新的稳定状态.

(4)从平均稀释系数出发，推导出因降温而收缩的流量，计算最后达到的伪平衡压力. 操作员会停止一回路的冷却并让稳压器的洒水装置运行.

(5)定量地解释将观察到的负反馈作用以及将达到的伪平衡状态.

(6)这个计算将和前面的计算是一个量级的，分析在停止 RIS 前启动稳压器洒水产生的作用.

5. 阶段 C2：关闭 RIS

一旦关闭 RIS 的条件被满足，操作员会关闭 RIS 的两条注水线.

找出负反馈稳定效应，同时评价这个事故.

第 7 章　三里岛核事故

"三里岛核事故是一次典型核事故."

——美国社会学家 Charles Perrow

三里岛核事故(three mile island-2，TMI2)是世界核能史上唯一一件发生严重失水的核电厂事故. 这次重大核事故是由设备故障与人为失误共同导致的,事故中二号机组的堆芯部分融化.

1979 年 3 月 28 日凌晨 4 点，三里岛事故发生在美国的宾夕法尼亚州，距离最近的城镇哈里斯堡只有 16 公里，当地人口为 90000 人.

三里岛(TMI)核电站是由 Babcock & Wilcox 公司研发设计的，因此又称为 B&M 型反应堆，电站共有两台压水堆核电机组(BWR). 值得一提的是，发生事故的二号机组在事故前仅仅投入运营了三个月.

7.1　三里岛核电站机组的简介

三里岛核电站反应堆(图 7.1)的一回路是由两个环路组成的. 每个环路各有一个热端(堆芯出水口)和两个冷端(堆芯入水口). 热端为该环路上的蒸汽发生器提供高温工质. 每个环路的特征为：

(1)环路的热端管道仅连通该环路蒸汽发生器(SG)，并为其提供热水；

(2)两条冷端管道均有一台主泵，一回路的水流经蒸汽发生器中进行热交换冷却后，又回到反应堆中.

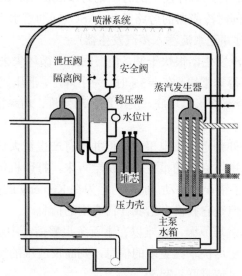

图 7.1　三里岛 900MWe B&W 型压水堆
(图示中每个环路的冷端管道仅显示一条)

这两台蒸汽发生器都是直流蒸汽发生器. 一回路的水从上往下通过换热管道,使二回路产生过热水蒸气.

此反应堆的设计中,一回路和二回路的总水储量都低于西屋公司设计的压水堆(如法国压水反应堆),因而此反应堆的水循环更加高效. 值得注意的是,当蒸汽发生器的给水流量控制系统发生供给水不足时,容器里的水会很快蒸干,从而导致一回路过热,并进一步导致压强增大. B&W 型反应堆的一回路装有稳压器,通过其上部的电子气动泄压阀门可将容器里面的水蒸气排放到降压容器里(RDP),从而达到降低一回路压力的目的. 该电子气动泄压阀门又被称为先导性安全释放阀门(pilot operated relief valve,PORV).

如图 7.1 所示,B&W 型反应堆堆芯底部并不是整个回路的最低点. 实际上,蒸汽发生器的下端和中间支路都在堆芯底部之下. 这与西屋公司设计反应堆也有所不同.

因此在 B&W 型反应堆中,当二回路的水位过低时,蒸汽发生器二回路中的冷源水水位可能低于堆芯热源水水位,则有效避免了虹吸效应.

B&W 型反应堆与西屋设计反应堆的最后一处不同是对安全壳隔离失效事故的处理. 这一差异将在后面的章节里详细说明.

7.2　事故回顾:主要事件和操作

事故发生在 1979 年 3 月 28 日凌晨 4 点,当时三里岛核电站 2 号机组正以 97%的功率运行.

7.2.1　事件起因——反应堆失水

事故的导火线是一个普通的操作故障:两个给水流量控制系统中的供给水泵断开,之后备用给水泵也发生故障. 将此事件发生的时刻记为事故初始时刻(t=0).

1 s 后,汽轮机跳闸,同时冷凝器的旁路开放,ASG(辅助给水系统)系统发出启动提示,辅助给水泵启动(但是此时并无水流注入蒸汽发生器).

由于暂时性缺水,蒸汽发生器很快干涸,使一回路水循环失去了冷源. 此时,B&W 型反应堆一回路的压强升高得非常快. 在 t=3 s 时,为了降压,泄压阀马上发出开启信号提示.

在 t=8 s 时,控制棒全部下落至堆底,反应堆自动停堆,功率也随之降为零,但是堆芯仍有余热.

至此,仍可以把此意外判定为核电事故,但并没有产生重大危害.

然而,该意外导致了操纵室里的报警信号纷至沓来,打印机每分钟打印超过 100 份数据,情急之下操作员做出了错误的举动. 他们的行为在 Kemeny 的报告里有所记述:"我一直注视着报警指示面板,但是它并没有给我任何有用的信息."

操作员一时很难搞清跳堆原因,也难以在上百条报警信号中选择正确的信息. 在面临艰难抉择的时候,他们希望尽快掌握更多的信息,判断反应堆的实际情况,并尝试将此情形跟培训过程中的某个假设情景联系起来.

这就是为什么操作员没有马上意识到 ASG(辅助给水系统)系统并没有给蒸汽发生器

注水的原因，并且由于事故之前的常规检测中工作人员的操作错误，两个出口阀仍然处于关闭状态.

8.5 分钟之后，操纵室里的操作员才察觉到出口阀的报警信息，发现阀门没有处于开放的状态，随后才给蒸汽发生器恢复了供水.

此事件对于二回路的供水影响不是十分重要，但却严重影响了操作员的及时判断. 因此，他们花了 25 分钟的时间来恢复蒸汽发生器里的正常水位而没有发现真正的问题和即将酿成的事故.

实际上，操作员面临的是一回路冷源丧失，而这其实是由稳压器泄压引起的.

事实上，如果泄压阀 1 能够正常开放的话(在 t=3 s)，就能将一回路压力降低下来，而在 t=12 s 时泄压阀应该关闭，此时一回路压力应回复到正常值.

关闭阀门的命令应该是由操控室下达的，但是此阀门因为机械故障而一直处于开启的状态.

另一方面，由于操控室的设计缺陷，操作员只看到了阀门的电子状态，而不是实际的机械状态(电子信号显示阀门已经关闭，而实际上阀门并没有被关闭).

这一点是非常致命的. 从一回路的流量变化(≈60 t/h，在章节的最后有详细说明)到压力降低，再到安全壳的相关数据都有异常，但是操作员没有在第一时间意识到这是一回路泄压造成的.

在 t=2 min 的时候，安注系统自动启动了(此时稳压器内压力非常小). 操作员才意识到这个异常状况. 因为这类情况通常是由一回路压力过低引起的.

尽管他们迅速地处理了二回路的供水问题，但是由于受成千上万条报警信息的影响，他们只关注到稳压器内的水位，并误判了水位升高的原因(参见第 7.4.1 节中解释).

有一个异常的现象可以说明这实际上是由稳压器泄压所引起的事故：如图 7.2 所示，由泄压阀开启所造成的压力下降跟稳压器的虚假水位是同时发生的.

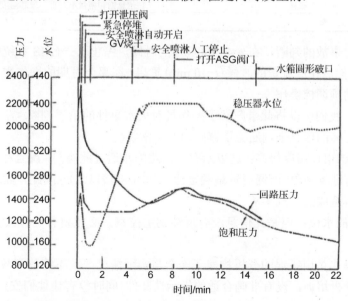

图 7.2　三里岛：稳压器的异常现象(破口出现，水位仍然上升)

　　然而，TM12 的工作人员都忽略了这个异常现象：因为在之前的培训和工作中，他们都没有遇到过此类情况.

　　当时，他们的错误分析有以下几个方面：

　　(1)对于他们来说，就像培训时所说的，稳压器内的水位代表了一回路的水量，但是在 LOCA 事件发生的时候，此规律不再成立；

　　(2)他们担心稳压器内的蒸汽量减少，水位上升，这可能会导致回路里的水变成纯液相，此时就很难控制回路压强；

　　(3)无法判断这是一起 LOCA 事件，他们想到的是启动 RIS 系统，这是极其不合适的."稳压器水位的快速上升让我确信高压注水已经过量了，我们应该达到了一种平衡状态."

表 7.1　三里岛：事故中的操作员的操作错误及其他

类型	错误	原因
未发现问题	泄压阀未重新关闭(等同于破裂)	控制室未能获取正确的信息和指令
理解错误	压力容器的热工水力行为：虽然质量流失，但压力容器的水位和压力却在上升	未针对这种情形进行过培训；没有过经验反馈
信息表达偏差	认为是二次侧的问题	SGS 的供水缺陷干扰了操作员的注意力
信息表达偏差	只关注于压力容器内冷却剂的汽化	培训认为一回路压力过高造成风险
信息表达偏差	一回路流量分析错误；稳压器压力判断错误	错误信息堆积，未进行有效归类；信息饱和；物理现象复杂；没有对应的操作流程；操作员的心理压力
信息表达偏差	信息不确定，比如管道破裂信息和卸压信息	部分信息不可靠；惯性思维
应对策略不合理	停止安注；造成堆芯裸露	管理不严格；信息饱和裕量不合理，堆芯温度测量范围不合理
应对策略不合理	关闭泵	仅考虑了泵的保护，却忽略了对堆芯的影响

　　根据他们对事故的判断，在 t=4 min 40 s 的时候，停止了一台 IS 系统的泵，然后继续停止了第二台，然后在低流量的时候(t=10 min)重启. 在那个时期的操作文件中还没有强调对停止两台泵的预调控操作.

　　总而言之，我们可以将此事归咎于操作员对失水事件的错误判断. 在当时的情况下，操作员确实有足够的信息来判断稳压器阀门的异常状况.

　　(1)泄压阀的出口温度极高：这表示有一回路的水通过此阀门. 况且在事故之前，操作员知道此阀门有泄漏现象(泄漏流量是额定泄漏值的 4 倍以上). 因此，此现象不能被解释为一回路失水所造成的蒸汽事故.

　　(2)降压器的水位：但是此信息没有反馈到主控室，必须要有工作人员到现场才能检测到.

　　我们知道操作员用错误的分析构建了一个与实际情况严重不符的事故场景. 没有接受过类似的事故分析培训，没有准确合适的指示性文件(同时没有让他们安定下来)，在沉重的压力情况下(深夜，无数的警报声，堆芯的参数指示状况非常不妙)，他们需要将眼前的一片混乱跟合理的理论解释结合在一起，这也让他们潜意识地忽略了一些与理论知识相违背的信号指示.

在失水事件中，必须依靠注水系统来补偿水流量的损失，而直到堆芯的水位降到了 1/2 的时候现场的操作员才意识到这一点.

同时操作员也没注意到，由于一回路压力降低，冷却剂处于两相状态(t=5 min)，此状态一直持续到紧急给水系统给蒸汽发生器注水之后.

实际上，加热器已经达到了一个近似平衡的状态，压强在 70 bar，温度为 286°C(本章最后讨论). 尽管一回路的冷却剂还在减少，但能量已经维持在一个平衡点. 堆芯的剩余功率(很弱，将泵的功率略提高)将会被破口处的蒸汽所带走，损失的蒸汽又由蒸汽发生器补偿(两相流体的对流换热).

在二相的情况下，一回路的泵的运转相对于正常情况下要困难一些，因为气穴会使得继电器等元件振动，从而发出响声.

为了减少对泵的伤害，按照程序的指示要求，操作员首先停掉了一个环路中的两台泵(t=1 h 14 min)，26 min 后，又停掉了另一个环路中的两台泵.

就是在这个时候，由于气液相分离，在堆芯上部产生了气腔(t=1 h 40 min，图 7.3).

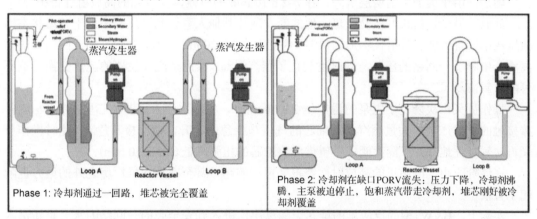

图 7.3　三里岛：热端的热工水力工况：主泵停止前与停止后
资料来源：Nuclear engineering and technology vol 41, n.7

操作员希望在一回路中重新建立起热源(堆芯)与冷源(蒸汽发生器的管道)之间的自然循环. 但是，由于加热器被严重损坏了(一方面是一回路的两相分离，另一方面是二回路水量的流失)，这种循环是不可能自动恢复的. 因为无法将热量传递到二回路的水中，堆芯的余热继续对一回路的水加热，不断产生蒸汽. 另外，由于停止对一回路继续注水，堆芯的水位一直在下降，这就是堆芯气腔形成的原因(见本章的最后). 堆芯的温度不断上升，造成了包壳的氧化和损坏.

7.2.2　事件恶化及挽救措施

直到现在为止，各种警报都显示出堆芯正处于一种低反应性的状态.

不幸的是，降压器的降压能力有限，在 t=15 min 的时候，降压器的阀门开始出现裂纹，导致一回路的水涌入了安全壳中(图 7.4).

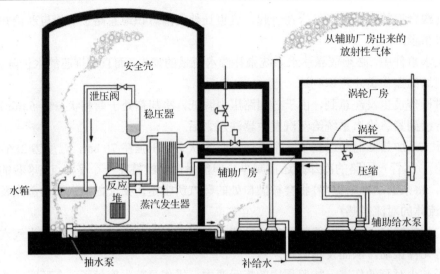

图 7.4　三里岛: 厂房示意图——事故中反应性的扩散

资料来源: EDF

随后, 由于失去了前两层屏障, 在 $t=2\ h\ 10\ min$ 的时候, 安全壳的高放射性警报开启.

此时, 另一位值长开始交接班, 他的新发现让其他人意识到稳压器中处于开启状态的泄压阀中很有可能有放射性物质的泄漏. 因此在 $t=2\ h\ 20\ min$, 他们马上关闭此回路上的隔离阀, 中断了一回路的压降, 同时也制止了蒸汽泄漏. 然而蒸汽发生器的能量交换已然不可能重新恢复了.

操作员又再次恢复了主泵的运作($t=2\ h\ 50\ min$), 将冷水注入高温堆芯里. 冷水与燃料棒接触的时候产生的大量蒸汽使得堆芯的气压马上急剧上升, 情况极其危险. 此时操作员又再次暂时性地打开了隔离阀, 希望借此将堆芯的压强降低($t=3\ h\ 10\ min$).

在该阶段中, 电站里的高放射性警报又再次响起, 甚至在反应堆厂房之外的地方也响起了警报.

实际上, B&W 型的反应堆的堆芯无隔离层, 进入到安全壳的一回路的水会重新进入油泵, 随之部分水流会进入辅助厂房的储存罐里面. 这些储蓄罐将会溢满, 进而放射性蒸汽会经过厂房的排气系统而扩散出去(图 7.4).

在 $t=3\ h\ 20\ min$ 的时候, 警声终于大鸣, 安全壳最终被隔离, 因此隔断了放射性物质向辅助厂房的转移.

最后, 操作员重新启动了安注系统. 一开始流量很小, 随之升到额定流量. 此操作又再次使得冷水与燃料接触而产生蒸汽, 同时堆芯进一步冷却. 此时距事故发生已经有 4 个小时了. 整个过程中三道防线的破坏情况见表 7.2.

表 7.2　三里岛: 事故中三道防线的情况

三重防线	状况
包壳	2 小时 10 分钟时, 包壳破裂
一回路	事故发生至 2 小时 10 分钟时, 一回路失去完整性(泄压阀打开)
安全壳	事故发生 3 小时 20 分钟后仍未封闭隔离

将一回路泄漏的放射性物质全部清除需要很长的时间，尤其是与燃料棒包壳的锆合金产生的放射性氢气和事故时堆芯产生的不可压缩裂变气体.

9 小时 5 分钟过去了，安全壳内的一次氢爆让反应堆厂房的压强再一次增大，但是无重大损伤.

1979 年 3 月 28 日 20 时，事故终于结束了.

在毫无准备的情况下，核电站必须通过媒体对外公布事故的详细情况，对此，所有人完全是措手不及的. 随后一周内，各个利益相关方都想知道事故的严重性以及是否需要将当地居民部分或全部撤离危险地带.

监管机构、美国核管理委员会和核电站之间进行了电话交流，各方的专家都表示束手无策，特别是关于氢气的爆炸风险分析，质疑声一致落在了 B&W 型反应堆安全壳的不完整性上.

新闻媒体、宾夕法尼亚州州长办公室和核管理委员会发布的信息相互矛盾，在疏散的决策上互相冲突，让临近的居民感到压力非常大. 因而，将近 200 000 名居民自行离开了核电站所在地区，将近 50 名孕妇还因此选择了流产. 这些充分显示了民众对事故的紧张和惧怕程度.

由此我们意识到，不仅要处理事故技术上面的难关，还要解决好跟民众沟通的问题.

核电厂产商爱迪生公司失去了所有的信誉，并且承诺对反应堆的净化和拆除负全部责任.

7.3 后续的结果分析

三里岛核电事故是一起由于稳压器蒸汽破口，同时注水系统被不明情况的操作员停止而酿成的灾难. 其根本原因是反应堆潜在的设计缺陷，以及硬件和系统故障(图 7.5).

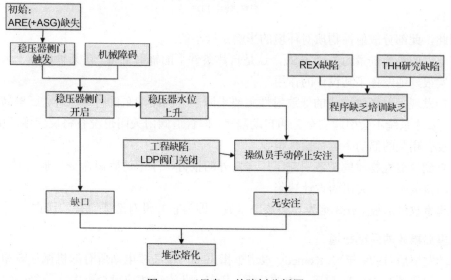

图 7.5 三里岛：故障树分析图

此事故中造成的对燃料元件的损伤甚至超过了已有的严重事故研究.

直到 1985 年, 即 6 年之后, 将近 50%的燃料已经熔化了, 同时还有包壳和其他材料, 称之为"堆芯熔融物".

一部分的堆芯熔化产物, 约 20 吨, 以液体的形式在安全壳的底部流动(参见图 7.6).

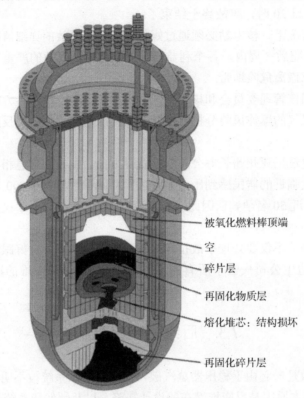

被氧化燃料棒顶端

空

碎片层

再固化物质层

熔化堆芯: 结构损坏

再固化碎片层

图 7.6   三里岛: 部分熔化的堆芯
资料来源: EDF

因此, 此部分放射性物质对环境的影响是极小的.

核电站的等效剂量约为 1 mSv, 这是自然条件下的辐射剂量. 在某种程度上来说, 安全壳确实很好地发挥了其设计的作用.

我们发现, 对环境造成的低放射性主要来源于一回路油泵的持续工作. 三里岛的厂房设计中, 安注系统不会引起安全壳的自动隔离, 即管道阀门关闭也没有将反应堆厂房隔离, 同时也没有相关的低功率运行操作指导.

一直到放射性物质的扩散引起了厂房内外的报警, 才下达隔离命令, 但为时已晚. 这是三里岛核电站一个突出的设计缺陷.

这起事故最后被 INES 定为 5 级核电事故, 因为它并没有造成直接的伤亡.

三里岛事故的后续报道

事故发生后(1979 年), Kemedy 报道里指出了三里岛核电站所有的机械故障和组织不完整性, 尤其是对 B&W 型反应堆的分析. 其实, 此次事故前已经有多次预警, 但都被置若罔闻, 这让人感到非常震惊.

(1) H. Dopchie 与美国核管理委员会(1971 年，TM12 前 8 年)的通信中，已经明确指出在蒸汽泄漏事件中将会导致稳压器的水位异常.

(2) Beznau 事件(瑞典，1974 年，TMI2 前 5 年)验证了上述情况. 这起事件带给我们的信息是，西屋设计中 RIS 系统的启动不当(仅在稳压器压力过低时就会触发，而不是在稳压器的低压力和低水位两种信号同时发生时触发).

(3) Michelson 报告(1977 年，TMI2 前 2 年)对此堆型能否正确反映真实运行情况提出了质疑.

(4) David Besse 事件(1977 年，TMI2 前 18 个月)是三里岛事故的真实彩排. 由于蒸汽发生器的缺水问题，泄压阀的开启和无法关闭的故障，到最后安注系统的启动，到后来因观察到水位上升而被操作员停掉(而后，一回路失水被发现，降压系统等被隔离，安注系统被重新启动). 不幸的是，这起前体事件的详细信息在美国核安全办公室里由于组织上的安排和延迟被抹杀掉.

(5) Kelly-Dunn 的备忘录(1978 年，TMI2 前 1 年)里指出，工程师提出在 APRP 的情况下安注系统有可能被操作员停掉. 但在三里岛事故之后，他们发现自己的意见从来没有被采纳.

所有这些事件都记录在 Michel Liory 的 *L'accident de la centrale nucléaire de Three Mile Island aux éditions L'Harmattan* 一书中.

7.4　TMI2 事故的主要经验教训(事故后的管理方面)

TMI2 事故是一次堆芯熔化核电事故，情况比预想要严重得多，事故原因是人因失误和设备故障同时发生.

在这次事故中，我们明白到，为了推进核电站安全性，我们必须对事故后管理进行改进，同时也要考虑人为因素和组织因素的影响.

三里岛事故演变得像三棱镜一般，折射出各方面的不足：

(1) 对复杂的热工水力现象的理解，尤其是多相流(液体水/水蒸气，不可冷凝气体)的研究不足；

(2) 仅根据仪表信号显示，安全系统和驱动系统无法为整个反应堆提供合理的保护和保障.

7.4.1　热工水力现象

一回路失水情况十分普遍，尤其是稳压器上部的泄压阀，导致一回路冷却剂的泄漏和容器内的降压. 然而与现象相反的情况是，稳压器蒸汽泄漏的一个重要特点是引起虚假水位. 实质上一回路冷却剂在很多地方的水位都低于额定值.

然而，稳压器的虚假水位其实是很容易了解的. 这是一回路冷却剂流向稳压器失水造成的.

实际上，虽然失水口尺寸很小，但蒸汽流速很大，不断将液体水吸入稳压器. 稳压器内最大的直径数值决定了蒸汽的流速，从而使得容器内的水量减少.

三里岛事故后，很多详细的事故研究分析指出，当稳压器内的一个或多个泄压阀出现开口时，又由于 RIS 系统的启动，堆芯排水系统的缺失会产生一个稳压器低压错误信号.

此次事故同时也证明了一个事实，即当蒸汽发生器由于失去供给水（ARE 和 ASG）而停止运作的时候，我们有可能通过调节稳压器内的泄压阀而释放热量，从而维持堆芯的安全运作.

行为程序的操作包括现在所谓的"开放式进料"策略（英语为 feed and bleed），用于将一回路的热功率从泄压口散出（多相体或者水蒸气），同时利于安注系统补偿一回路冷却剂的质量损失（见 1.3.5.4 节）.

事故引出的另一个重要问题是，当发生 LOCA 事件时，是否应该停止一回路主泵的运作来疏散功率和堆芯排水.

在一回路中出现汽相的时候，停止主泵的运作会导致两种相互矛盾的现象：

一方面，流入堆芯的冷却剂的流量减小，冷却效率会降低，从而导致液相分离、堆芯裸露的严重后果；

另一方面，破口处的蒸汽流速会更大，RIS 系统要注入的水量也随之增大（见 4.2.1 节）.

当一回路的四台主泵全都停止运作的时候，此事故还呈现了导致自然循环不饱和的干扰因素. 实际上，这是由于不凝结气体的出现.

随之，人们在回路系统注入不凝结气体做相关的实验. 从定性上分析，实验表明，需要大量的不可冷凝气体才会导致"暖管"（参见附录 A0）的换热机制被破坏.

最后，TMI2 事故迫使科学家开始考虑堆芯裸露和堆芯熔化的物理机制.

在堆芯裸露之后，当温度变得过高的时候，便会处于三里岛事故的前期状态. 这些事实都证明了储备系统的性能测试必须达到 US NRC 水平，如包壳的温度不能超过 1204℃，包壳的氧化度要小于厚度的 17% 等（见 1.1.2 节）.

在事故中造成的堆熔现象说明了：材料的氧化和熔化，结构完整性的丧失，事故中对堆芯的热力学和化学冲击等都是现在 R&D 研究三里岛事故的重要方面.

同时，对堆芯熔化后安全壳的失效模式的研究也在进行中. 为了避免此类事故发生，相关的处理措施、材料设备和管理模式组成了如今核电站纵深防御的安全屏障（见第 9 章）.

7.4.2　管道的使用材料

三里岛事故的一个重要原因是稳压器卸压系统的不可靠性.

对于法国的反应堆，对一回路压力过大的保护体系是由泄压阀和机械阀组成的. 在整个反应堆里，此体系是由控制阀（SEBIM 技术）来调节的. 通过共同的机制来保证安全保护运作和开关口的可靠性，而没有考虑到回路里流体的相态.

然而，TMI2 事故却没有凸显安全保护系统运行的设计缺陷：

(1) 在蒸汽发生器里供给水流失后，ASG 系统和泵都正常启动；如果增压阀没有被关闭，二者在非正常运作的时候可以保持蒸汽发生器内的正常水量；

(2) 当一回路压力降低的时候，IS 系统如果正常启动，补偿失水量，就可以避免一回路冷却剂被排空；事故的关键点在于，操作员对实际情况的错误分析使系统关闭.

从仪表性能上分析，TMI2 事故的主要教训之一就是稳压器内的测量水位并不是一个用来评估水量的合适数值，因为该水位是利用两个压力探头并通过测量水的平均密度来测量的. 然而我们知道，该水位的测量在一回路各部分未饱和的情况下是不能用于评估一回路水储量的.

而且，失水的稳压器无法得到任何关于水储量的信息，除非通过 RIC 系统的热电偶对过热水蒸气的测量显示出堆芯开始裸露的事实.

TMI2 事故后，第一个纠正错误的措施就是将专家组织在一起，从堆芯出口处的温度和稳压器的压强共同探讨一回路的未饱和情况. 测量的仪器和处理软件是 EDF 开发的 ebulliometer 系统.

随之，更大范围的补救行动开始了，就是开发新的测量仪器来表征压力容器里的水储量. 这就是堆芯水位测量的任务，其水位是通过压力容器上下部的压力差的测量来确定的.

7.5　人为与组织因素

TMI2 的一个最大的教训是人因失误和组织因素的影响(FH&0).

如果说本书的附录 A3 是专门分析了上述因素对整个行业的风险评估的话，本章则主要总结了 TMI2 之后的法国反应堆型的实施步骤.

20 世纪 70 年代，当第一个核电站开始建设运行的时候，主要针对技术的可靠性(流程自动化，优质材料的选择……)和程序的起草，而编纂的关注重点运营而生. 许多的保护系统和后备系统开启的自动化程序，在 REP 的设计理念里就有考虑，以希望在任何情况下都有补救的方法.

例如，一回路的大破口是很多研究的重点探讨对象. 正如俗语所说的，"会者不难，难者不会"，这类事故的分析涵盖了所有种类和尺寸的破口，但是却没有涵盖蒸汽发生器内小破口蒸汽泄漏这种情形. 因此，情况的异常性并没有让操作员停止安注系统！

此外，如果此类的程序已被设计者编写好的话，就可降低人因失误的风险. 他们没有注意到人为因素对整个事故造成的影响. 因此，在往后的发展里，我们决定规律性地检测实际运作与规定操作的一致性.

这就是说，FH&O 被技术控的核工程师所忽略了.

在 1979 年 TMI2 事故后，一切开始改变了，我们可以将转变大致分为两个时期：20 世纪 80 年代和 90 年代.

7.5.1　20 世纪 80 年代：人因失误及组织补救

TMI2 事故的分析也带来了一次核文化的改革. 由于操作员指导手册不完善，信息的接收错误(警报信号的无序和杂乱，信息的不可靠性)等，面对未知的复杂情况，无法正确分析和掌握.

人机界面的设计缺陷是事故发生的重要原因之一，但其他三个非技术性的主要原因也同样查明：

(1) 安全组织系统无法将各系统的实际工况与警报信号联系在一起，没有可靠的信号显示稳压器内的真实水位(1977 年 Michelson 的报告曾指出此状况)，另外，核电站也没有吸取前期事件的教训，这些事件其实都是 TMI2 的实际"演习"事件(如 1977 年的 David Besse 事件)；

(2) 操作员对某些系统装置的运行状况不了解，实际上是他们在培训过程中没有接受过相关事故的模拟指导；

(3) 事故发生时的混乱无组织状态也是一个很重要的原因.

20 世纪 80 年代，在 TMI2 事故的警钟下，人们开始寻求优化核电站的安全设计与实际运行，人为操控和控制保护系统的合理性和一致性.

对运行安全最大的考虑方法是用经验事故反馈(REX)来分析事故. 从收集到的信息、潜在的原因和结果分析，我们可以预想一些事故场景或者一些尚未发生的事故场景. 显然，最后的归结点会落在设计和运行上.

REX 这种经验教训反馈法应该被广泛传播，以用这些信息来推进核安全相关的所有发展和进步. 今天，这种经验反馈法被广泛地应用于核电站、核安全操作交流甚至推广到全球性范围.

从 2000 年起，对于微弱信号检测的补充检测方法已经开始实施：它由系列性的系统"信号"组成，这些"信号"包含了事件的各种信息，甚至微小简单的差异，目的在于对日常问题进行系统监控，防止重大核安全事故的发生.

TMI2 事故给我们的另一个教训是：人为操作是不可靠的. 当然，在一些不可预知的复杂事故场景下，操作员是不可或缺的角色. 他们对整体情况有所了解后，应该以自己的专业知识来为核电站做出正确的决定. 这是核反应堆事故情况管理的范畴.

为了改进这种管理运行模式，我们在 TMI2 事故的后处理过程中吸取教训，加强了纵深防御措施：

1. 完善 EDF 公司设计的主控室

TMI2 事故现场的人机界面的缺点充分暴露了设计的潜在缺点(详见附录 A3)：设计留下来的这些让人难以发现的缺陷，让操作员在做决定的时候显得非常犹豫.

另外，在法国，在收集了不同的研究团队的研究和模拟室里操作员的行为资料后，主控室的改良方案已经初步定下来了. 改良的主要目的是在界面上真实地呈现事故现场的情况和资料. 改良的地方有以下几个方面：

(1) 补充信息(堆芯水位，饱和度)，扩展测量范围；

(2) 符合人体工程学的改进(优先级警报，命令功能分组，动态方框图的采用等)；

(3) 增加了一个安全板块，收集最重要的信息，以及引导帮助.

发展的高潮是数字化主控室 N4 的出现，它提供了计算机辅助操作(CAO). 该技术在这一领域被应用后，在 EPR 反应堆中有望被再次开发应用.

数字化主控室 N4 的研发小组发现，操作员倾向于采用计算机控制的自动控制模式，特别是在按照规定章程运作的时候.

2. 改进操作程序

在事故发生以后的一段期间里，操作运行程序被大幅度地修改，以扩大其适用范围(停堆状态，后备系统缺失的情况，极端情况下的"终结程序"，严重事故指南管理……)，改善了其人机工程学设计，特别是其直接相关性. 在此背景下，事件程序被称为状态法的新程序所替换，覆盖了更复杂情况下的事故情景和演变，并减少了可能的人因失误. 这个新程序的目的在于建立一种系统-操作的负反馈循环，加强应对不可预知情况的能力. 在第 8 章将会详细介绍这种新程序.

3. 加强操作员的培训和模拟演练

为了减少操作和执行规定动作之间的差距，改进程序的同时也要加强针对操作员的模拟演练和反复培训，同时引入同尺寸仿真机用于学习反应堆系统的工作原理. 物理工作原理的培训也被加入到培训规程中，以便更好地了解多相热工水力等，具备一个"良好的经验反馈".

模拟机的日常培训(每年 3 个星期)使操作员的实操管理能力有了一个很大的提高.

4. 操作管理的重新组织，新增加了一个叫核安全工程师的职位

除了操作员队伍(按时间换班)和值长之外，一个称为核安全工程的职位应运而生. 他随叫随到，当进行中期任务或者长期任务的时候，需对发生的事件承担责任. 他负责监控重要的安全参数，确保备用仪器的完整性和工作人员的不同分工(图 7.7).

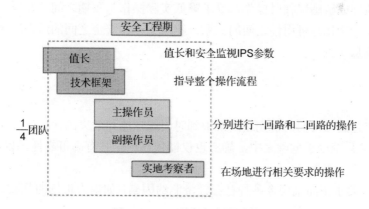

图 7.7　EDF 的组织领导结构

5. 事故小组的产生

国家危机组织是负责危机形势下的管理，公众部门赋予其权利(内部应急和特殊干预计划的提案)，以支持运行小组. 此组织涵盖了技术、媒体管理以及预防措施(职工、周边居民和环境). 它现在被认为是纵深防御线的最后一道防线.

7.5.2　20 世纪 90 年代：组织因素的考虑，安全文化概念的出现

切尔诺贝利事故(1986 年，详见附录 A2)第一次证实了，设备安装的物理特性应以

确保在反应堆稳定性为第一选择要素. 这个条件是减弱人因失误的必要条件(但不一定是充分条件).

除了没有考虑到 TMI2 事故教训之外，苏联的切尔诺贝利事故也给西方安全专家敲醒了警钟，在整个领导组织链中都缺乏安全文化概念，甚至在公共权力部门也是. 官员们没有安全优先的意识，没有将消息传播给民众. 安全组织没有提供一个有独立的权威机构组成的验证系统和监管控制系统.

为了应对这起事故，在 20 世纪 90 年代，西方国家制定了安全文化这一概念.

安全文化概念由 AIEA 组织制定. INSAG-4 报告(1991 年)中指出："安全文化是存在于单位和个人中的各种素质和态度的总和，确保安全问题由于其重要性而得到应有的重视."

安全文化是各种组织的共同承诺和标准：核电站，地方官员和国家政府. 它是一种关于安全的认知状态，决定了我们的态度和实践：

(1)领导者必须公开、明确地承诺自己对安全文化的重视，并通过自身的行动管理创造条件促进负责行为，以获得安全营运的良好结果.

(2)核电站必须明确安全文化的要点：严谨，勇于质疑，信息流通.

在这方面，法国电力公司 EDF 已开发了安全文化的管理章程，通过各种"杠杆"来实现：

(1)危机风险分析能力；

(2)自我诊断和自我评价；

(3)高效地完成敏感性临时操作，寻求降低实际操作与预期之间的差异；

(4)观察安全文化与可用性之间的关系，解决生产和安全之间的潜在冲突；

(5)操作信息交流.

7.5.3　今天

从 2000 年开始，人们的目光逐渐集中到对组织性能和效率的评估.

一个复杂的系统处于危险之中，确实也仅能依靠一个具有高可靠性，以安全至上的组织来控制.

然而，这一要求正面临现今各种社会经济制约因素，如电力市场的开放、技能的培训、外加工的需求等.

问题 10　TMI2 事故分析，直到堆芯裸露

请注意，附录 A5 给出的加热棒的数据不适用于 B&W 型反应堆.

只有水的性质和通过校正系数为 0.7 计算出来的剩余功率，考虑到较低功率下 TMI2 反应堆中的最小功率，可以被用来计算此类问题.

表 7.3 按时间顺序总结了事故发生的过程.

表 7.3　TMI2 事故发生的过程

时间	操作	说明
0:00:00	反应堆在 97%功率水平 ARE 系统启动	汽轮机启动 要求 ASG 也要启动
0:00:03	打开稳压器的排水阀门	
0:00:08	AAR	
0:00:12	命令关闭稳压器排水阀门	但是阀门被卡在打开的状态=一回路小破口
0:02:00	启动 IS	
0:02:30	SG 烧干	因为 ASG 系统没有流量
0:04:40	手动停止 IS	稳压器已经超过液位上限
0:05:00	饱和蒸汽从堆芯逸出	
0:08:20	手动打开 ASG	注意 ASG 的不可用
0:14:50	RDP 的中断	
1:14	关闭一条环路的水泵	
1:40	关闭另一条环路的水泵	堆芯开始暴露

1.　定性分析

在 t=4 min 40 s 的时候，IS 系统被停止.

图 7.8 显示了温度的变化过程，直到堆芯(T=100 min)开始裸露.

(1)在 T=286℃ 的时候(在 t=25～95 min 时，低于 70 bar 的饱和温度)，系统达到假平衡状态.

(2)对于这个准平衡状态，从一回路质量和能量平衡的角度分析情况.

(3)说明为什么操作员更倾向使用能量平衡而不是质量平衡，能量平衡解释了从 IS 动作到堆芯暴露(持续 2 h 以上)运行停止时的维护.

(4)定性地说明堆芯开始暴露到所有环路泵的停止.

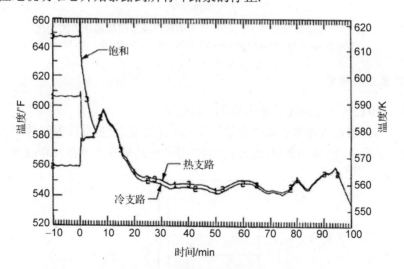

图 7.8　在 TM12 状况中的冷管、热管的温度变化以及饱和情况

资料来源：PORV Discharge flow during the TMI2 accident US DOE, Idaho

2. 破口大小和破口排出热量的评估

图 7.9 显示了，对于 TM12 事故压力的变化，破口两相流量的变化(中间曲线)和在饱和液相("液体")与饱和气相("蒸汽")的各自状况.

(1)在破口临界流量图像的基础上，根据一回路前端的一些条件(图 4.10)，可以给出破口大小的数量级.

(2)如果 RIS 表现出跟 1300 MWe 反应堆一样的特性，则证明它总能够补充破口的流量. 观察到在堆芯熔化前(≈95 min)，破口处从两相变成饱和蒸汽.

(3)那么破口能排出多大比例的剩余功率呢?

(4)说明在这个时刻一回路压力是怎样的.(建立新的压力平衡? 大于还是小于二回路的压力?)

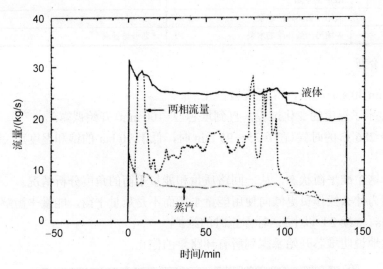

图 7.9　稳压器排水阀卡在打开状态的破口流量随物理状态的变化
资料来源：PORV Discharge flow during the TMI2 accident US DOE, Idaho

3. 堆芯暴露的研究

我们关注 70 bar、100 min 后堆芯暴露后的情况.

假设由于 SG 虹吸管堵塞以及"热管"模式无法建立(大量非冷凝气体产生)，堆芯随后无法再由 SG 冷却. 剩余功率(假设轴向均匀)导致堆芯储存水的蒸发和过热.

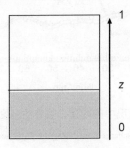

　　(1)堆芯水的标准化高度用变量 z 来表示(堆芯全部浸没时 $z=1$)，把浸没在水中的堆芯下部的蒸发流量表示成 z 的函数.

　　(2)用 z 的函数来表示暴露的堆芯上部蒸汽流量的焓的增加量(过热).

　　(3)假设由过热蒸汽温度达到 NRC 安全准则中的包壳温度造成堆芯上部的包壳破损，假设当过饱和蒸汽的温度达到 NRC 的安全临界值时堆芯上部会出现包壳破损，在这种情况下，z 的临界值是什么？

　　(4)证明 z 随着时间下降的规律可以看成一个指数递减，明确指出假设条件有哪些.

第 8 章　通过状态研究法(APE)进行的事故后调节

我经常会被问到：当你只能保留一项针对事故的改进措施或技术创新，你会保留哪一个？它确实能避免事故吗？

我的回答是，如果我只能保留一个，那就是对每一状态所对应的工序的培训.

——Edward R. Frederick, TMI2 事故中的操作员

在发生事故时，由于自动保护装置的工作时间较短，安全实际上是基于一整套技术体系，它包括：

(1) 操作团队(主回路和二回路操作员，值长，安全工程师或运行处处长).

(2) 书面工序，即规定了需要实施何种行动的文件(操作员已就此在事前接受过培训).

(3) 人-机接口，它保证这一过程的操作得以实现.

因此，安全演习需要考虑到反应堆的控制调节阶段，这一阶段是事故后管理中最敏感的时期.

反应堆控制调节的目的是让反应堆返回到安全状态，从而避免或限制间接或潜在废物的释放，优先保护堆芯和安全壳.

法国在后-TMI2 处理框架内开发了反应堆控制调节的新方法：状态研究法. 这一方法基于以下三个阶段的迭代循环(图 8.1)：

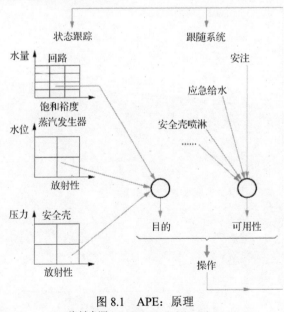

图 8.1　APE：原理

资料来源：Techniques de l'ingénieur

(1) 根据一回路、二回路和安全壳的关键物理量，对设施的物理状态进行表征(状态诊断阶段)；

(2)在这个基础上，确定操作目标(该目标通常是停堆)，以及为达到目标所需要的系列操作(决策阶段)；

(3)利用可用系统开始进行操作(操作阶段).

对设施物理状态的鉴别和表征在 TMI2 事故之后得到了重视，被用来对反应堆系统的行为进行分析(比如通过经验反馈、环路实验或程序计算).

根据上述分析建立的模型可以描述物质和能量的交换，根据已经确定的安全问题定义可能的事故状态. 这些事故状态和设备的关键物理量之间紧密相关，通过对关键的物理量进行分组并制定对应的操作序列，即可建立事故状态与相应操作的对应关系.

例如，对次临界反应堆堆芯，采用压力容器上下压强差(ΔT_{sat})对一回路的状态进行诊断.

要使堆芯热量能顺利排出，需要将堆芯浸没在水中，并且需要让水与管道接触. 对此，可以重组具有相同目标的调节功能(图 8.2)，使堆芯返回安全状态. 状态研究法强调设施拥有有限个物理状态类型，这一概念十分重要. 在模型中，有限个物理状态由状态函数表征.

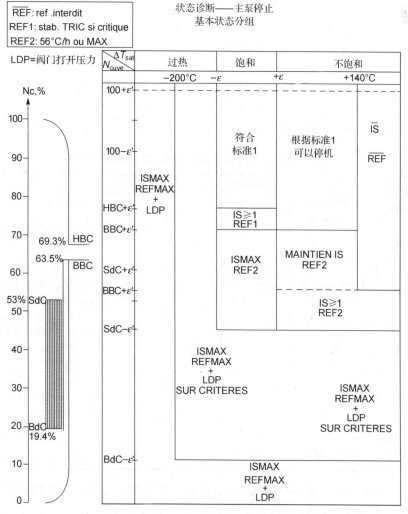

图 8.2　APE：压力容器上下压强差ΔT_{sat}

资料来源：transparent AREVA

事实上，TMI2 事故令人意识到，核工业中复杂系统的事故可能是由大量设备故障造成的，也可能是人为失误造成的，或者两者兼备. 因此，在多重恶化并累积到事故发生时，事故的局面可能与预先构想和研究的瞬态阶段并不相同.

这使得法国电力集团(EDF)放弃了传统的事故诊断和操作工序. 传统方法在事件发生时就力求正确诊断，进而寻求应对事故的最优化操作. 这一方法并没有考虑到初始诊断错误的可能性，也没有考虑到后续事件的累积以及操作失误的累积.

通过状态研究法，从物理量的表征开始，我们可以在不鉴别导致目前状态的先前事件(始发和加剧)序列的情况下，确定适合的策略，然后进行操作.

此外，整个过程可以往复多次(图 8.1). 如果物理状态发生了改变，就可以对已实施的策略和操作进行修正. 因此，状态研究法的调节具有"闭环"特性，能够弥补操作员可能的失误.

因此，通过建立应对突发事件的社会技术系统，可以保障在事故情况下对反应堆进行控制.

8.1　设备物理状态的表征(状态诊断)

在总体分析的框架下，只有 6 个函数被叫做状态函数，并被作为充分必要条件来表征设施的物理状态和进行状态诊断. 6 个状态函数中(表 8.1)，有三个是关于主回路的，有两个关于二回路的，有一个关于安全壳的.

表 8.1　APE：六个状态函数及相应的物理量和设备

调节	APE 的六个状态函数		反应性控制	功率排出	安全壳保护	待测量-相应设备
一回路	SK/W_n	次临界状态及核功率控制	×			W_n=通过间接中子链所测得的核功率
	IE_p	一回路水量		× 排出		N_c 压力容器上下压强差，通过沸点计得到
	W_r/P_T	余热排出或压力/温度耦合控制		×		TRIC，堆芯出口温度 $\Delta T_{sat}=T_{sat}-$TRIC，饱和裕度，得到： (1) TRIC$_{max}$； (2) 一回路压力（T_{sat} 固定）
二回路	IE_s	二回路水量		× 冷源		NGV，测量蒸汽发生器平面： (1) 窄量程； (2) 宽量程
	INT_s	二回路(蒸汽发生器)完整性			×	(1) 蒸汽发生器活度（辐射监测系统，主蒸汽系统或 REN/蒸汽发生器排污系统）； (2) 蒸汽发生器内一、二回路压强差
安全壳	INT_e	安全壳完整性			×	P_e，安全壳压力 DdDe，安全壳当量剂量率

显然，实现安全目标就要控制这些状态函数，并维持三道安全屏障的完整性，以及遵守三个安全功能(见 1.1.3 节).

我们注意到, 对于"功率排出"这一安全功能, 一方面需要状态函数"一回路水量"来确保堆芯功率的排出, 另一方面需要状态函数"二回路水量"来确保冷源的可使用性. 但却不需要任何状态函数来描述将堆芯能量输运到冷源这一子功能, 因为这通常并不会出现问题.

状态研究法的设备必须满足一定的功能需求: 设备必须为 IPS 等级, 并且具有抗后事故环境和抗地震的能力. 测量通道必须拥有备用的电力支持(图 8.3).

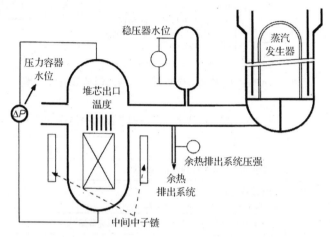

图 8.3　APE: 与三个一回路状态函数对应的设备

资料来源: transparent AREVA

最后, 考虑到可能的状况演变, 状态诊断需要一直进行, 并且"状态→操作"这一过程需要反复多次进行.

8.2　确定操作策略: 操作顺序和操作模块

从状态诊断能够确认物理状态, 并能定义与每个状态函数相关的反应堆控制操作, 最终目的是使状态函数处在可靠的安全区域内.

8.2.1　一回路调节

控制主要状态函数的主要操作可能在某些情况下是矛盾的. 例如, 次临界状态需要稳定温度, 以避免由慢化剂效应带来的反应性; 而控制一回路水量却通常需要冷却. 为排除可能的矛盾, 需要设立优先级: 对低损坏状态, 优先控制次临界状态; 而对于具有堆芯熔化风险但没有临界风险(无慢化剂)的高损坏状态, 优先控制一回路的水量. 此外, 三个一回路状态函数的控制永远优先于二回路状态函数的控制.

最后一个基本原则: 对前端屏障的保护优先于对后端屏障的保护, 因此最优先的是对堆芯的保护.

典型的反应堆控制策略有八个, 可以根据一回路的状态诊断情况而应用(图 8.4). 表 8.2 简要概括了一回路调节的主要操作以及相应的理由.

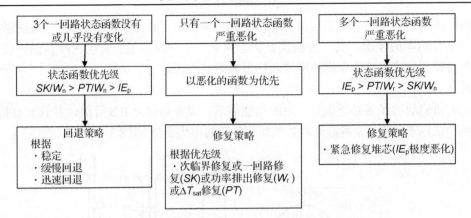

图 8.4　APE：根据状态诊断，对一回路调节策略的选择

表 8.2　APE：八个一回路调节策略的目标

一回路调节策略	目标
稳定	达到正常运行状态或稳定在停堆状态
缓慢停堆	到达停堆状态 以–14℃/h 或 28℃/h 的速度降温
迅速停堆	迅速到达停堆状态，以–56℃/h 的速度急速降温
重回次临界状态	硼化到次临界状态，然后改变硼浓度为冷停堆时的硼浓度，稳定温度
恢复余热排出	到达强制打开模式后，排出余热
降低过大 ΔT_{sat}	稳定温度和降压，使压力容器中不出现冷降(回到标准状态下的 P/T 范围)
恢复一回路水量	恢复热管最低水平面，之后应用缓慢停堆策略
堆芯最大限度保护	通过可能的给水手段，避免或延迟堆熔

这些操作控制策略包含在一回路操作的工序中：

(1) 对于蒸汽发生器，有 ECP1 到 ECP4；

(2) 对于余热排出系统，有 ECPR1 和 ECPR2；对所有开放状态，有 ECPRO.

这些工序根据整体物理状态的严重程度而分级排列，并且每一个都可独立操作，都可以使反应堆回到安全状态. 如果情况恶化，可以将一个工序不可逆转地转到更高级别的工序. 一旦与 RRA 系统相连，就采用工序 ECPR. 工序中一回路调节的一系列操作具有双重特征：

(1) 在技术层面上，它来自前述的八个策略；

(2) 在形式上，在大部分情况下，它依赖于仅包含十个核心模块的基础结构.

对于蒸汽发生器的状态，三个一回路状态函数通过所有的核心模块来控制(表 8.3).

表 8.3　APE：一回路模块，包括蒸汽发生器的状态(未连接余热排出系统)

模块记号	模块名称	模块调节描述	
BOR 或 AAR	硼化或给水	BOR：停止自动硼化功能，并根据需求控制硼化或快速硼化； AAR：维持硼酸浓度	

续表

模块记号	模块名称	模块调节描述	
CT	温度控制	在蒸汽发生器处：通过汽轮机大气旁路系统进行冷却操作，梯度为： (1)−14℃/h(热虹吸管缓慢回退，避免气泡)， 　−28℃/h(缓慢回退，≥一个主泵 ES)， (2)−56℃/h(迅速回退，主泵可选择性断开)； (3)最大梯度，所有可用的大气旁路阀门都开到最大； (4)最大限度，操作同上，使用所有蒸汽发生器，包括被停止隔离的带放射性的蒸汽发生器(IEP 严重恶化)	
RCV	化学与容积控制系统配置(用于控制稳压器)	使用化学与容积控制系统来控制稳压器水位和压强： (1)正常配置=上充/下泄； (2)见配置连接处上充/过量下泄	
DPA,DPM,DP LDP	一回路降压	使用下列手段进行一回路降压： (1)DPA：正常喷淋，见辅助； (2)DPM：改变一回路质量和活塞效应(喷淋不可用)； (3)DP LDP：打开稳压器下泄管线 LDP	DTS
SP,SPP	稳定压力，两相稳压器或单相稳压器	(1)稳定一回路压强：通过改变质量进行微调(见 DPA)； (2)同上，稳压器满水位：同上，同时尽力降低稳压器水位	
NP	控制稳压器水位	维持测量量程的水位(对压力的控制以水位的控制为优先)	
IS	安注调节	根据标准停用中压安注	
ACU	安注系统储水箱调节	尽快隔离储水箱，但将其看成可用的	
DTS	ΔT_{sat} 修复	(1)为避免ΔT_{sat}过小，以旁路模块：RCV, DPx, SPx 和 NP 为护栏； (2)一回路重增压(加热，上充，主泵连接处注水)	

这个通用的模块化结构允许操作员无论在哪种策略或序列下都能找到"熟悉领域".

8.2.2　二回路调节和安全壳调节

在二回路侧，对蒸汽发生器的调节源自两类目标：

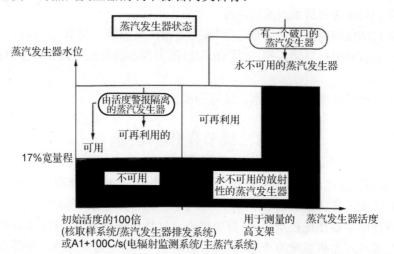

图 8.5　APE：在蒸汽发生器平面/蒸汽发生器活度平面图上，蒸汽发生器的可使用区域

资料来源：transparent AREVA

(1)蒸汽发生器构成主冷源,参与对一回路状态函数 W_r/PT 的控制;

(2)控制两个二回路状态函数 INT_s 和 IE_s,决定蒸汽发生器作为冷源是否可用(如果蒸汽发生器功能是完整且非空的),见图 8.5.

注意,停堆之后,由于余热功率的快速下降,一个"可用的"蒸汽发生器(非放射性及水位足够)足以排出余热.

二回路管道的结构(工序 ECS)与一回路的管道结构是相同的. 例如,对于蒸汽发生器的状态,对一回路状态函数 W_r/PT 的控制和对两个二回路状态函数 INT_s 和 IE_s 的控制都与表 8.4 中的调节模块相符.

表 8.4 APE:二回路模块,包括蒸汽发生器的状态(未连接余热排出系统)

模块记号	模块名称	模块调节描述
MST	一回路温度控制	与一回路模块 CT(一回路温度控制)相连: (1)通过可用蒸汽发生器的汽轮机大气旁路系统进行平衡冷却,梯度为 $\dfrac{dT_m}{dT}$; (2)快速冷却:可用蒸汽发生器的汽轮机大气旁路系统控制阀为满开度; (3)最大限度冷却:所有蒸汽发生器的汽轮机大气旁路系统控制阀为满开度
MSI	可用蒸汽发生器的完整性控制	如果蒸汽隔离,确认蒸汽发生器的完整性
MSA	蒸汽发生器活度控制	(1)对带放射性的蒸汽发生器进行隔离(水和蒸汽侧); (2)调准汽轮机大气旁路系统外部设定值和连接蒸汽发生器排污系统
MSP	被隔离的放射性蒸汽发生器的压力控制	通过蒸汽发生器排污系统(若可用)流量,平衡一回路-二回路压力
MSE	二回路水量控制	通过辅助给水系统流量调准蒸汽发生器水位,见给水流量控制系统流量

与安全壳相关的调节(工序 ECE)以满足控制第三道安全屏障的完整性为目的. 状态诊断是在压力/压力容器剂量率计划(压力容器状态函数)中实施的.

计划有两种类型的操作:

(1)对压力容器内部状况的控制被记录在某一模块内,该模块主要控制 EAS 的限制压力水平、温度和压力容器剂量当量率.

(2)此外,对压力容器系统的隔离是一个渐进过程:

① 确认自动化控制系统的正常运行(压力容器隔离的第一和第二阶段);

② 对压力容器进行早期监控,以防止穿过压力容器的物质对操作产生直接影响(优先保护堆芯);

③ 最后,根据标准,隔离废水,让其回流到压力容器中.

8.3 调节操作的实施

为了实现调节操作,需要确定可使用的手段. 这包含加热功能和支持功能:

(1)加热功能是使状态函数起作用的调节手段(基本系统的全部或一部分);

(2)支持功能主要在操控层面上(例如供电,气体压缩阀门的操控)或效率提高层面上(例如,空气或水对加热系统的冷却)辅助加热功能. 在功能需求方面,硬件设备被归类为 IPS 类. 也就是说能满足下列最低目标:耐环境恶化状况及地震、备用系统、不间断供电等.

在基本加热功能不可使用的情况下,使用替代的加热功能. 这些替代的加热功能是根据效率、使用的简易程度以及设备的总体状态来进行分级的，因为若状态恶化，我们需要采取更"强硬"或"简单粗暴"的手段(表 8.5).

表 8.5　APE：可能的替换手段

状态函数	目标	相应手段	可能的替换
SK	次临界状态 遵守 MAR	反应堆自动跳堆 硼化	直接硼化或使用自动硼化功能 上充，主泵连接处的注水流量差，见中压安注
$P\text{-}T$	↓一回路压力 ↑一回路压力 ↓一回路温度	正常喷淋 加热 汽轮机至凝汽器系统	辅助喷淋，下泄>上充或过量下泄>主泵连接处的注水流量差，见稳压器下泄管线； 上充>下泄或主泵连接处的注水流量差>过量下泄，见中压安注； 汽轮机至大气旁路系统
IE_p	控制稳压器水位 ↑压力容器上下压强差(P>19 bar) ↑压力容器上下压强差(P<19 bar)	上充-下泄 中压安注 低压安注	主泵连接处的注水流量差-过量下泄 安注系统储水箱，上充 中压安注，上充
IE_s	↑蒸汽发生器水位 ↓蒸汽发生器水位	辅助给水系统，电动辅助给水泵； 停用辅助给水系统	辅助给水系统，涡轮给水泵； 蒸汽发生器排污系统
INT_e	停用辅助给水系统	安全壳喷淋系统	工序 H4，工序 U5

在不大可能发生的情况下或任何一个预期加热功能都无法控制状态函数(图 8.6)时，存在两种可能情况：

(1)控制这个状态函数对安全性至关重要，那么状态函数发生恶化会导致策略改变，这需要采用更严格的操作；

(2)该功能可有可无，与其尝试多种手段，不如什么都不做.

进行 EFC 调节(监测加热功能)和 EFS 调节(监测支持功能)的规则包括：

(1)加热功能和支持功能的详细列表；

(2)对加热功能、支持功能以及系统启动后的效率的全面检查；

(3)对设备修复或替换的操作，若没有，则对策略进行补充.

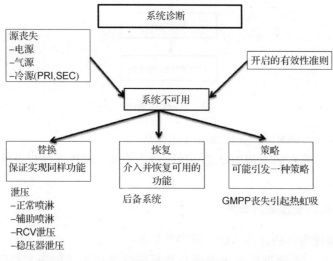

图 8.6　APE：系统诊断——系统不可用时的操作

资料来源：transparent AREVA

总的来说，状态研究法保证了对事件和事故的迅速且适当的响应，特别是在变化中的复杂的情况下设备出现故障和操作中出现人因失误.

状态研究法对操作员的贡献在于两个层面：

(1) 由于是"闭环"结构，工序是自适应的. 操作员可随时检查操作是否正常，以应对所有突发扰动，纠正自身错误或可能的遗漏；

(2) 通过使用替代系统，操作员总是可以实施一个不需要离开操作间的可应用的解决方案(尽管有时候比较简单粗暴).

最后，状态研究法可供操作团队中的所有成员使用，非常适合保障操作团队所需要的冗余性.

问题 11　回退到余热排出系统工作条件的研究

点模型、平衡方程，以及完成练习和问题所需的数据见附录 A5.

一个 1300 MWe 的反应堆，初始时为 100%额定功率，在寿期中遭遇事件. 其中一个状态函数被评价为"几乎无损坏"，发生了反应堆停堆. 所得负反应性裕度大于规定值，从而一回路平均温度为 297 ℃.

主泵、化学与容积控制系统，蒸汽大气排放系统都是可运行的. 安注系统并未投入使用. 在手动启堆后，蒸汽发生器通过辅助给水系统给水. 根据所给顺序图，状态研究法工序主张迅速退回到余热排出系统工作条件下，然后以冷停堆作为干预，其冷却梯度为 −56℃/h，操作顺序见图 8.7.

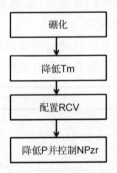

图 8.7　操作顺序

操作员在自停堆(AAR)后 t_0+15 min 开始操作.

在这个问题中，我们感兴趣的是能够保障所需冷却梯度的条件以及这一冷却对状态函数造成的效果.

1. 冷却对状态函数造成的效果

结合所需冷却梯度，估计以下物理量的数量级：

(1) 正反应性的引入速度以及用来维持负反应性裕度为常值所需的硼化量(次临界状态函数 SK)；

(2)相应的收缩流量以及为保障一回路水体积恒定所需要提供的一回路水量(状态函数 IE_p，一回路水的进出统计).

2. 使用蒸汽发生器进行冷却，梯度为–56℃/h

在硼化和控制稳压器水位的同时，操作员通过蒸汽发生器开始冷却，梯度为–56℃/h.
(1)明确说明，为保证这样的一个冷却，操作员应当如何操作？
为保证正常喷淋和控制一回路压强，只有一个主泵(GMPP)正常运行.
(2)确认一列辅助给水系统(一个 MPS 和一个 TPS)足以保证这一冷却，而不会损失蒸汽发生器内二回路储备水；
(3)确认能够达到与余热排出系统连接的条件，而不会消耗辅助给水系统水箱内的可用水.

3. 使用余热排出系统进行冷却，梯度为–56℃/h

为能够在余热排出系统的运行条件下进行操作，操作员在温度为 180℃ 处实施了时间为 15 min 的温度平台.
通过余热排出系统，开始冷却加热器，梯度恒定为–56℃/h.
(1)确认一列余热排出系统(一个交换器)在蒸汽发生器不换热的情况下足以保证所需冷却梯度.
(2)对余热排出系统进行怎样的调节操作，使得二回路操作员必须要在冷却的过程中维持冷却梯度为–56℃/h？

第 9 章　堆芯熔化后的情况以及对密封性的影响

堆芯失水[①]后燃料的损坏会导致堆芯熔化. 堆芯的全部或部分熔化是由载热流体无法带走堆芯余热，进而引起结构材料温度大幅上升所致. 这种结果仅出现在一系列累积的故障失效之后，即纵深防御的前三道防线[②]失效之后.

本章重点关注运营核电站在熔毁的堆芯将压力容器熔穿后，安全壳丧失完整性，导致放射性物质大量排放到环境中的情况. 这是因为反应堆压力容器和安全壳的设计基础是固定不变的，尽管实行改善措施可以引入第四道防线，但效果依然有限.

EPR（European pressurized water reactor）反应堆以大量减少在这种情况下放射性物质的排放量为目标，对"严重事故"的防线更加稳固. 相关的设计措施在本书附录 A4 有所介绍.

9.1　堆芯熔化，直到压力容器熔穿的物理过程

在起始事件发生和经过"保护系统的失效"（尤其是安全注入系统）和"操作人员的主动失误"将事件恶化之后，堆芯可能会相对较快地（从 1 分钟到几天）露出水面，而且堆芯露出水面的情况可能持续较长时间.

根据一回路的压力等级，堆芯熔毁和压力容器的熔穿对于安全壳的影响有所不同.

当压力容器熔穿，容器内的压力大于约 20 bar 时，称之为"压力"熔堆事故.

例如，在这种情况下将会发生压力熔堆事故：在蒸汽发生器（堆芯的冷源）的补给水完全断绝的情况下，一回路流体由于稳压器的活塞效应而升温，一回路压力上升到触发阀门打开的阈值，一回路冷却水质量减小.

9.1.1　第一道屏障的失效

当堆芯持续露出水面时，其裸露的部分因为剩余功率的加热效应而不断升温. 包裹着燃料芯块的锆合金包壳由于其力学性能的退化而开始变形. 如图 9.1 所示，根据燃料棒的外部和内部之间压力差的不同，燃料包壳会出现以下情况之一：

（1）先膨胀后断裂（压力容器处于低压时）；

（2）挤压燃料芯块，促使低共熔混合物 UO_2-Zr 形成，在不足 1500°C 时即熔化（压力容器处于高压时）. 在燃料包壳破裂后，积累在燃料芯块和包壳间隙中[③]由裂变产生的稀有气

---

① 本章根据 IRSN 的参考文件 Accidents graves de réacteurs à eau de production d'électricité，网上可供阅览.

② 预防、监视控制和保护三道防线.

③ 也有相当一部分的裂变产物溶解在燃料中，特别是对于寿期终的燃料.

体(Kr, Xe)和挥发性裂变产物(如 I 和 Cs)释放到一回路的流体中，而在第二道屏障失效后(如 APRP)，这些产物甚至会释放到安全壳中.

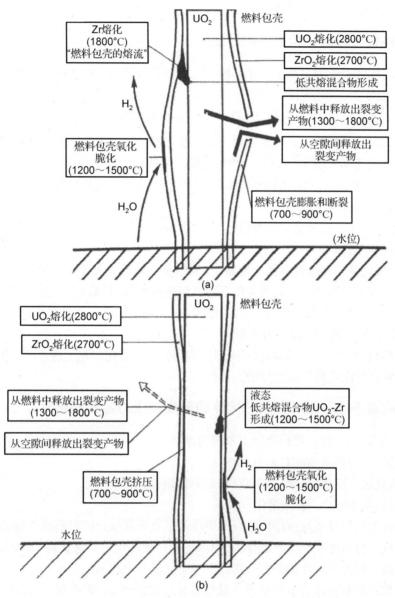

图 9.1　严重事故：低压熔堆(a)和高压熔堆(b)情况下燃料包壳的行为
资料来源：transparent AREVA

　　这些物质在环境中的传播在很大程度上取决于其物理性质(气体、气溶胶)和化学性质[①].尤其是稀有气体和有机碘蒸汽不能沉积，在发生泄漏的情况下可能被(直接或经过滤后)排放到环境中，而气溶胶则趋向于聚集和沉积，最后沉降在安全壳壁上.

----

① 例如：以气体分子形式存在的碘(I_2)，以气溶胶形式存在的碘(如 CsI)或以气体有机物形式存在的碘(如 ICH_3)，其中最后一种更难阻隔其外逸.

由于出现短衰变期的放射性核素，更由于随着时间增长，在安全壳中悬浮的气溶胶质量将会逐渐减少，尽可能长时间地维持安全壳的完整性就显得非常重要：当严重事故发生时，需要维持 24 h 甚至 48 h 的时间.

9.1.2　燃料包壳的氧化和氢气的产生

在堆芯失水和升温的过程中，燃料棒包壳中的锆(Zr)与过热水蒸气接触而被氧化，有以下化学反应：

$$Zr + 2H_2O \longrightarrow ZrO_2 + 2H_2 + 热量$$

此反应放出大量的热，并可以带来大于剩余功率的局部功率；而温度上升时，在热学上有利于此反应速率的增大[①]. 这是一种正反馈，因此有"化学反应失控"的风险[②].

反应从 1200℃ 开始就变得剧烈，在 1500℃ 以上则有失控的风险，所以对燃料包壳的温度控制有强制的规定. 此外：

(1)氧化锆(ZrO_2)的形成使得燃料包壳脆化，因此在温度骤变(比如用冷水再次淹没堆芯)时，包壳更容易损坏.

(2)该反应把氢气(H_2)释放到一回路中，氢气从而被输运到安全壳中并积累. 氢气在安全壳中的燃烧可引起爆燃，在某些条件下可能演变成爆轰(见第 9.2.4 节).

考虑到对于不同类型反应堆，锆在燃料中的含量不同，氢气最大的产生量大致在 kg/MWe 的数量级[③](见此章最后的问题).

所以燃料包壳的氧化可以同时归因于堆芯接连失水/熔化的迅速性和氢气的快速释放，后者可能威胁到安全壳第三道屏障的完整性.

9.1.3　在高温下堆芯损坏，堆芯熔体的形成和压力容器的熔穿

当谈到堆芯损坏[④]时，我们实际上考虑的是：

(1)堆芯金属组件从 800℃ 起开始熔化；

(2)"氧化物"组件(包壳)从 1800℃ 起开始熔化；

(3)氧化铀从 2800℃[⑤]开始熔化.

这些部件的熔化导致反应堆堆芯局部崩溃乃至全面崩溃，同时形成"堆芯熔体"，这是燃料和结构材料熔融成一体的混合物，内部的余热使之保持熔融状态，整个过程见图 9.2.

在此阶段，最具挥发性的裂变产物几乎完全从燃料中逸出.

熔化的堆芯堆积在压力容器底部，最终会导致它的熔穿. 根据堆芯熔体在压力容器底部的质量和是否有水以汽化的方式来散去其一部分的热量，发生熔穿的时间可在几十分钟到几个小时不等.

---

① 而且，当温度上升时，裂变产物的释放运动加剧.

② 相反，压水堆中的链式反应只可以是负反馈相关.

③ 若考虑堆芯中其他的金属氧化，此值约增加 20%.

④ 注意，在燃料损坏的过程中，由过热蒸汽引起的一回路结构大幅升温，是导致其蠕变和可能断裂的原因. 当蒸汽发生器的管道发生这种情况时，反应堆内部的物质则可能通过二回路蒸汽线路直接排放到大气中(见第 6 章).

⑤ 带有锆和堆芯控制棒钢铁的低共熔混合物的存在可能导致在更低温度时即形成熔流.

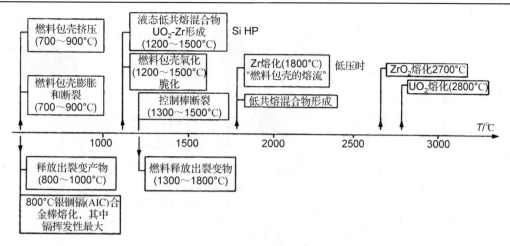

图 9.2　严重事故：不同温度下堆芯损坏的现象

资料来源：transparent AREVA

对于运行中的反应堆，压力容器的熔穿可能形成阈值效应现象，因为安全壳完整性有可能丧失，并且由此可导致放射性核素被释放到环境中[①].

因此，即使堆芯部分熔化，仍要避免压力容器被熔穿. 这可以通过再次淹没堆芯来实现（如三里岛核事故中），但不幸的是在福岛第一核电站中没有实现.

9.2　压力容器被熔穿后安全壳的失效模式

从历史上看，1975 年美国的 Norman Rasmussen 教授曾在 MIT 出版的 WASH1400 报告中区分出了堆芯熔化后五种安全壳失效的模式：

(1) α 模式：在压力容器或堆坑中发生蒸汽爆炸；

(2) β 模式：初始的或由其他因素迅速引起的安全壳密封性缺陷；

(3) γ 模式：在安全壳中发生氢气爆炸；

(4) δ 模式：缓慢超过安全壳的容许压力；

(5) ε 模式：堆芯熔体穿透安全壳的混凝土底板导致熔穿.

加上模式 V，即通过从安全壳引出的管道进行旁路排放.

此后，特别是针对法国的反应堆设备从实验和理论两方面对这些不同的模式以及它们的真实性进行了检验.

另外，还有其他两种安全壳密封性失效的模式(图 9.3)：

(1) 安全壳直接受热所带来的风险；

(2) 由于不均匀稀释(见第 2.3.2 节)而意外引入大量反应性所引起的堆芯蒸汽爆炸，压力容器和/或安全壳可能因此而损坏.

从堆芯熔化到压力熔器破裂的整个过程见图 9.4，后面会有对于这几种模式的具体描述.

---

① 在福岛核电站，一号反应堆的压力容器似乎已经被熔穿；安全壳内部的底板被腐蚀，但未被穿透. 在排气减压失效的情况下，2 号反应堆的安全壳似乎已经失效(见附录 A.2.2).

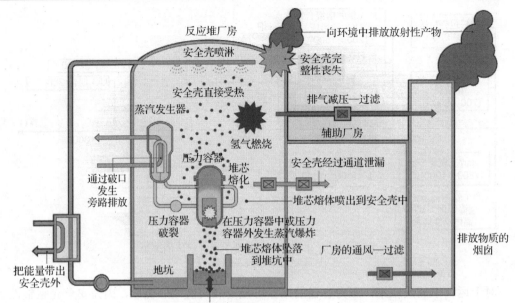

图 9.3　严重事故：在安全壳中可能发生的物理现象

资料来源：Rapport Scientifique et Technique IRSN 2008

从 1981 年起，EDF 逐步提出了最终程序和措施以避免和减轻严重事故的放射性影响，被核安全组织认可后在法国的反应堆(表 9.1)中施行.

表 9.1　严重事故：最终程序(对 APE 程序的补充)

名称	处理的模式	目的
U2	β	监视安全壳：局限和隔离泄漏
U3		实行机动的应急措施(RISBP, EAS)
U4	ε	利用混凝土底板来延迟安全壳内物质经旁路排放
U5	δ	通过沙滤后排放来减轻反应堆厂房所受的压力

这对基于基准设计的核设施有实际的改善. 改善措施的选择依据与本书第 1 章所述的在保证反应堆运行工况下的选择依据不同.

首先我们来回顾运营中法国压水堆在安全壳设计上的几个重要特征：

(1) 900 MWe：这些反应堆的预应力混凝土安全壳内部具有钢密封层；

(2) 1300 MWe 和 1450 MWe：安全壳没有内部密封层，但却是由预应力混凝土(内层)和钢筋混凝土(外层)构成的双层安全壳. 此外，这两层安全壳配备有一个回路(EDE)，通过减小两层安全壳之间空间的压力，避免放射性核素直接传播到环境中.

如第 1.4 节中所述，以上安全壳均配备有喷淋系统 EAS.

我们现在详细地研究安全壳失效的不同模式，谨记安全壳所有的短期失效都会造成问题，因为这会导致反应堆内部的放射性物质直接排放到环境中. 事故进程不足以使部分放射性核素减少，尤其不足以使气溶胶大量的沉积.

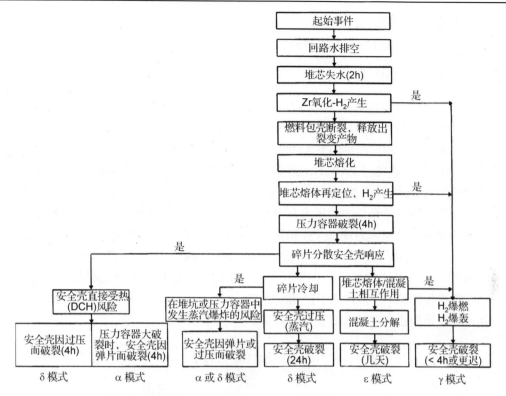

图 9.4　严重事故：堆芯熔化和压力容器破裂后接连的现象
资料来源: transparent AREVA

9.2.1　安全壳初始密封缺陷

在常规操作中，一方面会对安全壳的密封性持续地进行监视，另一方面会对安全壳内通道的隔离装置的密封性进行定期的检测.

此外，每十年还会对安全壳进行加压测试，将总体泄漏率与之前的数据进行比较.

然而，即使有这些措施，初始的密封性缺陷仍将会导致安全壳失效. 这个模式被称为 β 模式(图 9.5).

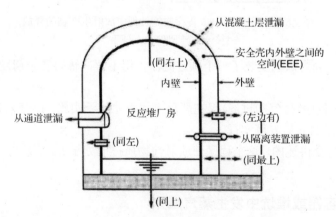

图 9.5　严重事故：1300MWe 类型反应堆双层安全壳中不同的泄漏路线
资料来源: techniques de l′ingénieur

为了克服这个问题, 运营商发展了 U2 程序, 称为"在安全壳有隔离缺陷情况下的处理", 该程序通过内部作业以及对探测到的密封缺陷进行定位和补救提高安全壳的密封性.

9.2.2　安全壳缓慢超压

当一或二回路发生破口时, 其内部能量和物质的释放导致安全壳的压力和温度上升, 压水堆安全壳的设计要考虑应对这种情况.

δ 模式对应中等程度超压的安全壳失效, 可能的原因有:

(1) 因为余热不能通过 EAS/RRI 热交换器向外部疏散, 内部的气体受热升温;

(2) 严重事故中气体逐步被释放.

在以上条件下, 安全壳中的压力有可能在 24 h 后超过设计所能承受的压力.

为了补充安全壳喷淋系统(EAS)和其热交换器的功能, 有必要建立一个"最终"处理程序, 记为 U5; 此程序启用一个带有过滤的主动排气减压系统, 称为沙滤或 U5.

该程序使用安全壳内预设好的降压通道. 在这个通道和通风管之间加入一个阀门系统、一个降压装置和一个带沙床的过滤隔离箱(图 9.6). 关于这个沙床系统的研究表明, 排放前用沙对气溶胶进行过滤具有良好的效果.

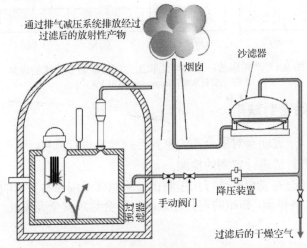

图 9.6　严重事故: U5 程序实施过程中放射生产物的释放
资料来源: technique de l'ingénieur

此后, 在安全壳内部也安装了一个预过滤器, 用于解决辐射防护问题和内部氢气爆燃的问题.

安全壳的 U5 程序(排气和过滤)仅在严重事故下才给予实施, 在有关部门密切磋商后, 至少在事故发生的 24 h 后方可实行.

正如我们稍后会讲述的, 这个程序使放射性物质排放处于 S3 "源项"等级, 与保护人群的措施相符合.

9.2.3　在压力容器或堆坑中发生蒸汽爆炸

"蒸汽爆炸"是由过热液态材料与水之间迅速的传热所引起的剧烈汽化现象(例如,

熔融的铅掉入水中).[1]由此导致的局部蒸汽压力使液态材料分割成块,增加了其与水进行热交换的面积,有利于能量的传递,这种正反馈反应可能导致爆炸现象(图9.7).

当过热的堆芯熔体与水接触时,决定爆炸强度的关键参数是其初始的热交换面积,即熔化的燃料和水相互作用时被分割成碎块的程度.另外,对于压水堆,研究表明在装有水的压力容器底部、或者在因喷淋系统运作而被淹没的堆坑中的堆芯熔体熔流,燃料/水交换面积可达几千平方米,故有发生蒸汽爆炸的潜在风险.

在悲观的假设下,蒸汽爆炸,即α模式,理论上可能足以迅速和大幅度地影响安全壳完整性.尽管存在着不确定性,我们现今认为这种情况几乎是不会发生的.相应地,运营中的法国核反应堆也在程序和特殊措施中不考虑α模式.

为确保蒸汽爆炸不会导致结构破坏进而导致安全壳的密封性失效,相关的研发工作仍在进行中.

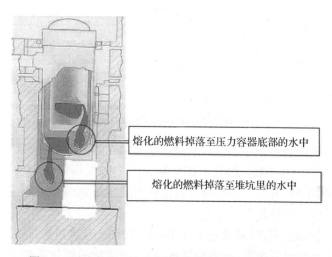

图 9.7　严重事故:堆芯熔体的熔流和蒸汽爆炸的风险

9.2.4　在安全壳中发生氢气爆炸

如前所述(见第 9.1.2 节),不仅燃料包壳的氧化反应,压力容器中其他金属的氧化反应也能产生氢气.生成的氢气可以被释放到安全壳内部.

此外,堆芯熔体与混凝土的反应也能产生一定量的氢气,在48 h 内产生的氢气的量相当于堆芯锆金属的氧化反应所产生的氢气的量[2].

触发燃烧乃至发生爆炸需要氢气、空气中的氧气和水蒸气以适当的比例混合,其中水蒸气可以抑制 O_2/H_2 的反应(图9.8).

γ模式对应的是安全壳中氢气爆炸导致的密封性失效.

区分两种燃烧:爆燃和爆轰,两者的反应物混合情况、传播速率和所带来的压力变化均有所不同.

---

[1] 切尔诺贝利 4 号反应堆的压力容器中发生了蒸汽爆炸,但这是由反应堆的中子通量状态不稳定、功率激增所造成的(见附录 A2.1).

[2] 仅在压力容器中的金属发生氧化时和在堆芯熔体-混凝土相互作用刚刚开始时,氢气释放到安全壳中的速率较高.

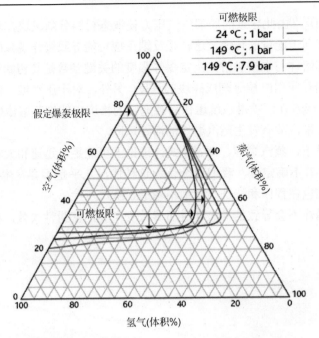

图 9.8　严重事故：对于氢气–空气–水蒸气混合物的 Shapiro 三角图
资料来源：IRSN Rapport Scientifique et Technique 2006

　　爆燃是传播速率为每秒数米的一种燃烧. 在氢气的比例相对较小时即可触发爆燃：氢气占干燥空气体积的 4% 左右. 另外，在干燥空气中触发爆燃所需的能量"势垒"较低 (≈1 mJ). 但是，如图 9.8 所示，当水蒸气的体积浓度超过 60% 时，不再有爆燃的风险：我们说水蒸气使该反应"惰性化".

　　爆轰现象中包含以超声速(通常速率在 1000～2000 m/s 数量级)传播的冲击波. 要满足以下严苛的条件才可能触发爆轰：一方面氢气–空气混合物的组分需要处于爆轰的限制区域 (图 9.8)，另一方面能量需要超过较高的触发阈值(≈1MJ). 因此在反应堆安全壳中几乎不会发生直接爆轰.

　　然而，在氢气爆燃的过程中，空气动力学的不稳定性效应或者阻碍物的存在可能导致火焰加速，进而引起爆轰. 这被称为爆燃–爆轰转化(TDD).

　　在氧化反应产生氢气后，以及在堆芯熔体和混凝土发生相互作用前，在法国压水堆安全壳中，只要其中的气体氛围不是惰性的，氢气所达到的平均浓度足以引起爆燃(见本章末的问题).

　　启用喷淋系统可以使安全壳中部分的水蒸气冷凝，进而加剧这种现象：氢气的比例浓度升高，而相应氢气爆燃的风险也升高.

　　这种比较容易发生的爆燃可能导致压力出现峰值，该峰值有可能超过安全壳设计容许承受的压力，进而影响其密封性.

　　同样，包括法国在内的几个国家已经着手在本国的反应堆中安装非能动的氢气催化复合器. 该设备的运作机制如下：在与催化板[①]接触的过程中，氢气和氧气不断地复合生成水蒸气.

_____

① 在 Mark1 类型(福岛)的 BWR 中，则是通过添加惰性气体，一般为氮气，来实现惰性化.

比如对于 1300 MWe 的反应堆，则在安全壳中分配了 100 多个复合器. 在氢气的体积浓度大约达到 2% 之后复合器开始工作，并可以在恶劣的(压力、温度、湿度、放射性)环境条件下和在地震时运行. 评估复合器的性能需要考虑来自熔化堆芯的气溶胶以及来自安全壳喷淋系统的硼酸所造成的催化板中毒.

9.2.5　堆芯熔体穿透安全壳的混凝土底板

我们讲过，堆芯堆积在压力容器底部而补给水不能恢复的情况下，压力容器将会被熔穿，堆芯熔体在堆坑底部的安全壳底板上发生扩散.

ε 模式对应的是安全壳混凝土底板被堆芯熔体熔穿导致其密封性失效的情况. 在完全穿透的情况下，最大的风险是地下水最终被污染.

在堆芯熔体的加热作用下，混凝土会发生分解[①]. 加热热量有三个来源：剩余功率(≈ 1 MW/m^3)，堆芯熔体中的金属氧化的功率和被储存能量的释放. 这种现象称为"堆芯熔体-混凝土的相互作用"现象.

在初始阶段堆芯熔体不被水淹没的情况下，可以观察到较高的腐蚀速率(熔融物向前移动).

氧化反应[②]结束后，堆芯熔体温度保持在接近 1400°C，其产生的剩余功率和被耗散的功率(堆芯熔体/混凝土界面上被散去的热量)形成准平衡，这时腐蚀的速率降低.

只要堆芯熔体/混凝土界面的温度低于混凝土分解的温度(约为 1100°C)，混凝土的腐蚀即停止，所以以水淹没堆芯熔体有利于减慢、甚至停止堆芯熔体在安全壳底板上的蔓延.

研究表明，安全壳底板在 24 小时内不会被完全熔穿，虽然根据它的特性不同(混凝土的性质，不同功率反应堆的底板厚度)，这个时间可能有所变化.

考虑到安全壳底板中可能出现管道网，运营商采取缓解的措施(名为 U4)以阻碍放射性元素通过这些管道泄漏出去，并研究了使堆芯熔体冷却、进而避免安全壳底板熔穿的措施.

9.2.6　通过从安全壳引出的管道进行旁路排放(V 模式)

因为破口而让水间接流到安全壳外面的 APRP 事故(见第 4 章)，称为"V-LOCA"事故. 这通常位于回路上的一个破口，与一回路相连但不与其隔离. 有两个可能导致该问题的产生特征：

(1)储水槽失水，使得安全注入系统在需要的时候不可能维持水的再循环；

(2)燃料包壳破裂时，裂变产物将直接排放到安全壳的外面.

考虑其严重后果，发生这种导致堆芯熔化的起因事件的概率必须要非常低. 因此，已经对设计和运营的规程进行了修改，以确保发生概率被控制在可接受的范围.

9.2.7　安全壳直接受热升温

在出现压力熔堆(>20 bar)的严重事故中，压力容器底部破裂可导致水蒸气与裂成碎块

[①]　混凝土各组分的化学键断裂，从而形成液态的氧化物(如 SiO$_2$, Al$_2$O$_3$ 等)和气体(如 H$_2$, H$_2$O, CO$_2$ 等)，继续使安全壳中的压力上升.

[②]　于是堆芯熔体主要由氧化物的混合物组成，其中包括大部分的无挥发性放射性产物.

的堆芯熔体的混合物被喷到堆坑中，然后被排放到安全壳的隔间内.

这个现象通过喷出的堆芯熔体碎块(有较大的热交换面积)的热辐射效应和接下来堆芯熔体金属的氧化放热反应，会使安全壳中的气体迅速升温. 由于这种"安全壳直接受热升温"的效应，反应堆厂房内部的压力迅速上升，所以存在安全壳完整性提前丧失的风险.

由于没有关于这种现象的缓解措施，所以为了预防起见，应该利用一回路的主动排气减压(在熔穿时压力应在 20 bar 以下)来减小压力熔堆的概率.

9.2.8　RTGV 引起安全壳旁路排放

可以看出蒸汽发生器管道破裂(RTGV)会导致第二道屏障失效并通过蒸汽线路通向第三道屏障. 这种情况会引起安全壳内的物质被迅速但有限地排放到环境中，这取决于初始存在于一回路流体中的放射性物质的比例.

另一方面，在第一道屏障失效以及情况恶化后，更多的裂变产物泄漏会导致更严重的后果.

纵深防御主要基于管道的可靠性和事故控制的最优化，通过充分利用安全注入系统来达到减少泄漏的目的(详见第 6 章).

9.2.9　快速引入反应性事故

同样可以看出，通过往堆芯中注入轻度硼化的水和/或冷水("非均匀"稀释)来快速引入反应性可能导致诸如堆芯蒸汽爆炸等的后果，影响压力容器和反应堆厂房的稳固度.

采用预防性措施(如自动化反稀释)可以减少这种情况出现的概率(见第 2.3.2 节).

总而言之，要注意目前法国核反应堆中，在切实改善纵深防御方面，已经对反应堆安全壳的不同失效模型进行了研究和探讨.

对于下一代的 EPR 反应堆，从设计开始就已经考虑到要大量减少各种事故，包括熔堆事故情况下可能导致的放射性物质排放. 这意味着要有特殊设计的措施，比如堆芯熔体的回收装置，在附录 A4 中有所描述.

9.3　严重事故的处理和保护人群的措施

相关研究所得的经验可为编写严重事故下的干预指南(GIAG)提供基础. 指南由运营商编写，目的是减小法国核反应堆中严重事故的后果，为应急团队提供援助.

实施 GIAG 时，优先的处理策略不再是保护反应堆堆芯，而是保护包围着放射性产物的容器.

GIAG 的实施将会导致事故处理团队放弃根据当时的状态而采用的处理程序. 于是相关的责任从事故处理的团队转移到了依据 GIAG 行动的应急团队，而事故处理的团队则负责落实应急团队所建议实行的措施.

"严重事故"专家同样尝试将不同的核泄漏进行分类，称为"源项". 一个"源项"是一种典型的核泄漏，与堆芯的完全熔化有关，代表安全壳的一种失效模式. 它用于定义在最终条件下保护人群的各种行为.

从 1979 年起，定义了以下严重递减的三种"源项"：

例如，S3"源项"对应的是通过安全壳的通风排气和过滤系统的核泄漏，发生在事故开始后的 24 h 到 48 h 之间.

从 1979 年起，对这些"源项"特别是 S3 进行了重新评估. 因此，考虑到放射性碘和气溶胶的行为存在着巨大的不确定性，表 9.2 仍可作为一种参考.

表 9.2　以来自堆芯的放射性核素的初始活度表示的源项

源项	S1	S2	S3
对应的放射性核素	安全壳失效短期内(几小时后)	延迟后的直接泄漏(24 h 后)	延迟后的间接泄漏(保留部分的裂变产物)
稀有气体	80%	75%	75%
无机碘	60%	2.7%	<1%
有机碘	<1%	<1%	<1%
铯	40%	5.5%	<1%
碲	8%	5.5%	<1%
锶	5%	<1%	<0.1%
钌	2%	<1%	<0.1%
镧系及锕系元素	<1%	<0.1%	<0.01%

在 20 世纪 80 年代初，法国政府曾尝试探讨源项与核电站周边人群的保护措施之间的关系. 考虑到法国核电站选址的特征，对于一种属于 S3[①]"源项"的核泄漏，在事故发生后的 12~24 h 内可以实行以下措施：

(1)对事故发生地半径 5 km 内的人群进行疏散；

(2)对事故发生地半径 10 km 以内的人群进行掩护，并派发稳定性碘(即碘-127).

目前人们倾向于认为对于 S3 源项，应该撤离 6 km 内对放射敏感的人群(幼儿)，并对 18 km 内的人群进行掩护并派发稳定碘. 考虑到相关的不确定性较大，对特殊干预计划(PPI)并无修改.

在 2000 年间设计的新一代核反应堆对严重事故的社会可接受性有不同的评价标准，比如 EPR 更严格地限制"最大允许的核泄漏"(见附录 A4).

9.4　基于 2 级安全概率性研究的安全审查

法国的核反应堆安全性研究主要依据确定性方法，安全概率研究(EPS)通过特别的调查方法(见附录 A1)可以对前者进行补充.

依据不同后果，EPS 分为三个等级：

(1)1 级 EPS 通过评估发生的频率，鉴定可导致堆芯熔化的一系列事件；

(2)2 级 EPS 评估排放到安全壳外的放射性物质的性质和数量，以及评价相关事件的发生频率；

(3)最后，3 级 EPS 可以评估事件发生的频率和后果(后果以剂量和污染程度来衡量).

---

① 在实际中，放射性碘的泄漏影响着短期的事故管理，而铯的泄漏则影响着中期乃至长期的事故管理.

　　2 级 EPS 也可以对有关严重事故的风险进行鉴定和分级，如图 9.9 中所归纳的对 900 MWe 核电站的第一版研究.

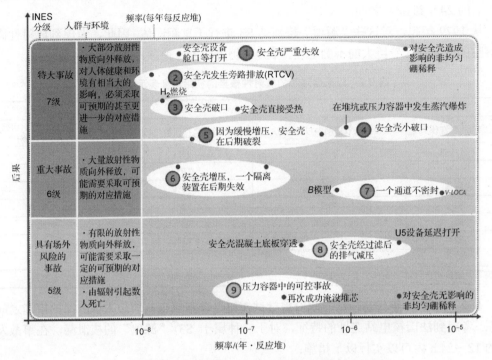

图 9.9　2 级 EPS-900MWe：频率/后果综合图（INES 尺度）
资料来源：IRSN Rapport Scientifique et Technique 2008

　　因为简化了部分假设，所以要对分析结果持谨慎的态度. 然而，这些结果一方面有助于明确进一步的研究[①]，另一方面也可以鉴定设施里可能存在的缺点，进而对其进行适当的改善.

　　因此，2 级 EPS 作为一种决策辅助，在法国核反应堆每十年进行的安全性审查[②]时，可用于决定是否应引入新的修改以应对"严重事故".

9.5　小　　结

　　在三里岛核事故发生后，当局决定增加一道纵深防御的防线，应对堆芯熔化后的事故管理，以最大程度地保障安全壳的密封性. 在法国，核安全局强制要求运营商每十年进行一次安全审查，在对安全壳失效风险进行评价、分级和处理的基础上，使核泄漏水平至 S3 源项以下. 目前国际间的合作研究和实验可以使人们更好地理解严重事故并保证合理的处理方法. 同样，应急管理的措施可以引入纵深防御的最后一道防线，以减轻放射性物质泄漏到安全壳外后对环境造成的不利影响.

[①] 例如，关于淹没堆坑的不同策略的优点和缺点、或复合器引起安全壳内气体燃烧的风险的研究.
[②] 这个每十年一次安全性审查的概念，可以增加人们对于严重事故的认识，而这正是福岛核电站所缺少的：这是引起福岛核事故的其中一个原因.

问题 12　对严重事故中安全壳稳固性的研究

假设功率为 1300 MWe 的反应堆中发生 APRP 大破口事故，安注失效使情况恶化，导致堆芯失水裸露.

研究以上情况对安全壳稳固性的影响.

1. 一回路排气减压阶段：因为 APRP 大破口事故，安全壳中压力上升

我们关注在时间区间(0～30 s)内的一回路排气减压以及安全壳中压力上升的阶段. 此阶段有以下特征：

(1)一回路与安全壳中压力相等；

(2)因为水蒸气冷凝，安全壳压力开始下降.

假设安全壳为点状，内部的初始状态是 1 bar 干燥空气，20°C.

在考虑的时间区间内，因为破口引入物质和能量，安全壳内的压力上升. 我们在此考虑饱和水蒸气释放的效应.

(3)列写安全壳中的(水蒸气)质量和能量平衡方程.

(4)混合物(空气+水蒸气)近似被认为是理想气体，根据已知的数据写出 $\dfrac{\mathrm{d}P}{\mathrm{d}T}$ 的表达式.

(5)估算在 t_0+30 s 时刻安全壳内压力的峰值.

在考虑的时间区间(0, 30 s)内，我们取中破口的水蒸气流量 $q_{\mathrm{brvap}} = 3000\ \mathrm{kg/s}$，且忽略水蒸气在安全壳壁上的凝结作用(在此阶段，EAS 尚未开始).

忽略液态水在安全壳底部的积累.

数据：

(1)P′4 反应堆的安全壳自由体积为 65000 m³，设计容许压力：5.2 bar.

(2)理想气体混合物的状态方程

$$P(t) \cdot V = \frac{\gamma - 1}{\gamma} \cdot m(t) \cdot C_{\mathrm{p}} \cdot T(t), \quad 其中\ \gamma = \frac{c_{\mathrm{p}}}{c_{\mathrm{v}}} = 1.3$$

(3)理想气体混合物的焓与温度关系

$$h = C_{\mathrm{p}} \cdot T(K) + h_0, \quad 其中\ h_0 = 1900\ \mathrm{kJ/kg}$$

2. 氢气的风险评估

之后我们假设堆芯正处于失水裸露状态，50%的锆合金燃料包壳被氧化，而且所有的氢气都从破口逸出到安全壳中. 压力容器则是完整的.

(1)计算燃料包壳氧化所产生的能量.

(2)给出氧化反应中产生的氢气质量.

(3)假设水蒸气不冷凝，估算在安全壳中的气体混合物(空气+水蒸气+氢气)各物质的平均摩尔(或体积)百分比.

(4)验证混合物的各物质比例是否会带来"氢气"风险(爆燃和爆轰).

(5)水蒸气冷凝带来的影响是什么(自然冷凝在安全壳壁上和 EAS 投运后的效果)？

可忽略氢气的次级来源(如辐射分解).

数据:

(1)锆合金包含了 98%质量的锆(Zr). 在 P'4 堆芯中锆合金的质量是 28000 kg.

(2)燃料包壳的氧化反应

$$Zr + 2H_2O \longrightarrow ZrO_2 + 2H_2 + Q, \quad 其中 Q = 7.7 \, MJ/kg \, Zr$$

(3)锆的摩尔质量= 91.2 g/mol.

(4)shapiro 三角图:见图 9.8.

3. 安全壳裂纹泄漏的研究

压力上升至约 5 bar 时,在反应堆厂房内部的结构上会产生拉伸应力. 若此应力达到混凝土预应力水平,安全壳中可能会出现裂缝.

若其中的一条裂缝横穿安全壳,我们则认为内安全壳的密封性失效. 在实际应用中,密封性失效指的是每 24 小时泄漏率大于或等于其内部气体质量的 1.5%.

我们假设在安全壳的整个壁和穿顶沿竖直方向上有一条宽度为 l 的裂痕(即 $L \approx 150$ m),钢筋混凝土和预应力混凝土中的钢阻止了结构的突然碎裂.

我们想要估算在不违反密封性准则的情况下所允许的最大裂纹大小.

把裂痕近似看成宽度为 e,两个光滑的无限大的平行面,则可以运用泊肃叶定律,假设流体为层流,而且空气是牛顿理想气体.

记 P_{BR} 为内部压强,P_{atm} 为外部压强,E 为安全壳的厚度,l 为裂痕的宽度,于是从其中出来的气体体积流量 Q_s 可以表示如下:

$$Q_s = \alpha_{Pois} \cdot \frac{L}{E} \cdot \beta(P_{BR}^2 - P_{atm}^2)$$

α_{Pois} 由空气的性质(黏度)决定,与温度有关.

在一个大气压和 20℃ 下,空气的 $\alpha_{Pois} = 0.023$ (SI).

(1)写出安全壳中空气的质量平衡方程;把潮湿的空气假设成温度恒定的干燥空气.

(2)不用解微分方程的方法,而是做出一个简化问题的假设,使得可以简单地、保守地估计裂痕允许的最大值.

(3)得出结论.

安全壳的数据:

(1)内安全壳的厚度:E=1.2 m.

(2)内部面积:S=7000 m^2.

第 10 章　结论：控制压水堆系统中事故工况的一些方法

在本书的最后一个部分中，我们将从技术以及组织这两方面来定义一些方法，用来保障反应堆系统事故工况得到控制的有利条件[①].

10.1　对于复杂系统内相互作用以及内部反馈作用的分析

如同之前章节中的介绍，压水堆是由一些动态系统组成的，一些短暂瞬时的行为很难被提前预测. 这是因为各个物理量之间相互依赖影响，彼此耦合并且非线性，随着时间的推移，将会相互影响，形成恶性循环.

在这里，我们首先回顾一下作为压水堆这样一个复杂动态系统的相关性质：

(1) 设备与其所处的环境长期存在物质、能量以及信息的交换，由于会产生放射性的材料，因此在任何情况下都会被完全封闭起来.

(2) 动态相互作用存在于系统的子部分之间. 这一点已经在蒸汽管道破裂事故(第 3 章)中做了详细的介绍，这个事故的起因与封闭二回路蒸汽管道相关，事故的后果与堆芯相关，会导致临界状态的突变以及功率骤增，直到多普勒效应的介入.

(3) 物理现象通过一些负反馈回路相互关联，即某些参数变化会引起反应性的负反馈从而减缓甚至抑制参数的继续恶化.

在反应堆运行期间，一些热工水力方面的负反馈作用十分明显，这也解释了反应堆系统在出现破口、一回路流量损失等情况干扰下的调节适应能力(参考表 10.1).

表 10.1　压水堆系统热工水力方面的负反馈作用举例

压强下降时稳压器的动作	当系统内压力下降时，稳压器通过开启加热器(液体的蒸发大于蒸汽的冷凝)来保证系统内压强的稳定
蒸汽发生器中的不凝结气体产生	在蒸汽发生器管道一回路，通过增加一回路压强来抵消不凝结气体积累导致的压强下降，以实现换热表面的稳定
自然循环(情况 H3)	通过增加自然循环的 ΔP (通过穿过堆芯时的加热)和降低摩擦压降 ΔP 稳定一回路流量，这两者都与泵停下来之后一回路中的流量损失相关
小破口的质量守恒(单相流体)	一回路质量的守恒，通过增加安注系统注入的流量以及减少破口流出的流量，阻止稳压器水位下降，也就是阻止破口引起的压力下降
中型破口的能量守恒(两相流体)	一回路能量的守恒，是通过减少向蒸汽发生器能量的传递以及破口能量的耗散，以阻止由于破口引起的压力温度双重降低(一回路中为饱和流体)

(4) 轻水堆的特性在于通过负反馈作用调节核反应，保证了这类反应堆的固有安全性，也就是链式反应的自稳定性.

---

① 本书工作主要是针对发电功率为 1300 MWe 的机组，但是这里的结论对于其他功率水平的机组也是同样适用的.

多普勒效应以及慢化剂的反馈作用[①]，加上控制棒系统对链式反应的控制，保证在基负荷运行和堆芯出现较小扰动的工况中有效实现反应性的控制. 这同样适用于快速反应的事故，比如弹棒事故(第 2 章).

这一点是水作为慢化剂的反应堆和石墨作为慢化剂的反应堆的本质区别(RBMK). 因为后者特殊的设计，切尔诺贝利的四号机组在 1986 年 4 月进入中子不稳定状态，出现了正反馈. 对于这些不稳定情况，设计者"容忍"了它的存在，并且运营商也不了解情况. 这种情况引起了功率的不可控激增，直接导致了严重事故，这起事故是已知的最重大工业事故之一[②](参考附录 A2 的描述).

在一个对核电生产充满怀疑的背景下，证明对裂变链式反应的有效控制对于获得公众的接受是必不可少的(但也是不够的).

从本书的第 1 章到最后一章，我们已经认识了一些不稳定的正反馈反应，它们发生在放射性物质和环境之间的第一道和第三道安全壳屏障之间：

(1)锆与水的反应导致包壳的氧化：这是一个放热的化学反应，使堆芯迅速升温，导致堆芯的熔化以及氢气的产生.

(2)在堆芯熔化后，氢气的爆炸：产生的氢气在安全壳中释放和燃烧. 同样地，燃烧化学反应变成一个链式反应，通过产生的热量维持反应的进行.

(3)通常在堆芯熔化后，蒸汽爆炸：堆芯熔化后，熔融物会流向压力容器的底端或者一些坑内的水中，导致水的强烈蒸发，因此局部压强会使得堆芯熔体破裂同时通过增大换热面积来继续促进蒸发.

这些现象带来双重论题：从原则上，对于一个复杂的动态系统来说所有的正反馈回路都是要避免的，甚至是应该被彻底消除的. 同时也可以观察到这些现象之间的因果关联：包壳的氧化可能导致了堆芯的熔化、压力容器的穿孔、氢气以及(或者)蒸汽在安全壳内的爆炸.

我们期待工业上开发一种新型的燃料包壳材料，更加不易被氧化，这样，我们就可以防御上文提到的三类恶性事故：

(1)对于第一类，方法在于定义一些安全准则和临界值(不超出这个临界值可以确保极快加速反应不会出现).

(2)对于后面两类，提前采取预防措施能够预防氢爆或者安全壳内的蒸汽爆炸.

10.2　考虑安全的主要论题：功率的疏散

本文工作已经证明了关于压水堆安全问题的主要论题在于堆芯热功率的导出.

事实上，核能之所以拥有相当惊人的功率密度，是因为核子之间的键能比电子之间的键能大了 100 万倍，这是由核反应本身的性质决定的. 这个性质也解释了堆芯在运行中拥有极大的核功率密度的原因.

---

① 回顾选择时的必要性，在设计中，一个欠慢化堆芯，在运行中，硼浓度受限.
② 后果是堆芯的蒸汽爆炸，而不是如同原子弹一样的核爆炸.

因此，堆芯设计的限制条件与热功率以及热功率在堆芯内的分布相关，堆芯中功率分布不均匀可能会导致平均温度还未到达其熔点，就使得燃料及相关材料被损坏.

事实证明，在事故情况核电站设计的反应堆保护系统在一定程度上是安全可靠的. 紧急停堆系统能够瞬间将所有控制棒插到堆底，从而抑制裂变链式反应.

但即使在停堆之后，运行过程中形成的裂变产物以及极少量的锕系元素依旧携带着大量能量，我们称之为反应堆余热.

经过所有轻水堆设计者的鉴定，反应堆功率安全性的关键点在于保证无论什么情况下都可以将堆芯的热量导出.

但是，如上文所述，这项功能受到三个条件的限制：

(1)导出堆芯热功率，要求包壳与液态冷却剂直接接触(堆芯被淹没，且没有运行时的膜态沸腾的风险).

(2)将堆芯的功率传递给"冷源".

(3)向冷源导出功率，通常是通过蒸汽发生器的二回路流体，在特殊情况下通过一回路的蒸汽向安全壳的疏散，同时补足水.

第二个条件不是最大的问题，当一回路主泵不工作时，从包壳向蒸汽发生器管道热量的传递可以通过自然循环(单相或两相)，或者潜热传递(暖气管模式)这样的"非能动"方式来完成. 因此，关键要做的，也是最重要的是保障另外两个条件.

福岛核事故(沸水堆(BWR)，2011 年 3 月)就是此类事故的典例，它是由海啸引起(参考附录 A2 以及第 5 章)的电力供应以及冷源的完全丧失.

为了保证堆芯导热的实现，最有效的方法是设置一些备用给水系统，称之为安全保护系统，在出现事故情况时快速启动，向一回路(RIS)、二回路(ASG)以及安全壳(EAS)补充水.

这些系统的设计包括：

(1)大的水储存容器，可以通过较强的热惯性自动排出水；

(2)有一些主动或者被动的方式保证冷却剂能够导入堆芯；

(3)设置热交换器，能有效避免温度的上升，并反复发挥作用.

还有一些功能性的要求，如冗余的后备系统分区间放置，系统载体的多样性(如水、能量等)，以及长时间运行时和荷载状态下的安全可靠性的要求.

另一方面，我们看到，当另一种有异于热量导出的安全功能优先时，那些指导事故发生后的相关程序能够对某些系统停止工作发出预警. 如以下这些情况：

(1)与 RTV(安全功能"控制链式反应"优先，见第 3 章)有关的蒸汽发生器的辅助给水系统(ASG).

(2)受到 RTGV(安全功能"封闭"优先，见第 6 章)影响的安全注入系统(RIS)以及蒸汽发生器的辅助给水系统(ASG).

这些指导策略完全有根据，然而却有可能造成冷却剂来源失效，因为这些策略是人为过失的潜在源头.

10.3　经验反馈和周期性安全复查的重要性

从实际操作的角度上，当我们对法国压水堆发生的事件做出经验反馈的时候，可以发现核电站三条首要的纵深防御体系能够避免所有事件恶化成事故[1].

通过这个有利的经验反馈，大致得出设定基准的边界限制，这是堆芯设计的必然要求，在日常运行中通常也采取这样的措施.

随着时间的推进，三条纵深防御线会被有规律地强化，一方面通过运行经验的反馈，另一方面得益于周期性的安全复查.

(1)国内以及国际间的反应堆运行的连续分析和经验分享，事实上，通过收集和分析一些低级预警信号、潜在事件发生或恶化的先兆，对于完善对"复杂系统"的认知是非常必要的[2]. 比如，运行经验的反馈能够更清楚地了解热工水力现象，从而更好地描绘反应堆的不同物理状态，这些并不是一开始就能被设计者辨别清楚或者正确解释的(表 10.2).

表 10.2　通过经验反馈识别清楚的热工水力现象

Dampierre(法国，1980)	活塞效应对稳压器内的压强产生不对称的效果，引起初态和末态之间蒸汽物质的量的变化(参考附录 A0.1)
Ste Lucie(美国，1980)	自然循环以及过快的降压都会在压力容器顶端形成气泡(参考第 5.1.3 节)
TMI2(美国，1979)和先兆预警	当质量核查损坏时，在破口处会出现蒸汽泄漏，引起稳压器内测量到的水平面上升. 对于这个现象的理解有利于纠正"稳压器水平面总是能够反映一回路水量"这个错误认识
Ginna1(美国，1982)和先兆预警	当排放水以及二回路安全阀门关闭时，RTGV 能够变成"安全壳外"的一回路破口. 失去一回路主泵，GVa 的一些回路循环会出现阻碍，由于存在后排放效应，会出现不均匀稀释的风险(参考第 6.2 节)
Bugey2(法国，1987)	一回路主泵停止工作时，在蒸汽发生器环形管道中出现大量的不凝结气体，会阻碍在回路中自然循环的建立(参考附录 A0.2)
美国和法国的一些反应堆(20 世纪 90 年代)	当蒸汽出口只出现在冷端、冷却干预停止以及冷却水丧失的情况下，出现堆芯裸露的时间非常短(如"冷"水箱). 聚集在热端的蒸汽形成大的压强，对流体产生驱动，使其在出口处迅速排出(参考第 4.4.3 节)

(2)安全复查，每十年采用一个新的安全要求基准，将运行经验反馈考虑在内，以此完善认知以及优化国际标准.

福岛核电站的选址缺少形式分析是这个事故的一个深层原因(参考附录 A2). 它的严格应用将会使运营商提高设备标准，因为会考虑到已经被一些专家证明了的发生地震或者海啸时存在的风险.

一些好的实践措施，能够保证纵深防御线的有效性，属于运行安全文化的范围，也属于独立安全职能部门起到调节作用的范围.

---

① 根据将事故分为 7 个等级的 INES 标准，出现在法国压水堆核电站最严重的事件是第 2 等级.

② 我们称之为弱信号、偏差、异常、技术，人为或组织领域的事件，可以更好地理解认识社会技术体系，部分较为"隐晦"是因为它的复杂性.

10.4　经验反馈的教训：事故的发生有技术、人为以及组织层面上的原因

我们已经看到，在 1979 年三里岛事故(第 7 章)之后，法国核电站在安全方面取得了一些十分有意义的进步．

即使对于今天[1]，这个事故依然促成了压水堆安全设计基准的制定．通过切尔诺贝利事故以及福岛事故可以汲取很多直接或间接的教训，两个电站的设计以及历史或地理背景环境都是有所差异的，由此便可以以一种更加明确的方式来补充安全准则．

此外，这些事故还引发了"安全文化的革新"，因为大家意识到核电站不仅是发电技术的体现，更是构成社会技术系统不可或缺的因素．

事实上，在首批核电工业启动时期，在 20 世纪 70 年代，我们认为安全是通过安全可靠的技术来保证的，所有的事故都可以靠这些自动保护和保障系统抵御．

另外，众所周知导致 TMI2 中发生堆芯熔化的原因是其中一个设备的误操作，更加准确地说这是属于组织管理的范畴．

这让我们意识到人因与组织管理的重要性，这两方面已经在法国核电站中得到提升，如完善主控室人因工程，提高指导程序的质量，加强操作员的培训，优化指导团队的构建等．

对于切尔诺贝利以及福岛事故的分析，进一步确认了核安全组织管理范畴的重要性．

10.5　对意外变故做好准备

大众还不了解 TMI2 事故的发生细节．原本大家认为偶然事件与物质失效和(或)人因是不可能共同导致事故的．但是分析证明，这类情况是有可能发生的，我们也需要对运行策略进行反思．

因此，由国家安全机构制定的事故发生后的处理方法(第 8 章)在所有法国核电站都强制实施：从今以后，我们不再对"理解"事故[2]感兴趣，而是更加注重在实际情况下对反应堆物理状态进行判定，并且根据不同的状况制定合理的应对策略．周期性的分析过程加强了对电厂各类状况的理解，并重现可能的人为失误．这能更好地控制一些没有被设计者预先估计到的情况．

福岛事故就是一个没有被预先估计到情况的例子：如果在设备的设计中能够充分考虑各类威胁(如地震、水灾等)，就能够对由于假设的、但是可能存在的、同时又超出设计范围的危险后果进行准备，预防出现由某个原因导致的多重故障．这个事故启发我们要充分进行设备运行经验的分享，尤其是充分接纳事故电站团队人员的管理经验．

近年来，发展起一个新的安全组成部分，叫做经营管理，它集中政府资源以发挥全社

---

① 对于公众来说是不合常理的，因为这个事故比较久远(1979)而且不太被大家熟知．

② 当原因树形图建立时，这个分析会被实施．

会的力量，来提高面对意外变故的能力(附录 A3).

这些安排不仅属于我们已经见过的运行经验反馈原则、周期性的安全复查、国家指定措施等范畴，而且属于管理重大事故以及危机的准备范畴.

10.6　为管理重大事故以及放射性泄漏做准备

TMI2 事故的最后一个重要教训：引进两条新的纵深防御线的必要性，一条与重大事故的管理相关，优先或者维持封闭性，另一条与优先保护人群的危机管理相关.

一些已经着手进行的研究主要是针对"堆芯熔化"事故：堆芯熔体和混凝土的相互作用，蒸汽的爆炸，氢爆等(第 9 章).

随着不断总结经验，法国核电站中已经实施了一些物资和组织上的安排，以应对可能发生的"堆芯熔化"与"安全壳丧失完整性"的双重事故[①].

补充说明，在放射性泄漏的假设中采用一些措施，一方面是为了限制放射性后果(在一定时间内推迟泄漏或部分过滤)，另一方面是为了保护人群(封闭性，特别是撤离疏散).

10.7　将来设施设计的变化会纳入这些教训

在目前的核电站内进行的安全概率研究似乎可以证明，由内部原因导致的严重事故的风险容易得到很好的控制. 对于这些事件，可能达到由 R.Amalberti 定义的"超确定系统"的演变事件.

然而，核电站设计中的一些优化可以更好地抵御外部威胁、人为失误和故意损害等事件. 新一代的核电站的设计使其能在面对更严重的干扰和威胁时，抵抗力更强. 通过加入一些更高基准的设计，这些新型反应堆在安全方面呈现出新的特征：

(1)加强堆芯自稳定性，实现了反应性的有效控制；

(2)推迟堆芯裸露的时间，更有效地导出热功率；

(3)加强混凝土安全壳的完整性，即使堆芯熔化也能保持密闭性.

第一点毫无疑问对于各种各样的轻水堆都能够适用.

为了完善第二点，设计者提出两个思路：

(1)因为反应堆复杂的结构设计，我们更愿意积累上一代反应堆的运行经验反馈，并依赖于经过考验的技术，采取幅度较小的系统革新：比如增加水的储备体积，增加冷却剂的冗余供应设备(如容器、泵、交换器)；

(2)较为复杂的设计更新，比如建立一些非能动安全保护系统(附录 A4).

非能动安全保护利用自然定律，也就是重力、自然对流(阿基米德力)、气化潜热、依赖大型水容器的热惯性以及超高压开启阀等技术. 很明显，非能动安全减少对控制操作的依赖，也就是对电力供应的依赖，但同时也存在一些设备故障的风险. 非能动安全能够为人为干预赢得更多的时间.

_____

① 这个耦合出现在福岛核事故中，是由氢爆造成的.

但这个方案同样需要实践证明它的有效性和可靠性，并与能动安全措施作比较[①]. 它不是唯一的解决方案，经过考验的传统能动安全系统加强后备系统也可以使设施更加安全可靠.

最后一点：当出现堆芯熔化时，维持安全壳的完整性. 这就要求：

(1)排除所有能导致立即或大量放射性泄漏事故的先兆预警故障或密封旁路开启的可能性；

(2)出现低压熔堆甚至放射性泄漏的情况，此时只需要采取保护人群和环境的相关措施[②].

以上的讨论可以归纳为：无论堆芯熔化的起因是什么，都是小概率事件，它与安全壳完整性丧失事件同时发生的概率必须是无穷小的.

10.8　是否需要更多的安全？

最后，我们简单地综合概括前面所说的：核电站是构成复杂社会技术系统的重要因素，确实存在潜在的危险，但现在已经积累了很多电站运行的经验反馈，如果我们能综合一些物资、人力以及政府的扶持，这些危险就能被很好地控制.

当然，考虑到已经取得的进步，"促进核安全的进步"[③]影响每度核电的成本. 因此，从今以后，在安全设施上的投资，需要考虑到收支平衡，考虑到国家、参与者(运营商，公共权利)的不同立场，并考虑到社会经济环境以及公众意见施加的压力.

在福岛核事故之后，国际团体对加强安全标准的呼声很高.

应该继续保持警惕，记住这样重大的事故曾出现在科技发达并且有强有力的控制手段的国家. 同时也要记住，无论如何，这种事故都会导致大范围的放射性泄漏，甚至激发人们再一次的"反核浪潮".

---

① 例子：即使线路堵塞，也维持自然循环的有效性，证明高处的水容器对地震的耐力等.
② 不会立即扩散到远方，不用长期提供额外的住宿，不会长期限制食物的生产.
③ *Enhancing Nuclear Safety* / *Faire avancer la sûreté nucléaire*，辐射防护和核安全协会的标志.

附录 A0 热工水力学系统补充

原子工程丛书中的核反应堆热工水力学相关工作是单相流体和两相流体、压头损失、沸腾和冷凝的热交换等研究工作的基础. 此书还提供了很多堆芯热工水力学的信息，如燃料元件热学、堆芯流体力学与热交换.

本附录提供了一些与热工水力学系统相关的补充性内容：

(1) 元件的物理功能：稳压器和蒸汽发生器.

(2) 强制对流和自然对流以及自然对流的驱动条件.

A0.1 一回路设备的物理性质——关键物理量的测量

A0.1.1 稳压器的水位与压力

在一回路中，稳压器用于维持一个安全正常运行对应的压力值. 其功能包括：

(1) 不引入过多压力变化地补偿一回路的体积改变；这个体积改变可能源自一回路流体的膨胀/收缩现象(温度效应)以及水的补充或排出；

(2) 在 155 bar 附近调整一回路的压力值；

(3) 防止一回路超压.

为了完成这些任务，稳压器由一个与一回路热管道相连并容纳有一层饱和水蒸气覆盖的饱和液状水容器组成. 在稳态下，水的两相处于热力学平衡状态.

得益于其可压缩的性质，稳压器中的水蒸气能减弱一回路压力增长.

为了保证对一回路压力的调节功能，稳压器配有：

(1) 一个液相电加热装置，用于汽化部分饱和液态水；

(2) 一个喷洒由冷支流引入液态水珠的喷淋装置，分散气态水，从而保证冷凝部分的饱和水蒸气(图 A0.1).

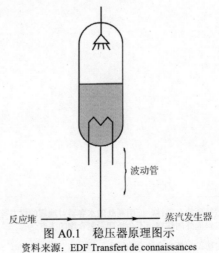

图 A0.1 稳压器原理图示

资料来源：EDF Transfert de connaissances

现在考虑工作效率：假设一切其他设施都是一样的，由电加热器(约 2 MW)总功率带来的压力上升最大梯度是每分钟 1～2 bar 的量级.

喷淋装置在最大流量工作情况下维持最高效率是非常重要的，一般每分钟降低 10～15 bar. 如果其被证实不足以阻止一个快速的增压，那么可以使用启动一个排出气体的Sébim 装置来代替喷淋.

稳压器中压力的行为通过变量确定：

(1)稳压器水位，其与一回路的膨胀/收缩现象以及一回路水交换(如加载-卸载 RCV)引发的体积变化相关，这一变量反映了气相占有的体积(活塞效应)；

(2)与气液态物质交换相关的气体物质的量，有时可由加热器/喷淋装置的组合活动改变，有时由各相可能存在的热力学失衡引发.

后者在此后会有说明.

压力-焓图像(图 A0.2)更适合理解稳压器中的两相行为. 在这个图中，我们绘出如下点的位置：

(1)液态水正好达到饱和点(曲线 $h_{lsat}=f(P)$)；在此之下，液体处于欠饱和状态；

(2)气态水正好达到饱和点(曲线 $h_{vsat}=f(P)$)；在此之上，气体处于过热状态.

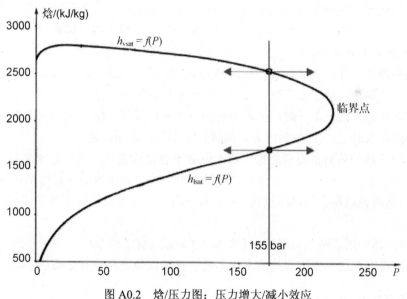

图 A0.2 焓/压力图：压力增大/减小效应

我们注意到：

(1)两条曲线交会于临界点(对于水 $P=221.2\,\text{bar}$). 在此临界压力之上，仅存在一种相，流体被称为超临界的.

(2)液体与气体达到平衡，处于压力 155 bar 的状态是一个在稳压器中具有代表性的混合点. 在曲线中，其介于曲线 $h_{lsat}=f(P)$ 和曲线 $h_{vsat}=f(P)$ 之间.

当中间过渡态很漫长且加热器与喷淋装置稳定工作时，两相实际上处于热力学平衡状态($h_l=h_{lsat}$ 和 $h_v=h_{vsat}$)；反之，如果中间过渡很快完成，或者如果不再有加热器以及喷淋装置稳定工作，则会产生一个敏感的、持续较长时间的两相不平衡状态.

考虑如下状态：

(1) 一个无加热无喷淋平衡状态的初始情况；

(2) 一个由干扰导致的增压（如一回路水膨胀，造成稳压器中气态水层压缩液面上升）.

正好饱和的水蒸气，处于几乎等熵压缩状态（不存在与外界的热交换），升温幅度很小，同样刚饱和的液态水也趋向于恢复到一个欠饱和状态.

并且由于汽液界面的传热（也可能是稳压器外壳的热流失），相间温度不平衡. 这种状态很不利，使得重新回到平衡状态可能需要很长时间.

这个状态在热支流的欠饱和水涌入稳压器时要特别注意. 在加热器不工作情况下，我们将观测到一个液态水的热学分层现象（具有热支流温度的水在底部，并在与气态水接触面呈饱和态）.

在一个相反的降压扰动和相同的初始状态条件下：

(1) 水蒸气膨胀；因为一开始水蒸气处于正好饱和，一部分水蒸气将开始冷凝，剩余部分维持饱和状态.

(2) 初始处于饱和状态的液态水开始部分汽化，其余部分维持饱和状态. 后者的效应占主导，整体气相组分的增加会限制压力的下降. 我们发现存在一个阻碍水蒸气生成的热工水力反效应，在这种情况下，两相处于饱和状态，但存在两相物质转换.

在 1980 年的 Dampierre 事件之后，法国对这些效应进行了研究.

随着主泵停止工作，稳压器的正常喷淋失效. 由于一回路流体压缩降温，受气液相组分转换影响，伴随稳压器压力下降，可以观测到水位也缓慢下降.

当水位在初始基础上上升时，可观测到由气态相的等熵压缩带来的压力快速变化.

这一事件在 REP 蒸汽发生器原子工程研究工作中被详细描述.

此外，应注意的是测量得到的稳压器水位并不总是代表一回路液态水总量. 事实上，可能同时有液态水在稳压器中并有水蒸气在循环回路中；以下就是这种情形：

(1) 当自然对流过程中的降压过快时，会有气泡在压力容器顶盖下部生成（参考第 5.1.3 节）；

(2) 在稳压器中的水蒸气被释放时（参考第 7 章的 TMI2 事故）.

因此，对在饱和边界发生事故的水位测量信息加以验证是很有必要的.

A0.1.2　蒸汽发生器水位

蒸汽发生器主要的工作原理在原子工程丛书介绍的 REP 热堆工作中有相关描述（图 A0.3）.

我们在这里回顾几点，尤其是关于水位测量方面的知识.

GV 的水位是在环形区域测量的，我们是通过测量压力梯度实现的. 此梯度代表两个水柱的质量差，其中一个水柱的高度为定值（参考水柱），另一个的高度是变值（我们想要测量的水位）.

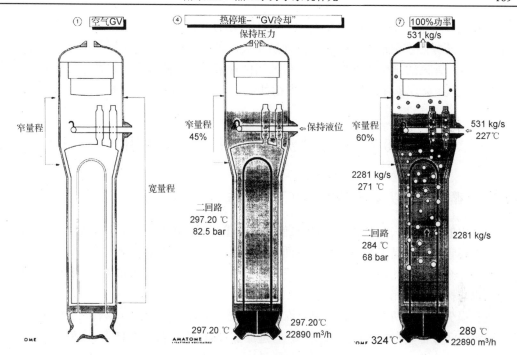

图 A0.3　蒸汽发生器水位

资料来源：transparent EDF

蒸汽发生器存在两个高度的接管：

（1）宽量程（GL）测量两个两极接管间的压力差；

（2）窄量程（GE）测量两个上部接管的压力差．

考虑到压头损失的分布，我们认定 GE 代表了 GV 的程度（在相近的密度修正下），GL 代表 GV 中水的质量，特别是在 AAR 启动之后．

我们正是用窄量程来调节水位和限制 GV 的水位过低（15%GE）的．

当窄量程的水位给定后，基于管束载荷下的排空率增加法则，弱负载的 GV 中水质量比强负载的大．

此外，为降低弱负载情况下的水流量，也为减轻冷却剂事故后果（RTV 型，参见第 3 章），一般都固定一个负载水平在 $0\%P_n \sim 20\%P_n$ 的范围（图 A0.4）．

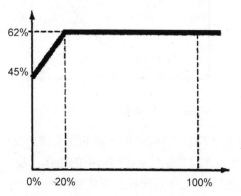

图 A0.4　载荷下的 GV，GE 规定水平

在自动停堆情况下, 我们会观察到一个 GE 水位下降现象. 事实上, 考虑到汽轮机的脱扣以及堆芯释热在蒸汽发生器处的持续热交换, 我们记录到二回路饱和压力的快速增大现象. 因此, 管束的排空率下降, 由环状区域到管束的水重新分布, 这两个特征都在 GE 测量时被发现. 此现象在原子工程丛书介绍其他工作部分中被详细描述.

A0.2　一回路流体循环: 次运输作用

A0.2.1　循环特点以及泵-强制循环下的工作

循环中的压头损失($\Delta P_\text{résistant}$)与机械能通过热量形式的消耗一致, 这一消耗一方面源于流体和循环管路间的黏滞摩擦, 另一方面来源于通道不规则性的影响.

需要一个大流量的环路用于限制对堆芯冷却剂的升温幅度小于 40°C(Q=23000 m³/h), 这一点也与标准状态相符, 即压力在 7~8 bar.

压头损失集中的两个主要位置是: 堆芯(约 45%)和蒸汽发生器 U 形管(约 45%). 事实上, 这两个区域都具有: 入口区域变窄, 管道摩擦(燃料棒和 GV 的 U 形管)和出口区域变宽的特性.

为了补偿与这些压头损失相关的机械能损失, 因而保障一回路流体流动, 我们需要泵送的方法: 每一回路因此装配有一组主电动泵.

每一个泵的单位水力学功率大致为 5 MW, 考虑到效率, 电功率的值接近 6 MWe. 因此, 在正常情况下, 总共有 24 MWe 的电能被消耗(这些泵没有备用电力供给), 20 MW 功率通过热的形式被发散, 这些都对反应堆的能量分析起重要影响.

一回路(ΔP_moteur)的主泵做功可以补偿压头损失. 欧拉定理给出了泵的 ΔP_moteur 和加压输送的质量流量 q 的线性减小关系; 事实上, 考虑诸多因素, 如泵中的压头损失, 加压运输的压力特性-泵的流量是更加复杂的(图 A0.5).

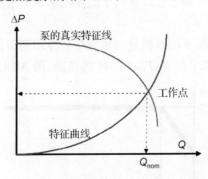

图 A0.5　一回路循环压力/流量工作点

在同一图上绘制回路的"阻抗"特性(即回路的压头损失变化ΔP 关于循环流量 q 的关系)和泵的特性并确定工作点是可能的. 泵在回路中的工作点是由两条曲线的交点确定的.

如果回路中的特性改变了, 工作点同样会因此变化.

A0.2.2　部分泵的关闭——不对称强制循环

在主泵合并情况下(如 4GMPP → 3GMPP 工作情况),初始的工作回路(ΔP_{moteur})失效,此时问题比较复杂.

主回路是并联的,失效回路数量的增多体现为整体水力学阻力的减少(较小的 $\Delta P_{\text{résistant}}$),因此工作回路的流量增加(类似并联电阻电路).

考虑到压力在回路中的分布,失效回路的循环在平衡情况下的流动方向是逆向的,其流量是正常流量的 10% 左右,这是驱使主回路冷却剂流动的重要流量($> 2000\ \text{m}^3/\text{h}$).

因此,所有情况下,只要保证至少存在一个可工作的主泵,就能够保证流体温度和硼浓度的均匀性,并降低高压单相或者不均匀稀释带来的潜在风险(参见第 2.3.2 节).

一个或者多个 GMPP 的停止会导致反应堆自动停堆(由于泵转速过低或者回路流量过低),此时所要排出的热功率主要源于堆芯的剩余功率和维持主泵持续运行所需的功率.

在不对称冷却剂强制循环情况下,这一功率的主要部分传递至 GV 的工作回路中.而失效的回路,对换热作用较小:事实上失效回路的温度接近正常回路的冷端温度,在 AAR 后,它们比二回路的温度略微高一些.

A0.2.3　单相自然循环

一种可能发生的情况是全部主泵停止工作,堆芯能量的传输和在 GV 中的热传递可以通过自然循环或者虹吸效应得到保证.

虹吸效应的动力来自于热水柱(ρ_c 温度 T_c)与冷水柱(ρ_f 温度 T_f)间的密度差 $\Delta \rho$.该效应补偿了回路的压头损失,其中回路是被主泵限制并且由流量带动的.

Westinghouse 的独创一回路设计有利于虹吸效应的建立,因为堆芯的位置(热源)位于 GV 管束的底部(冷源)(图 A0.6).

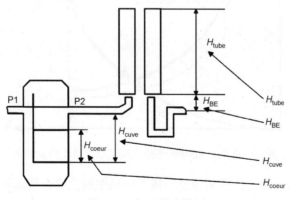

图 A0.6　虹吸效应模型
资料来源:transparent AREVA

我们定义堆芯中线所在水平面和管束中线所在水平面的高度 H

$$H = \left(H_{\text{cuve}} - \frac{1}{2} \times H_{\text{coeur}} \right) + \left(H_{\text{BE}} + \frac{1}{2} \times H_{\text{tube}} \right)$$

用十分简化的方式，我们可以定义一个一回路，此一回路等价于一个分三个区域建模的回路：

(1) 一个"热"区域=堆芯出口处和 $T_c(\rho_c)$ 温度下的热支流；

(2) 一个"冷"区域=中间支流以及冷支流，环状包壳和 $T_f(\rho_f)$ 温度下的压力容器底部；

(3) 堆芯和处于 $\dfrac{T_c+T_f}{2}$ 的中间温度下的 GV 的 U 形管.

瞬时发生的，在主泵停止工作时堆芯流量降低导致堆芯加热，从而在 $\Delta\rho gH$ 有一个自然循环中的 ΔP_{moteur} 的升高，同时回路中的 $\Delta P_{\text{résistant}}$ 降低，这两个效应相结合产生了一个热工水力学稳定负反馈.

在平衡状态，假设流动处于湍流状态，我们将计算自然循环的质量流量 q_{CN} 为

$$\Delta P_{\text{moteur}} = \Delta\rho \cdot g \cdot H = \beta \cdot \rho_0 \cdot \Delta T \cdot g \cdot H = \Delta P_{\text{résistant}} = k_{CP} \cdot q_{CN}^2$$

这里，β 代表流体的单位体积扩散常数，g 是重力加速度 $(\text{m}\cdot\text{s}^{-2})$ 且 k_{CP} 是一回路的压头损失常数.

考虑堆芯的热功率 W_{coeur} 和流经堆芯时的加热，可得到

$$W_{\text{coeur}} = q_{CN} \cdot C_p \cdot \Delta T$$

这里 C_p 是流体的定压比热. 通过这个，我们推断出：

(1) 自然循环中的 ΔP_{moteur} 与 $\dfrac{1}{q}$ 相关，并可以在 $\Delta P - q$ 图(图 A0.7)中以双曲线表示；

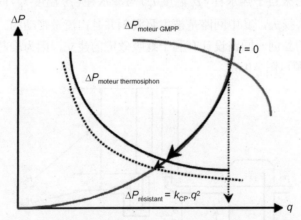

图 A0.7　在失去 GMPP 情况下的压力/流量工作点的变化

(2) 在平衡状态下，循环的质量流量与堆芯热功率的三次方根成正比. 随着剩余功率的降低，质量流量将会缓慢下降

$$q_{CN} \propto \sqrt{\Delta T_{\text{coeur}}} \propto \sqrt[3]{W_{\text{coeur}}}$$

对于剩余功率为正常功率的 $7\% P_n$ 的情况，堆芯流量等于正常流量的百分之几并且使 $\Delta T \approx 40{}^\circ\text{C}$ 时,会达到一个平衡状态.

应当注意到此时所有回路的流动都处于正常方向.

当我们观察压力分布时，发现在压力容器和 GV 间产生压头ΔP_{moteur}，而已停止的泵则形成了压力损失（局部压头损失），见图 A0.8. 整体ΔP_{moteur}比较小，量级大概为百分之几bar.

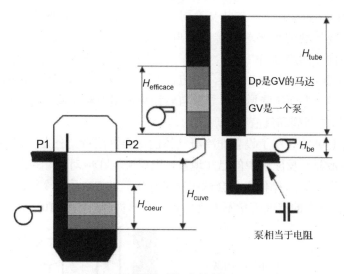

图 A0.8　单相自然循环
资料来源：transparent AREVA

在不对称虹吸条件下（如：仅一个 GV 可用），由堆芯和环状包壳密度差导致的ΔP_{moteur}，产生使得流体沿主回路正常方向流动的动力.

A0.2.4　两相自然循环

由于一回路冷却剂的缺失或者由破口导致的一回路泄压（饱和温度降低），在堆芯出口处的饱和状态有可能出现.

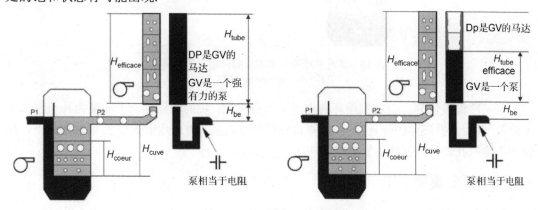

图 A0.9　两相自然循环以及其衰减
资料来源：transparent AREVA

因而存在一个从单相虹吸效应（1φ）至两相虹吸效应（2φ）的过渡，结果是：

（1）ΔP_{moteur}的改善：其源于出现的气体增加了$\Delta\rho$，使得此时气体不会进入 GV 的 U 形管的下降区域；

（2）一个 $\Delta P_{\text{résistant}}$ 的升高：两相的压头损失（两相交界面的摩擦作用）.

这里，我们发现两个对立的效应. 因此我们需要考虑两种情况：

（1）如果气体含量很少（典型地 <10%），则第一效应超过第二效应：在 ΔP_{moteur} 效应影响下，自然循环的流量增加. GV 的热交换同样被优化：实际上，堆芯产生蒸汽的能量来自堆芯潜热，通过冷却剂的自然对流传出，再经过 GV 的 U 形管上升区域接触面上的冷凝（图 A0.9）之后向二回路排出.

（2）如果气体含量过剩（$x>10\%$），一方面，在 GV 的 U 形管的下降区域出现气体（ΔP_{moteur} 下降），另一方面压降增加，导致自然循环流量持续下降，直到完全消除. 我们因而会观察到虹吸管的断裂和气液分层现象.

Bugey2 事件（1987）证明了设备非冷凝气体的重要性或者意外发生的自然循环.

RRA 系统的泄漏是反应堆中的已知现象，当反应堆在应对冷端裂缝、通风口打开、主泵停转事故停堆后会排水，操作人员会试图通过加压后的 GV 系统冷却方式隔离 RRA 系统，这种情况下 GV 管道中的空气流量不能确保建立自然循环（图 A0.10）.

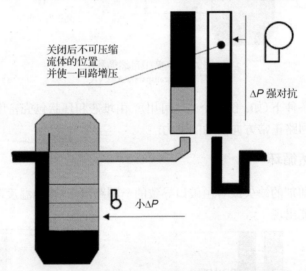

图 A0.10　通过非冷凝气体积累的两相自然循环减弱
资料来源：transparent AREVA

一个冷源被恢复，但自然循环的水运输没有恢复. 我们注意到一个高度为几十厘米的非冷凝气体（占据液体的位置）足以阻塞自然循环（ΔP_{moteur} 约为几十帕）. 在这种情况下，仅仅一个排气孔就可以保证引发虹吸效应.

A0.2.5　暖管模式工作

在热虹吸效应状态下，热功率也能够通过潜热运输，应用暖管模式被排出至可用的 GV 中.

暖管的原理如下：

（1）堆芯产生的蒸汽上升流过热管段通向 GV 的 U 形管；

（2）一部分蒸汽在 GV 的 U 形管上升部分被冷凝，另一部分在下降部分被冷凝；

(3)冷凝后的液体因受重力作用直接流至堆芯,或者在热管段与蒸汽相反方向流动(存在阻塞可能),或者通过中间连接管和冷管段流过.

因此,尽管一些支路的流量很小,也存在从堆芯到蒸汽发生器的热传递.

暖管引起的热交换是由于非冷凝气体的出现而产生的:这些气体的出现使得换热面减小.相应地,GV 排出功率的降低,引起一回路冷却剂(饱和)温度与压力的增加,减小了非冷凝气体体积并保证在新的平衡状态得到必须的交换面.

这里会有一个新的热工水力学稳定反馈效应.

当 GV 管道中的非冷凝气体质量变得足够大时,暖管的换热效率开始下降.

A0.2.6 对于次传热能力的结论

最终,只要一个蒸汽发生器在运行并且在一回路流体中没有过多的不可冷凝气体,堆芯的剩余功率总是可能传递出去的,并且这短短几秒仅会在自动停堆后发生.

A0.2.7 产生不均匀一回路流体情况(如加入硼)

不均匀的一回路流体可能来源于:

(1)当一回路是单相时,由于冷流体通过接触热流体或者热结构而被加热,形成的一回路超高压事故;

(2)形成一个低硼浓度"水塞",移动到堆芯后造成反应性介入事故.

一回路中流量的阻塞只在反应堆处于自然循环状态且所有主泵都停止工作的时候考虑.正如之前讨论的,自然循环之所以能产生是因为堆芯的剩余功率,并需要一个正比于功率平方根的平衡流量.堆芯剩余功率一般来说足以使得一回路流体的均匀性得到保证.

临界条件与较弱的剩余功率(新堆芯或者过久停止后的起堆)相关,而其他的现象与虹吸效应相对立.本节正是要鉴别这些现象.

我们将区分由 GV 冷却的状态以及在停堆后通过冷却系统(RRA)冷却的状态.

1. 利用 GV 进行的功率排空

在"不平衡 GV"情况中,至少有一个注满水的 GV 不参与一回路的功率排出,因为水和蒸汽已经分离了.

研究表明,在稳态下,流量由隔离的 GV 回路产生,其数量级为 60%的有效回路虹吸管流量,这一流量足够保证一回路流体的均匀性.

另外,假如主回路的冷却被一个比堆芯温度还高的热点隔离,主回路的流动受到被隔离的 GV 回路内自然循环流动的阻碍,回路中会出现热分层,流量几乎为零.这一情况会在 RTGV 事故后长期操作中介绍(参考第 6.3.3.2 节).

另一种冷却循环流动的堵塞情况可能由与注入冷水引起的重力效应相关,这些冷水密度较大,并处于一个较少被一回路热流冲刷的回路中.如果密度差值很大,这个回路中的重力效应则能够与虹吸效应抗衡,导致局部回流(图 A0.11).

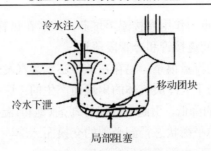

图 A0.11　由 GMPP 交接处注入导致的自然循环阻塞
资料来源：note EDF

2. 采用 RRA 去功率

在反应堆热管段，介于 RRA 吸气孔与 GV 间的一段，RRA 泵的流量引起一回路流体循环与虹吸效应相对立，不能系统地保证回路中有效流量的存在.

根据 RRA 的通道数量，并考虑主泵有无被阻塞，存在大范围的剩余功率可能导致自然循环的堵塞.

最后，在这一状态下，要求至少一个 GV 处于可工作状态. 主回路充满初始状态为热平衡态的大量水，是引起主回路冷却剂阻塞流动的主要因素，如之前所述.

附录 A1 确定性和概率性安全分析

A1.1 确定性安全分析

A1.1.1 潜在风险，剩余风险

运营核电厂与运营任何其他工业设施一样，都要进行相关的风险分析，目的在于找出潜在风险和剩余风险. 前者可能由于缺乏应对措施而带来很大威胁；后者则是始终存在的，即使已经具备避免事故发生和减弱已发生事故影响的设备.

最困难的是剩余风险的分析，因为我们不能期望把它们全部排除掉. 因此，通常我们需对它们进行双重风险分析，即发生概率的分析和以造成事故的规模为依据的严重性分析.

上述安全分析方法在设备开发的最初阶段便起到了指导作用.

该方法建立在如下原则之上：一个事故发生的概率越大，我们就越要采取有效措施来减轻这个事故的后果. 这个原则在 20 世纪 60 年代末被 F.R. Farmer 画出的一条直线所诠释，这条直线在他制作的事故"概率/后果"图表上划定了一个可接受事故区域(允许发生)和一个不可接受事故区域(禁止发生)[①](图 A1.1).

核电站的设计者们设法深化这个方法，使它更加具体. 他们的做法是进一步细致分析各种事故出现概率和对应的放射性污染影响，判定出可接受的情况.

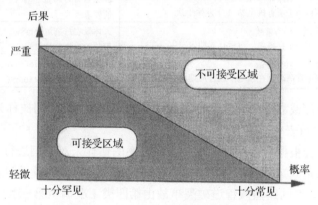

图 A1.1 Farmer "概率/后果" 图

A1.1.2 运行工况分类

确定性方法的理论建立在对设备运行暂态的研究上，暂态往往是出现事件和事故的状态，它们都属于运行工况.

---

① 可接受事故并不是由一些绝对的准则决定，因为它是由社会整体达成的一个共识. 因此，它在不同的国家可能并不相同，在不同时期也可能发生变化.

为了更加具体地展现运行工况安全性范围，我们根据各种工况出现的频率和相应可能造成的最严重放射性影响进行了情况分类，结果可以用阶梯状的图像来表示，如图 A1.2 所示. 剩余风险对应的就是出现频率极低的情况，在这种情况下，一些特殊的预防设备可能也无法起到作用[①].

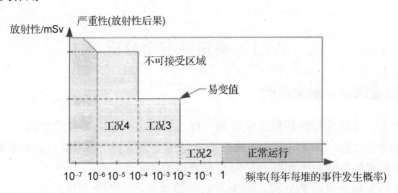

图 A1.2　在"概率/后果"图中的运行工况
资料来源：EDF, mémento de la sûreté en exploitation

在 20 世纪 70 年代，EDF 就已经提出了事故发生频率与其可能造成的后果严重程度对应关系(表 A1.1).

表 A1.1　运行工况：由 EDF 设计，ASN 认证

运行工况分类	频率数量级(每个反应堆每年)	在厂区范围内可接受的放射性后果数量级
第一类 正常运行	持续的或经常的	参考官方许可证中每个厂区每年排放物的要求
第二类 频发一般事件	$10^{-2} \sim 1$/事件 (相当于所有核电站[②] 1 年发生 1 次)	参考官方许可证中每个厂区在事件过程中排放物的要求
第三类 稀有事故	$10^{-4} \sim 10^{-2}$/事故 (相当于在核电厂每运行周期内发生一次)	人体吸收总剂量<5mSv 甲状腺吸收剂量<15mSv
第四类 极限事故	$10^{-6} \sim 10^{-4}$/事故 (正常情况下在核电厂运行周期内不会发生)	人体吸收总剂量<150mSv 甲状腺吸收剂量<450mSv

运行期间的异常或故障是引起运行工况变化的基本原因，它们被称为始发事件，直接影响三大安全功能之一(表 A1.2).

核安全工程师会根据对各个始发事件发生频率的估计来对它们进行分类.

这个分类并不是固定不变的. 世界范围内核电站的运行经验反馈可能会给以上分类带来一些变化，例如，二回路蒸汽管道破裂事故由第四类工况调至第三类工况(参考第 6 章).

运行工况的分类制定了必须要达到的核安全目标，这些目标与厂区范围内最大可能放射性后果是直接相关的.

值得注意的是，安全性分析也需要包括对外来危害的研究，如与设备安装或与核电站整体环境相关的事件，或者可能造成安全系统失效的事件.

---

① 事实上，一部分潜在风险是由所谓的补充措施和核电站最后两道防线处理的，后者是在制定 TMI2(为保护居民而进行的严重事故处理和放射性污染影响限制)后引进的.

② 在 2013 年，法国所有核电站由 58 台平均寿命估计值>50 年的核反应堆组成.

表 A1.2　未穷举的运行工况清单，根据工况类别和受影响的安全功能分类

事故	第二类工况 频发一般事件	第三类工况 稀有事故	第四类工况 极限事故
与链式裂变反应相关			
控制棒提出	(1)控制棒组件不可控的提出； (2)硼稀释失控(均匀)	满功率运行时提出一组控制棒组件	弹棒事故
中子过慢化	二回路蒸气阀门打开	二回路蒸气管道小破裂事故	二回路蒸气管道大破裂事故
与功率释放相关			
堆芯功率失误性降低(破裂)		(1)一回路管道系统小破口； (2)压力阀打开	一回路系统主管道中、大破口
功率转移失误	(1)部分失去冷却剂流量； (2)失去外电源	冷却剂流量被迫降低	一台冷却剂泵转子卡死
冷源失效	失去功能主给水系统(ARE)	给水管道小破口	给水管道大破口
与密封性相关			
密封性失效		二回路蒸汽管道破裂(RTGV)	二回路蒸气管道破裂并且二回路阀门卡死

A1.1.3　不同工况要遵循的安全性条件——验收准则

对于每一类的运行工况，要达到的辐射剂量限制和安全性原则对该类工况的等级是一一对应的，如表 A1.3 所示.

表 A1.3　运行工况：屏蔽层和防御等级规则

运行工况分类	在厂区范围内可接受的放射性数量级	三道屏障所受损伤	纵深防御等级
第一类 正常运行	参考官方许可证对每个厂区每年排放物要求	无	规则 等级 1
第二类 频发一般事件	参考官方许可证对每个厂区在事件过程中排放物要求	无	保护 等级 2
第三类 稀有事故	人体吸收总剂量<5 mSv； 甲状腺吸收剂量<15 mSv	(1)第二和第三道：无[①]； (2)第一道：只有少部分燃料棒受损	防卫 等级 3
第四类 极限事故	人体吸收总剂量<150 mSv； 甲状腺吸收剂量<450 mSv	(1)第二和第三道：无； (2)第一道：燃料棒芯几何形状没有变化	防卫 等级 3

纵深防御是基本安全准则之一，它的作用是提供一系列多层次防御.

如果电厂的第一级防御设计已经能控制第一类运行工况中的正常运行瞬态事件带来的后果，那么第二级设计需保证能控制第二类工况带来的放射性后果，第三级设计则需根据事故发生的概率来控制第三、第四类工况造成的放射性后果.

另一安全准则涉及三道防护屏障的性能.

该准则由相应的安全性要求所组成，这些安全性要求与一些相互独立的定量准则相联系，后者与一些临界状态下的物理量有关，可通过计算得出.

---

① 第二、第三道屏障的可接受标准与压强相关，它必须保持在一个小于理论计算值的最低值. 对于安全壳，还要多加一个基于由燃料包壳氧化而产生的氢气量的准则.

保守地说，只要遵守了这些相互独立的定量准则，就能在各类工况下达到放射性限制的目标.

表 A1.4 展示了针对第一道屏障的工况限制和研究得到的验收准则.

表 A1.4　第一道屏障的相关要求和标准

安全性原则	安全性要求	相互独立的定量准则
第二类工况		
包壳完整	不超过临界沸腾状态	RFTC<1.17（使用 WRB1 标准）
	燃料块不发生熔化	线功率密度<590 W/cm
第四类工况(反应性引入事故)		
燃料棒芯几何结构完好	达到临界沸腾状态的燃料棒数量限制要求	少于 10%的燃料棒不符合 RFTC 标准
	燃料熔化有限	小于 10%(体积比)的燃料达到热点温度
	包壳无脆化	包壳热点温度<1482℃
	无燃料扩散	焓沉积值<200 cal/g(新燃料为 225 cal/g)；对高燃耗有额外要求
第四类工况(LOCA 失水事故)		
燃料棒芯几何结构完好	能承受燃料棒淬火(再淹没)	包壳最高温度<1204℃
		氧化层最大厚度小于包壳总厚度的 17%
	长期的功率排出	

A1.1.4　研究规则和保守算法

电厂发电要达到稳定状态需要安全调控自动化系统的介入以及必要时的人工操作，而我们对于电厂安全性的论证需要一直进行到电厂达到这个稳定状态.

我们力图针对每一个始发事故确定一种导致结果最严重的情况. 根据不相干性假设(见第 3 章，RTV)，这可能是不现实的，但我们可以通过这种方法找到所有与始发事故相关联的状态和造成影响最小的后果.

这种针对最不利性因素的研究方式规则如下：

(1)针对每一项始发事故，在运行条件许可的前提下，我们选择最不利的初始状态进行研究，尽管这种情况在现实中是极其罕见的；

(2)考虑地震、失去外电源和一、二回路管道大破口事故同时发生的情况，进行事故合并研究.

(3)如果系统调节作用对事故有帮助的话，不考虑系统调节作用，并把安全调控自动化系统介入延迟时间延至最长.

(4)仅考虑安全相关的设备(不计非安全设备的缓解功能，译者注).

(5)选择会使情况恶化的事件研究.

(6)操作员的介入延迟 15～20 min[①]，等.

我们可以利用一些高效能算法和保守模型对这些状况进行研究.

以上使用的保守性原则在电厂建造过程中对设计裕度有着十分重要的影响.

---

① 在操作员介入前，电厂的安全性是由相关自动系统控制的. 在实际事故中，该时间有助于缓解操作员压力.

A1.1.5　从运行工况研究中提取的信息

对于每一种运行工况，我们都可以根据其始发事件预测其发生概率，并对工况进行分类，这也给出了需要达到的相应安全等级目标，这个目标是由一系列安全标准组成的.

锅炉、调控系统、安全系统或是安全壳等建筑的设计，都必须严格遵循上述安全性标准.

对于各类系统和设备，根据运行工况的研究我们可以确定以下信息：

(1)功能要求(如流量要求、水箱体积)；

(2)功能多样化的冗余度(如 MPS 和 TPS ASG)；

(3)安全性分类，找到对于电厂安全有着重要作用却没有被归类的设备；

(4)在外界环境恶化的情况下，电厂整体的工作能力要求.

研究同样确定了电厂运行总准则的一部分，该准则在电厂设计和电厂运营之间设定了相关规章条例：

(1)操控程序定义了恰当的行动来保证设计之初预期的事件、事故在发生时能够得到有效控制.

(2)所有运行技术规范定义了允许的电厂运行区间，目的是确保电厂运行状态始终处在设计准则要求的范围内，以保证安全系统和操控所需功能的可用性和完整性.

(3)最后，周期性测试必须能保障以上方法的可用性.

图 A1.3 总结了确定性方法的运用流程.

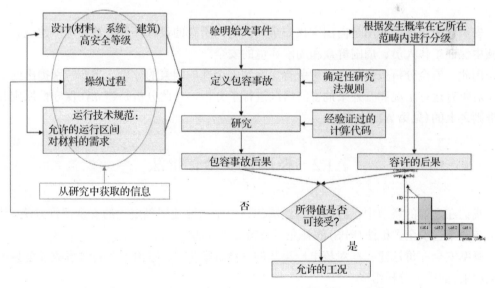

图 A1.3　确定性方法流程图：设备设计基准制定和运行总准则定义

我们的目标是，在遵守运行技术规范、系统和建筑设计准则和操作规程的基础上，使可能发生的事件和事故造成的放射性后果在 Farmer "概率/后果" 图中位于可接受区域内.

A1.1.6 补余工况

在 900 MWe 的压水堆的建造过程中，概率分析法日趋成熟，在 20 世纪 70 年代末，我们已经能够借助该方法验证一些经常被提到的安全保障功能的可信度.

我们要分析导致堆芯熔化的情况，或者至少导致接近第四类运行工况造成的放射性危害的情况，后者还需附加每类事件、每反应堆、每年出现的概率大于 10^{-7} 的条件.

以上分析很快便证明了我们需要在运行工况中把以下情况也考虑进去：

(1) 瞬态事故申请紧急停堆失效(ATWT)；

(2) 冷源的完全失效(H1)；

(3) 蒸汽发生器供水系统的完全失效(H2)；

(4) 完全失去厂内外供电(H3)[①].

以上提到的冗余系统完全失效的情况在之后被称为补余工况，并且这个概念也在后来变得更加完整，包含了多种事件和故障并发及停堆时的一些情况.

补余工况是和电厂内逐渐就位的后备安全设施、措施相联系的.

然而需要注意的是，我们在初始设计基准定下后才考虑后备系统的作用，并且这些设备的设计准则的建立方法有较小的约束性，我们需考虑更多现实的条件. 特别是，这些设备并不属于冗余设备.

A1.1.7 安全分析报告

安全分析报告的作用是向国家核安全局证明，所有的设计部署能够在电厂建造的每个步骤中保证工作人员、周围群众和周围环境的安全.

因此，安全分析报告包含了对所有影响到安全性的因素的分析，需要特别提出的是报告还对所有运行工况和有外来危害的情况进行了分析，且此分析是建立在保守性原则和验收准则之上的(见第 A1.1.3 节).

A1.2　概率性安全评价法

我们在之前的章节中已经知道，法国的核电站主要使用确定论的安全评价方法. 这种方法在概率性安全评价法(EPS)的补充下变得更加完善.

概率安全评价法建立在对核电厂事故的系统性研究上. 它由一系列对事故发生频率和事故后果[②]的技术分析组成.

---

① 这类情况最初被称为"Hors dimensionnement"，所以我们用 Hi 来表示.

② 根据研究的内容，核电厂概率性安全评价可分为以下三个级别：

　第一级：确定造成堆芯熔化的事故系列，并确定各事故序列发生的频率；

　第二级：分析从安全壳释放的物质的性质、重要性及释放频率；

　第三级：从社会经济和公众安全的角度分析放射性事故频率.

A1.2.1　事件树分析方法

两种安全评价方法的目的是保证与核设施相关的风险保持在可接受区域. 它们的区别在于方法的不同.

在概率安全评价法中, 首先确定了我们担心出现的情况(如堆芯熔化).

接下来, 根据始发事件清单(每一始发事件都对应有每年发生频率), 我们开始构造事件树. 每一次将反应堆引向安全状态的操作, 无论是来自自动控制系统的还是来自操作员的, 都与两条分支相连, 一条表示操作成功, 其概率为$(1-p)$, 另一条表示操作失败, 概率为p(图 A1.4).

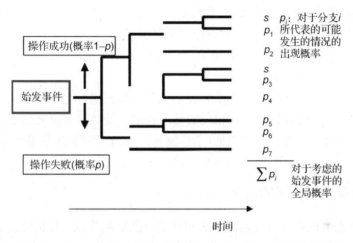

图 A1.4　概率安全评价法原则

图中的一些分支能够将反应堆引向一个安全状态(s), 其他分支则引向令人担忧的事件(p_i). 每一个被考虑的始发事件都对应一个总体概率, 它等于所有令人担忧的事件i的概率之和. 根据对实际情况的假设, 这些概率是由设备可信度(伴随可能出现的共因失效)和人员可信度量化给出的.

尽管这个方法看起来简单, 不同事件之间的依赖性决定了我们必须使用特别制作的工程软件进行运算.

A1.2.2　优势和不足

由之前的论述可知, 概率安全评价法由于考虑了人的因素, 能够给我们一个关于核电厂安全性的全局观. 它是在运营过程中的一种安全分析方法, 在今后还能在设计过程中对确定性分析法加以辅助.

事实上, 概率安全评价法使安全类问题分类、分级成为可能, 使设施的安全性薄弱点清晰地暴露出来, 并帮助我们评价治标性设备的优点. 因此, 它是国家核安全局和核电运营商之间的对话工具.

考虑到概率安全评价法的不确定性和局限性, 我们在解释它的结果及利用这些结果做决定的时候要谨慎小心.

该方法主要在全面性上表现出局限,例如以下方面:

(1)始发事件所能涵盖的领域(没有涵盖一些内外部危害);

(2)可能发生共因失效的组元的确定;

(3)对人为因素的描述,如组织性等方面,只是进行了部分模型化;

另外,概率安全评价法主要的不确定性一方面来自于输入的量化信息:

(1)从运营经验得知的始发事件频率;

(2)操作员的可信度.

另一方面来自于模型化时采取的简化和假设:

(1)对始发事件进行分组时的一些选择;

(2)控制保护系统的模型化,这点尤其复杂;

(3)对设备在超出常规条件运行时可信度的估计;

(4)在进行热工水力学和中子学相关的计算时所采用的模型,以及这些计算本身的误差.

概括地说,概率安全评价法是对非常复杂的现实情况进行建模,所以自然而然会伴随有不确定性.同时,与其他计算方法相反的是,我们不能通过实验来验证这种方法的可靠性,那些令我们担忧的事件太过于罕见(幸亏如此),以至于我们不能获得足够的统计数据.一种可行的验证办法就是请教相关专家的意见[①].

A1.2.3　概率安全评价法的应用

大多数的核安全机构认为确定性方法和概率方法是互补的,并且尝试将二者结合起来使之成为更加有效的方法.

然而,在不同的国家,概率安全评价法在核安全条例中所拥有的地位并不相同,可能极高也可能极低,甚至是非正式的.

因此,在某些国家(英国,芬兰等),核电厂必须证明使用了概率安全评价法,这说明在这些国家内概率法的地位十分正式且重要.然而,在另外一些国家,概率法只是被象征性地给出,并不要求核电厂一定遵守.

在法国,20世纪70年代末人们使用了一些概率性研究方法后,第一套完整的第一级概率安全分析法便于90年代使用于900 MWe和1300 MWe的反应堆上.

概率安全分析法能够在停堆状态下凸显时间风险的重要性,能够确定一系列由于反应性引入引起的事故,例如向堆芯注入硼浓度过低的冷却剂.该方法同样考虑了共模故障的重要影响(尤其是对支持系统的影响)和人为因素的重要性.

从那时起,概率安全分析法便向核安全条例结构外发展,并被广泛地运用在安全分析上,特别是在运营和安全性再确认期间,例如:

(1)事件分析,后果严重性可以通过堆芯熔化的条件概率估计;

(2)设备失灵的可接受时间;

(3)设备维护和周期性测试的优化.

① 其他的设计者,运营工程师,或核安全机构的技术支持.

　　最后需要注意的是，尽管 EPR 的设计方法是确定性的，但它必须同时满足概率性的安全目标.

　　国家核安全局希望在这个安全分析方法的主题上，通过制定基本安全法，明确两种方法的应用限制和适用领域. 在此基础上，概率安全分析法在目前被视为一个非常重要的工具，来对确定性方法进行补充.

　　这也就解释了概率安全分析法迅速发展，被不断完善、广泛运用并扩大应用领域的原因.

附录 A2　切尔诺贝利与福岛事故

现如今，根据国际核事故分级标准，共有两次重大核事故被划分为国际核事件分级表中的最高级(7级)：切尔诺贝利事故(1986)和福岛核事故(2011). 由于这两次事故的发生具有与反应堆设计理念或者地理位置(苏联体制、地震带)等较为独特的特点，其经验教训对法国核电站的建设和运行也有一定的借鉴意义.

A2.1　切尔诺贝利事故

本部分仅讨论并分析本次事故的原因，并不讨论太多关于 RBMK(石墨轻水型核反应堆)堆芯技术上的细节问题，不涉及事故管理的问题，也不讨论该次事故对于环境和当地人口所造成的惨重影响.

切尔诺贝利事故与 RBMK 堆型特点极为相似；此外，由于操作员并没有完全理解安全规章的意义和原因，因而进行了违规操作. RBMK 类型反应堆设计上的缺陷和苏联操作员安全文化的缺失共同导致了该事故的发生.

A2.1.1　危险的堆芯：一个潜在的不稳定的反应堆

在一般的反应堆中，如法国压水堆，其压力容器中循环的水主要有两个功能：一方面是冷却作用，另一方面是慢化作用(见第 1 章内容). 因此，当堆芯内的水由于泄漏或者蒸发减少的时候，链式反应会由于慢化剂的减少而停止.

在苏联建造的 RBMK 反应堆中，这两个功能被分离开来：中子的慢化是由大量的石墨来保障的，这些石墨的总计直径达到了 12 m；在竖直贯穿在石墨中的压力管内，循环着用于冷却堆芯的沸水(图 A2.1).

图 A2.1　切尔诺贝利：RBMK 型反应堆堆芯——插有压力管的石墨单元

如果水的慢化作用不那么显著，吸收中子的特性将会展现出来. 而当水被加热，或者更为极限的情况如水发生沸腾时，水作为中子吸收剂的密度也会减小，反应堆功率将会因此进一步升高，从而将沸腾作用放大. 该现象被称为空泡效应，与此现象相关的反应性反馈系数为正值(在反应堆完全被抽空的情况下,该值可达到缓发中子份额 β 的 5 倍). 这就是 RBMK 反应堆设计上的基本缺陷:一个极小的扰动会因这一空泡效应而被放大,从而使堆芯功率暴增.

然而,该反应堆使用的二氧化铀的核燃料中铀 235 的富集度(2%)并不高,RBMK 反应堆堆芯受益于燃料中多普勒效应呈现反应性负反馈.

最终,由以上两种作用的叠加以及其他次要因素,对于该类型的反应堆,功率系数:

(1)在热功率较高时为负值(多普勒效应占主导);

(2)在热功率比较低的情况下为正值(700 MW 热功率下的切尔诺贝利 4 号机组),这使得反应堆在低功率水平下极不稳定,难以控制.

这种现象会由于提棒而加剧:在控制棒提取出堆芯过程中,反应性正反馈系数将增大.

除了于反应堆堆型设计中自身存在的不稳定性问题,RBMK 反应堆自动停堆系统的设计理念也暴露出一定的安全缺陷:

(1)可靠性不足并且非常容易被操作员抑制.

(2)该类型反应堆的控制棒底端有一段石墨延长区域. 此设计是造成在反应堆停堆前(中子吸收效应)链式反应被放大这一反常现象的根源(石墨的作用,《紧急停堆时的正反馈效应》).

(3)控制棒完全插入堆芯需要大约 15 s(紧急停堆过慢).

另外,还有一个非常重要的原因是,RBMK 类型的反应堆中没有安全壳.

考虑到堆芯的体积大小以及延伸至汽轮机的一回路(此类反应堆为沸水堆),该反应堆选择使用由封闭小房间组成的模块化安全壳.

这类设计对于大多数事故工况下的保护能力显然是不足的. 而对于一些更为恶劣的事故而言,即使是压水堆的安全壳也不能实现完全有效的保护.

A2.1.2 事故原因分析

由于对这些缺陷有着清醒的认识,RBMK 的设计者们已经制定了一系列严格的规章制度,以避免操作员的误操作使反应堆处于不稳定状态.

然而,经营者并没有将反应堆安全放在第一位,而是优先考虑发电量.

在自动制动系统缺失的情况下,依旧以经济效益为第一要素,是导致日常操作过程中操作员违规操作的主要驱动力. 而核电站的安全监察员们竟然也默许了此类行为.

在 1986 年 4 月 26 日事故当天,操作员不计后果,将反应堆运行至设计者规定的不可运行区域(堆芯低功率运行并且所有控制棒提出). 这样的运行工况既不符合技术操作规范,也不符合实验规程的设定.

操作员依旧固执地进行实验,并没有预先分析后果. 同时,操作员不负责任地关闭了反应堆自动控制系统的信号,所以他们察觉不到因实验导致的异常情况,目的是避免实验被干扰. 这样更进一步加深了事故隐患.

实验进行过程中导致了堆芯至少有 1 min 处于沸腾状态.

功率系数的正反馈效应导致了临界反应性的快速激增,以及链式反应的加剧,虽然也被多普勒效应抑制,但手动控制 AAR 系统要求插入控制棒,此时的链式反应又被控制棒引起的正反馈现象加剧. 仅仅 4 s，堆芯功率的峰值就达到了额定功率的 100 倍，冷却水被瞬间蒸发，无数的压力管断裂，从而导致爆炸.

蒸汽的爆炸掀起了封闭反应堆的混凝土板和厂房的房顶，使得反应堆暴露在空气中. 炽热的碎片被抛出，而氧气流入与超高温的燃料和石墨慢化剂结合，引起了石墨火(图 A2.2).

图 A2.2　切尔诺贝利：空中俯视切尔诺贝利四号机组

巨大的火焰使得热气流上升直至平流层，形成了放射性的烟云，这些烟云渐渐地扩散随后笼罩了整个欧洲.

根据国际核事故分级标准，该次核事故被划分为七级，而且考虑到引发这次事故反应堆的动力学特征、抛射出的放射性烟尘量、事故清理者所受到的核辐射剂量以及疏散的人口数量，切尔诺贝利核事故一直被认为是世界核工业界最严重的事故.

我们看到,造成事故的很多基本因素(反应堆潜在的不稳定性、反常规的自动停堆系统设计,请查阅附录 A3.3),是由设计者、决策者所造成的,也揭示了组织上的问题.

事故其他深层次的原因也更显著地暴露了苏联体制上的问题,而且这些问题是完全与反应堆的安全性相违背的:

(1)TMI2(1979 年)事故的教训中很重要的一条是人为因素以及组织因素并未被充分的考虑:

① 核电站经营者之间经验反馈的缺失:RBMK 反应堆之前有过多次火灾事故,比如在 LGNALINE 和 LENINGRAD 两地,这些事故都被视为机密.

② 人机接口的不适应.

(2)设计者和运营者之间的沟通不够:设计者熟知该类型反应堆设计上的缺陷,然而运营者忽略了这些要素;正常的工作沟通被官僚的命令所取代.保密文化要求对事实进行一定的归类,与安全文化相违背.

(3)一个涉及设备安全性的实验却被委托给了一名电力工程师,这也说明了准备的不足,以及没有对实验人员的安全风险进行有效预估.

(4)值班经理过于强调电力生产,从而对于频繁违背安全规章的操作采取默认态度.于是,事故中连续出现两个违规操作(低功率下运行和控制棒提出反应堆)、一个并未按照流程进行的实验以及对自动停堆信号这一安全设置的抑制.

(5)一个丧失权力、没有实际意义的安全控制组织.

A2.1.3 经验与教训

在俄罗斯、乌克兰、立陶宛,RBMK 型反应堆逐步采用了一系列的改进措施,涉及的有:

(1)为了限制空泡系数,将控制棒固定在堆芯中;同时,提升燃料的富集度,从而降低此现象带来的影响.

(2)反应堆自动停堆系统的优化,添加了一组安全停堆控制棒,该组控制棒可以迅速在 2 s 内插入堆芯,并且取消了控制棒尾端石墨延伸部分的设计.作为补充,技术人员试图分离监视/控制功能和保护功能.

(3)禁止切除安全控制系统.

如今(2013 年),乌克兰以及立陶宛的 RBMK 型反应堆正式退役,俄罗斯还有 10 个左右的 RBMK 型反应堆仍然在运行,且从未停止 Koursk 5 的建设(已经建设了 20 多年,完成了 70%),并且添加了另外一台 RMBK 型反应堆使之成为双机组.

RBMK 型反应堆的现代化取得了不可否认的安全性上的进步.在此基础上,俄罗斯核能安全委员会允诺授权反应堆运行寿命延长至 2025 年.

而专家们对于该反应堆能达到的绝对安全等级也产生了分歧.没有安全壳设计是该类反应堆最大的弊端.

切尔诺贝利事故带来的经验教训对于西欧国家的反应堆而言当然是极其有限的.在堆型设计上有显著不同,而且事故情景很难再现.

因此,在该事故之后,法国开始研究由于控制棒的插入而引起的堆芯功率正反馈效应.这类研究正是本书第 2 章所涉及的控制棒插入顺序的研究.根据 EPS 估算出的概率,实施附加预防措施, 便可以大大限制此类现象发生的概率.

　　在国际范围内, 切尔诺贝利事故引起了对于安全文化这一概念的深刻思考以及如何进行运用. 安全文化理念的培养不能仅针对于操作员, 应该同样适用于核电站以及运营公司的领导, 以及控制公共力量的组织.

　　该事故同样改变了对于严重事故的认知以及灾难时对附近人口(PUI、PPI、碘的发放)的管理. 最终, 该次事故也提出了在国家和国际层面上发生灾难时沟通的重要性.

A2.2　福岛事故

　　本章节同样仅关心事故的深层原因, 并不展开讨论事故前的管理问题、环境影响以及在 2013 年才知道的一些救护设备问题.

　　福岛事故涉及许多沸水堆, 这些沸水堆多数建立在地震带上, 大大增加了此类型核电站完全失去冷却系统的风险.

A2.2.1　福岛反应堆以及选址

　　2011 年 3 月 11 日, 日本发生了该国有史以来最强的地震, 地震及其引起的海啸猛烈袭击了坐落在本州岛东北边缘海域的六个核电机组.

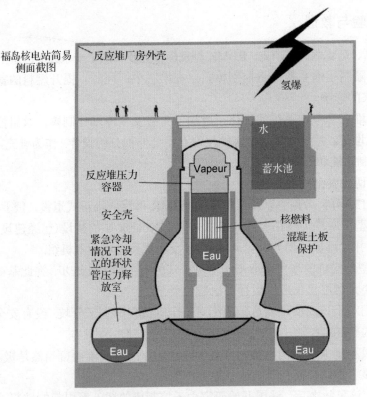

图 A2.3　福岛: Mark I 型沸水堆的侧面图

受影响最严重的福岛核电站是六个沸水堆(REB)，这些沸水堆用水作为慢化剂和冷却剂.

就像我们在 RBMK 中所看到的，在沸水堆中不存在二回路：水带走反应堆中的热量，吸热沸腾生成水蒸气，水蒸气直接运送至汽轮机中，推动转子发电.

在第一代沸水堆中(Mark I 型，通用电气)，大部分设计是梨型的安全壳处于反应堆厂房下部，并且和一个装满水的环行通道连接，该环道的作用在于冷凝安全壳内的蒸汽，从而限制安全壳内压力的升高(图 A2.3).

轻质结构的反应堆厂房包壳内是储存乏燃料的燃料水池.

在事故发生时，1、2、3 号反应堆正在以额定功率运行，其他三个反应堆已经停止，4 号反应堆已经卸料，并且放置在乏燃料水池中.

A2.2.2　福岛事故概述

2011 年 3 月 11 日周五，太平洋板块和欧亚板块的海底断层发生了高强度的地震——地震中心距离日本的本州岛海域仅 130 km 的九级地震，从而影响了本州岛几千公里长的整个东北海岸线. 在过去几百年有史记载的地震观测中，此次地震等级可以被划分为全球前五的地震级别.

震源断层处的海底运动导致了海啸的产生，引起了 10~15 m 高的海浪，海啸直接威胁沿海区域.

地震以及后续的海啸导致了将近 30000 难民，而沿海地区居民区的摧毁也致使许多人无家可归.

从经济上看，整个海岸线的电力和通信因此被中断，无数工业设施被摧毁(比如一个精炼厂).

日本的核电站都装备了自动停堆系统. 地震发生时，该系统正常启动迅速停止了链式反应，并且将堆芯功率快速下降到余热功率.

在这种情况下，考虑到外部电力供应已经中断，反应堆冷却系统采用紧急处理方式，即启动柴油机进行电力供应，从而进一步维持堆芯的余热排出.

在地震发生的 30 min 后，海啸已经淹没了福岛核电站的反应堆平台(图 A2.4)，尤为严重的是电站抽水泵已被摧毁，也就失去了最后一条由太平洋保证的冷却水通道.

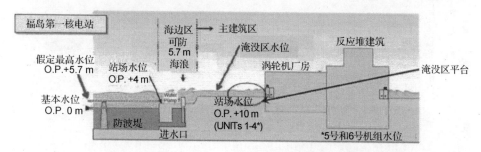

图 A2.4　福岛：堤坝以及反应堆平台的位置

15 m 高的巨浪吞噬了 1~4 号机组的整个反应堆平台，淹没了所有的建筑，并且摧毁了大量的设备，开始向地下侵入，地下的柴油机也因此不能正常工作.

很快，1～3 号反应堆陷入了没有任何电力供应的状态（内部以及外部）. 几个反应堆在随后的几小时甚至几天时间内都没有任何设备和系统维持堆芯冷却.

冷却水蒸干，堆芯开始裸露，随后伴随着堆芯的持续加热，导致了更严重的后果：

(1) 第一道屏障燃料包壳破裂，裂变产物释放到一回路中.

(2) 在高温下，锆水反应产生了大量氢气.

核电站运营者认为一号机组的反应堆堆芯从第一天开始就已经部分熔化，二号、三号机组的堆芯在延迟了 2～3 天后开始熔化. 在一号机组，堆芯熔融物聚集在压力容器底部，并且似乎已经穿过了压力容器壁.

水的蒸发导致了压力容器内部的压强上升. 对于 BWR 型反应堆而言，第二层屏障——压力容器的完整性是通过向安全壳内释放蒸汽来确保安全的，这些蒸汽通过环形冷却通道释放到安全壳中，在此过程中水蒸气冷却凝结在环腔中，可进一步抑制裂变产物的扩散.

最后的保障安全壳（第三道屏障）通过排向大气的阀门泄压确保安全，这个阀门由一系列的排气程序控制.

由于冷却功能的丧失，反应堆压力持续增加，一号和三号机组的排气阀被迫打开，带有放射性的蒸汽和堆熔产生的氢气排放到大气中，并进一步扩散.

表面上看氢爆是厂房发生爆炸的直接原因，这些爆炸摧毁了位于安全壳上部反应堆厂房的上层结构，将用来储存乏燃料的燃料水池暴露在空气中. 而爆炸同时造成了各种厂房建材的喷发（如隔板、混凝土块等），部分摧毁甚至完全摧毁了厂房屋顶，直接威胁到了乏燃料水池的完整性.

一方面反应堆上方用来进行辐射防护的石板被损坏，另一方面，用来寄存乏燃料的燃料水池水位降低，这些都导致了核电站附近的辐射剂量当量大幅升高. 而且，最初看起来没必要打开安全阀排放安全壳内蒸汽的二号机组最后反而导致了严重的泄漏，原因是安全壳与环形冷却通道连接处发生了破裂（图 A2.5）.

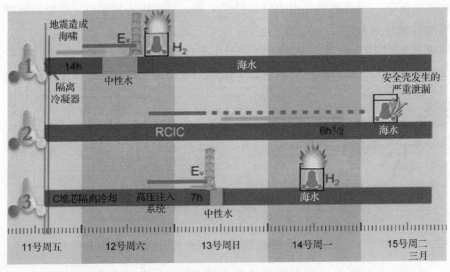

图 A2.5　从 2011 年 5 月 11 日至 15 日，1～3 号机组的事故发展示意图

E_v 表示空气连接阀，H_2 表示氢气爆炸

随后几天内，虽然核电站周围环境的放射性在渐渐减弱，核电站的相关设备和部分冷却水泵渐渐恢复，根据先前的规划，冷却水重新注入这三个被损坏的反应堆进行冷却.

第一时间，厂房附近设置混凝土臂架泵车，从大海抽取冷却水注入反应堆中.

反应堆的开放式布置，使得具有放射性的水聚集在设备的下部空间.

对于燃料水池的冷却，采用了多种较为有效的特殊方法，比如用直升机喷洒海水、通过混凝土臂架泵车进行喷淋等.

随后，外部电源接通，带有冷却水泵的冷却回路启动，从而确保反应堆随后可以通过闭合回路进行持续冷却.

该事故两个月过后，为了除去反应堆中积累的冷却水的放射性，在福岛核电站附近建立了一个后处理工厂.

A2.2.3 经验和教训

和切尔诺贝利事故一样，福岛事故的深度经验反馈将会是延长至很多年的事情. 从技术的角度来看，很多细节信息比如压力容器的状态和安全壳的作用等需要得到进一步的调查许可才能实现更充分的研究.

对事故进行进一步的分析能够使我们辨别事故的主要原因是福岛核电站的选址问题还是 BWR 沸水堆设计上存在缺陷的问题，以便吸取技术上以及组织上的经验教训.

1. 自然灾害的可预计性：地震以及随后的海啸

第一个可识别的事故原因当然是自然灾害——海底地震.

在电站建设设计时，最需要考虑的，也是最根本的一个问题就是关于地震以及造成可预见性后果的研究，但同样的问题在反应堆设计初期的 20 世纪 60 年代和当今可能会得到不同的答复. 长期以来，日本东海岸宽阔狭长的海沟一直存在着大地震高发风险. 对于福岛核电站，此次地震震级已经重新评估了很多次，且逐次上升，人们的认知逐渐优化完善，但是在电站设备运营过程中的应用却停滞不前.

福岛核电站能承受的地震量级显然是小于 2011 年 3 月 11 日的九级地震的. 但是，当时记录的地震震级和核电站设计时考虑的能承受的安全量级并没有明显差异，或者说接近安全设计值的边缘，所以地震看上去并不是该事件的主要原因.

关于后续引起的海啸，基于历史上的数据，日本的独立专家最近认为同强度的海啸在过去是可能会影响本州岛东北海岸的. 这样的海啸在日本东海岸平均不超过一千年就会发生一次. 因此，15 m 高的巨浪是可预测的，而且应该考虑在核电站近期的设备安全风险中.

然而，海啸风险自核电站建设以来从没有被正式考虑，运营者也借口科学预测具有不确定性而不予考虑，甚至核能安全机构也并不重视此方面的风险. 事实上，历史上曾有过一次事故——柏崎刘羽核电站在 2007 年就已经由于地震而关闭.

由黑川先生领导的独立机构在 2012 年发布的研究报告中，深刻分析了福岛两台机组的事故的责任归属，归纳了事故发生的根本原因：

(1) 运营的透明度问题以及运营单位重视核电产量优先于核安全；

(2) 工业内阁相关的监管机构不够强大，并且与工业陈情团相独立.

除了这些日本安全组织方面的原因，该机构还指出了一个出于文化的事故原因——日本工业的"岛国状态"，即与国际标准融合不足.

实际上，还需要再次强调的一个原因是福岛核电站没有严格遵守由欧洲核电运营商提出的核电站安全检查标准步骤，随着反应堆运行的寿期的加深，检查过程主要分为两步：

(1)基于电站运行经验的积累、世界范围内其他电站运行经验的反馈、AIEA 标准的变化以及同行的总结回顾对核电站安全标准进行周期性改进.

(2)在寿期末，基于新的标准，对各类电站设备和运行系统的安全极限进行再评估，如果有必要，需要提出新的安全风险策略进行修正.

考虑到地震以及海啸的风险，以及可能带来的更大灾害，只有严格实施此项检测过程，才可以优化日本核电站的设备运营.

2. 核事故的链式因果关系

福岛事故是由所有可预见的冷却堆芯的方法全部失效导致的，而这些冷却设备的失效都基于同样的原因，即核电站平台被海啸引起的巨浪淹没. 由此，内外部电力全部丧失，导致了所有机组中用来确保各种系统运行的有效通道都受到了影响.

电站建设初期进行设计时并没有预见到此类恶劣事件. 相关调查研究已经展开，这也是 POST-TMI2(EPS)研究经验反馈的一部分.

事实上，关于主体厂房、辅助厂房、建筑材料、与安全性密切相关的管道以及电缆的密封性等相关因素还没有详细追究. 此外，核电站的能量来源、冷却源不够多样性也是导致事故发生的一个因素.

最后，由于各个机组之间的相互连通，比如通风管路系统，可以使事故从一个反应堆扩散至其他反应堆(比如，事故中第三台机组产生的氢气扩散到了第四台机组).

在这些前提条件下，几天时间内，冷却系统完全丧失，随后核电站被孤立，使得这起严重事故不可避免地发生了.

为了加强在失去了链式反应控制性或冷却系统功能失效情况下的安全保护，近年来核电领域逐步提出严重事故管理这个概念，并得到了进一步的发展. 严重事故的研究涉及最后一道安全防线的保护——安全壳的功能性.

通过进一步的研究，福岛核电站的反应堆设计中采用了一些有效措施，可以减轻严重事故带来的不良后果，但通过 POST-TMI2 研究证实，在第一道防线被破坏、随后的两道防线包括安全壳失去了完整性的情况下，这些设施都不足以有效切断事故发生根源.

人们似乎没有积极汲取三里岛事故的经验教训.

当核电站的各类种设备相继损坏，甚至安全壳也部分损坏时，大量放射性物质扩散到大气环境中，危急情况大大加剧，而当该地区出现如此大范围的核泄漏时却没有在第一时间寻求外界帮助，及时疏散周围居民，实现有效的紧急迁移.

在如此极端情况下，释放在周围环境中的放射性物质是相当可观的，因此该事故被定义为七级核安全事故.

3. 法国核电可汲取的经验

根据核安全的概率论研究，法国核反应堆由内部引起严重事故的风险看上去是非常低的；但外界因素(地震、洪水)的影响具有更多的不确定性而且在未来时间内可能会上升，特别是一些特殊的反常气候. 我们称这种随机现象引发的事故为"悬崖效应".

即使它们的发生概率很低，但作为故障根源，一旦发生就可以影响到核电站的所有设备、堆芯系统以及燃料水池等关键部位，从而导致灾难性的后果.

基于此，法国核电安全委员会开始要求法国的核电运营商充分开展严重事故情况下的科学研究，并且共享一些事故发生后的挽救措施(如水的保存、电力提供等)以及在紧急情况下当地人力和团队的管理. 本次研究的目的在于确保发生严重事故时，在外界介入前，核电站在物资和人力方面具有自主性.

附录 A3　核安全：人为与组织因素

在三里岛核事故中，事故管理团队处理失当导致运行事故，在切尔诺贝利事故中操作员不遵守安全规程，以及在福岛核事故中日本安全组织失效，都证明了人和组织是核安全的两个重要组成环节.

本部分概括了多名人文和社会科学方面的作者、专家关于此问题的分析.

事实上，核反应堆构成了一个具有风险的社会-技术系统，此系统可以由复杂的技术系统[1]以及与其相互作用的操作人员(管理，维修等)和其外部环境三方组成的模型来表示(图 A3.1). 人的角色被不同的因素所影响，比如规定他们的行为限度的规则和程序、经验(资历、教育背景等)和个人目标(如回家)等.

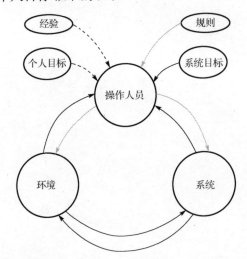

图 A3.1　FH&O：由技术系统、操作人员和环境组成的社会-技术系统

如果说 1979 年的三里岛核事故指明了人为与组织因素(FH&O)进入核工业领域的入口，实际上更早地，人为与组织因素已经首先在世界乃至在大学中兴起了. 比如，为设计飞机驾驶舱，英国军方从第二次世界大战开始就对人机交互作用产生了兴趣.

20 世纪 60 年代，可靠性正式成为一门工程科学. 1975 年，Rasmussen 教授的 WASH-1400报告标志了这一技术的来临，此报告结合设备与人因失效，首次展现了关于工业装置的完整风险评估. 但是这个报告仍旧忽略了这一因素，低估了美国核反应堆事故[2]的整体风险.

社会科学对方法的更新有所贡献，其中关于切尔诺贝利核事故(1986 年)、挑战者号航

---

① 回想一下，一个"复杂的"动力学系统的特点是由它的子系统之间的多个相互作用，以及由负反馈，甚至是正反馈的多个物理耦合来表征的.

② 当时美国压水堆的堆芯熔化概率被估计为 10^{-4} 每年每反应堆，但是因为对人的可靠性的不合理估计，这个值如今被认为在当时比应有的偏小了 10 倍.

天飞机事故(1986 年)和印度博帕尔化学工厂毒气泄漏事故(1984 年)的分析都有考虑到严重的组织功能障碍. 在过去的几十年中, 这些人为与组织因素被逐步纳入考虑, 使得核安全的发展以"渐近连续变化"的趋势不断推进(图 A3.2).

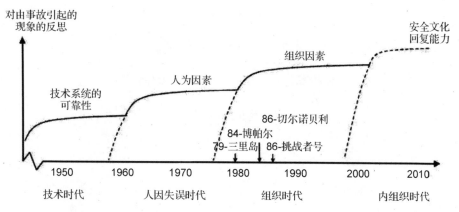

图 A3.2　FH&O: 过去几十年方法的演变和在安全性上的增益

资料来源: rsemag.com

如今, 人为与组织因素仍旧被认为是在改善核安全性方面最有发展前景的研究方向.

A3.1　人因失误

James Reason 在他 1990 年的著作《人因失误》(*L'erreur humaine*)一书中延伸了 Rasmussen 教授的工作, 一方面展现了导致认知错误的"环境"原因, 即工作的状态, 另一方面指出了组织方面的重要性.

在 James 著作中的第一部分, 重述了人因失误的认知理论并归纳了一个能够区分不同类型错误的决策模型, 如图 A3.3 所示.

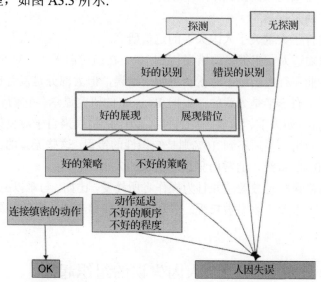

图 A3.3　FH&O: 根据 Reason 1993 (来自 Rasmussen 1986) 的决策模型

例如，在三里岛核事故中，操作人员未能判明实际情况，其原因包括对运行状况特征的忽视(稳压器蒸汽损失)，人机交互界面的设计缺陷和运行文档的不完善.

图 A3.4 描述了基于知识的完整决策机制.

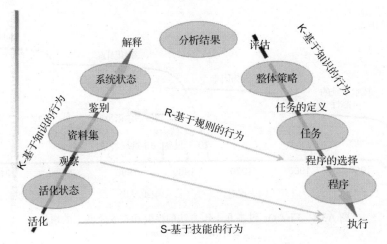

图 A3.4　FH&O：Rasmussen 的 SRK 模型

面对复杂状况，个人要制定一定的策略来节省其心智资源. 因此 Rasmussen 定义了 SRK 模型，并解释说认知机制可能会在两个层面上发生短路：

(1) 整体短路(S=基于技能水平)：一旦检测到某种情况，反射动作会导致启动一种准备就绪的自动应答.

(2) 局部短路(R=基于规则水平)：一旦状态被确定，短路过程将分析有关情况，由已知的规章或程序得出要采取的行动.

(3) 无短路(K=基于知识水平)：在经历一个分析阶段和定义出一个行动策略之后，是通过动用知识来决定行动的.

人们已经进行了大量关于人因失误的定量研究.

由此，我们知道人会犯很多的错误. 比如说，在航空航天上，对 5000 次飞行的监测显示，平均每个专业飞行人员每小时就会犯两个错误，但大部分是没有造成影响的.

在这些错误中有一半是无意的：根据 Reason 的研究显示，它们分布如下：其中 70% 是基于习惯性动作(如失手、口误等)的错误，20%的错误来自于对良好规则的不正确应用或对错误规则的应用，最后不到 10%则是知识性的错误. 这些无意的错误引起了非常高的纠正率，约在 90%的量级，通常由犯这些错误的人来纠正.

另外一半的错误则是故意的并且为操作者所接受，比如，与难以应用的硬性规定相比，留有自愿性的一定偏差更容易被接受. 作为程序发展和法规约束的结果，这种错误成分的比例在增加.

A3.2　人因失误的组织起因

事故的基本起因大致可以分为 3 类：人因失误、硬件故障和自然灾害(图 A3.5).

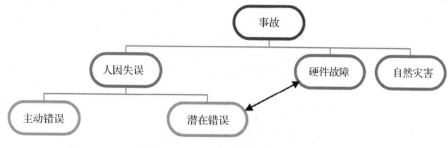

图 A3.5 一个事故可能的原因

然而，我们将看到，人因失误和硬件故障可以结合起来，并且拥有相同的组织起因.

尽管在发生工业事故后立即提出"是操作人员的错误"，第一份对于 20 世纪 80 年代重大工业事故(三里岛，博帕尔，切尔诺贝利，挑战者号)的分析却证明了严格的认知理论可以解释那些引致技术灾难的行为.

基于这一状况，工效学家们第一次对影响个人心理过程的环境因素(物理环境，压力，工作负担，疲劳，接受的培训等)产生了兴趣.

从 20 世纪 90 年代开始，对于这些事故更为细致的分析否认了由"不胜任的执行者"引起人因失误的假设，这样的"执行者"曾经是便利的替罪羊. 于是我们考虑操作人员可能由于组织功能障碍犯错，没有其他的选择，而以某种方式被迫犯错.

除了设计、安装或维护的缺陷影响技术系统而造成的硬件故障，我们还注意到以下人因失误的组织原因：

(1)文化的缺陷：僵化的保密条例，生产本位文化(以安全性为代价)，绝对可靠文化(泰坦尼克综合症)，拒绝复杂性，操作人员的"简单执行"，通信障碍等.

(2)管理的缺陷：责任不明确，实际与规定偏差缺乏管理，适当的程序和(或)应急组织、合适的工作人员培训、经验反馈系统利用缺失等.

A3.3 主动错误和潜在错误

在系统有风险的情况下，未改正的人因失误可能造成严重后果. 纵深防御的概念必须要能够消除这些失误，就像能够排除硬件故障一样.

Reason 解释了如何引入了两种类型的人因失误而使得该原则失效：主动错误和潜在错误. 如果是由执行者犯下的主动错误且其产生即刻的效应，那么潜在错误就"从远离直接控制界面的人员，包括设计者、制造者和安装工、维修人员、高水平的决策者等的作业开始"发展. 他们的潜在错误"能够长时间潜伏在系统中"并"展示出对于一个复杂系统安全性的最显著威胁".

Reason 的直观模型由叠层的板块组成，每个板块代表了一个纵深防御的水平(图 A3.6).

"上游"板所代表的防线由预防、监测、防御和系统备份等几条防线组成. 每块板都有象征它们的弱点的孔，对应着潜在错误.

"下游"板代表着操作人员的最后防线，因此板上的孔与他们犯下的主动错误相对应.

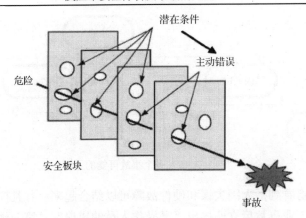

图 A3.6　主动错误和潜在错误：Reason 的板块模型

资料来源: rsemag.org

潜在错误和主动错误连接可引发事故[①].

Reason 也得到了如下的结论:

(1) "与其认为操作人员是挑起事故的主要原因，不如认为他们只是系统缺陷的继承者，这些缺陷由不良的设计、不到位的实施、不完善的维护和不正确的管理决策所引起".

(2) 识别并消除这些潜在错误远比试图减少主动错误更为有效[②].

因此 Reason 认为，我们不能以操作人员的心理过程为限：潜在错误和主动错误是与组织是相连的，这就表明组织起因是事故的最常见原因. 所以有必要分析操作人员和技术系统之间的相互作用情况，同时考虑到工作空间、环境条件、管理、规定和文化因素，公司甚至是国家制定的政策.

A3.4　"复杂系统=正常事故"与"高可靠性组织"之间的争论

风险社会学的两大常见理论即 Perrow 的正常事故理论和 Berkeley 团队的高可靠性组织(HRO)理论. 都聚焦在影响安全性的组织方面.

美国社会学家 Charles Perrow 从三里岛、石油化工厂和民用航空的例子的研究出发，发展了"正常事故"理论(1984 年).

他认为，对于复杂的动力学系统，由于其各部分间的相互依赖性、共模的相互作用、物理耦合和众多的反馈回路[③]，设计师要全面而彻底地考虑可能的事故情景、运营者要预测实时系统的行为都是天方夜谭.

因此事故反而可能是正常的，甚至在某种意义上是不可避免的，因此不可能实现整体的可靠性[④].

Perrow 认为博帕尔事故、切尔诺贝利事故和挑战者号事故都不是正常事故，因为它们

---

① 从系统的角度来看，Reason 没有提到的一点是这些板块之间可能是非独立的. 此外，安全性是由防线或屏障的数量和它们的独立性来进行评估的.

② 他用一片满是蚊子的沼泽地来暗喻：清理这片沼泽地远比逐个抓蚊子好.

③ 相互依赖的变量同时存在会导致循环关系，其中每个变量既是原因又是结果.

④ 因此 Reason 的板块可能会被短路.

是由组织故障所造成，本该可以避免的. 只有三里岛事故符合他对正常事故的定义，尽管其后果并不严重.

Perrow 将核反应堆考虑成一个无法由独立的个体完全掌控的复杂动力学系统很有可能是正确的，然而他在事故的分析上却犯了错误. 反馈回路使得反应堆在安注系统启动后拥有自稳定性. 熔堆事故是操作员关闭该系统造成的，正如列举的其他事故一样，根本原因源自于组织缺陷.

Berkeley 团队的研究者们反对 Perrow 的观点，他们从对美国海军的航空母舰开发、核反应堆和空中交通管制的观察出发，指出尽管正常事故理论考虑到事故的潜在可能，但正常事故在统计学上并不常见. 尽管与 Perrow 一样，他们并不相信工作人员的能独立地处理高风险技术的复杂性；但与 Perrow 不同的是，他们认为在精心的设计和完善的管理下，组织可以弥补个人的局限性进而实现高水平的可靠性核工业作为一种"高风险技术"的代表，必须要被一个"具备高可靠性的组织"来管理.

尽管该团队未能提出一个具备高可靠性的组织模型，但他们认为具有高可靠性的组织应有如下特点：

(1) 优先考虑安全；安全文化渗透至所有工作人员.

(2) 处理紧急情况的组织(应急组织)，公认的能够胜任的操作人员.

(3) 决策通道有一定的冗余.

(4) 对经验反馈、"弱信号"等进行系统化的分析并形成报告.

(5) 提供用于掌握复杂技术系统的培训和模拟机训练.

(6) 在行政机关的监督下，运营商落实责任，积极回应民意诉求.

A3.5　如果人为因素是错误的来源，是否应该发展自动化技术

由于操作人员会受到环境的影响，并且其可靠性还可能因组织原因而降低，发展自动化技术似乎是合理的选择.

面对复杂的局面时，人类行为和自动化行为的主要趋势如下.

(1) 人按顺序运作：人们检测、解释、制定策略，然后进行操作；这一特性要求操作人员的信息负担不能过重，且不能进行过多的并行操作.

(2) 人实际上通过大脑印象来工作.

为了使印象尽可能准确，操作人员要具备适量的相关信息. 在缺乏信息的情况下，操作人员会为自己制造信息；如果信息过多，他只会选择那些与他的初始做法没有矛盾的信息. 因此人机界面的质量非常重要.

(3) 人可以在逻辑模糊的情况下工作，并基于定性的准则做出决定.

(4) 在极端情况下，人可能创造一个新的策略[①].

---

① 航空领域的一个著名事件说明了这一点：一架客机已失去了其控制方向的三个回路，在被认为没有抵御能力的情况下，飞行员通过测量确定反应器的功率，将飞机安全降落在苏城(USA)机场；这个管理的优良范例后来被建模并合理化，从此以后成为年轻飞行员驾驶培训策略中的一部分.

另外，即使人因为犯下了许多错误而被认为是不可靠的，但他们对于掌控复杂的系统仍必不可少．

表 A3.1 总结了在核反应堆中控制保护/操作员的互补关系．控制保护①在正常运行时起到积极作用，它与操作员行为的相互补充对确保最高水平的安全性是必不可少的．

表 A3.1　FH&O：操作员和控制保护

需保障功能的特性	控制保护/操作员之间的分配
对人体有害	控制保护
不稳定系统	控制保护：从而系统可以通过反馈回路重新达到稳定
枯燥乏味和重复的工作(监控变化很小的参数，因为重复而令人厌倦的任务)	控制保护：例如飞机的自动驾驶仪(巡航)． 对于核反应堆，操作员进行功率的变化(重要任务)并让控制保护一方面监测系统，另一方面记录下技术-经济最优化的物理参数
低强度：一个错误的延伸导致事故发生	控制保护：参数不正常变化时，控制保护可发出警报，进行锁定甚至停止系统
特殊资格的要求(要求响应时间非常短，需要进行太多的动作)	控制保护：事故情况下，在一个可能很短的时限内有众多的保护措施(使返回到正常运行工况)或者维护措施(减轻后果)
恢复能力：对未预测到的情况进行管理	操作员：在超出标准的事故情况下，面对不足的信息，必须在定性基础上分析，理解并设计解决方案；只有人可以在逻辑模糊时继续工作

因此人是保证可靠性的重要因素而不是系统的薄弱点．

A3.6　安　全　管　理

为了提高核反应堆安全性，可以结合两种通用策略．

第一个策略是设计的安全性，这属于预测的范畴：它在设计阶段就预见事故情况并制定相应的应对措施．核反应堆的设计就是基于该方法在相关书籍中有详细介绍．

第二个策略是管理的安全性，即优化组织安排以提高处理意外情况的能力．

该策略主要依赖操作人员，因为他们可以处理设计预案之外的情况．这也是人作为核反应堆控制必不可少的因素的最主要原因．

为了让人与系统相适应，应当选择合适的人员(身体、心理和知识方面的素质)并始终通过技能、知识和专长对其进行培养．考虑到有时候反应堆系统会呈现非直观的行为，这种培训应使用模拟机操作．

系统和组织与人的协调性同样需要研究．

对于核电站反应堆的运行，可改进之处应包含②：

(1)物理环境：这涉及经典的人体工程学，以使物理环境与操作人员的生理特点相协调．

(2)人机界面，信息的展示，对操作的帮助和文档系统的管理(程序)．

(3)工作组织：角色分配，偏差管理，信息流管理．

(4)社会经济环境：生产压力，社会环境等．

---

① 当然，这是由人来设计、编程、指挥和维护的．

② 对于在设计阶段的反应堆，在前阶段，应该使设备更加"宽容"，更能容许人因失误(高稳定性，必要动作前的充裕时限，屏障和防线的多重化，设计的余裕等)．

　　最近的福岛核事故证实了具有高可靠度的组织的绝对必要性，所有工作人员都应以此为先.

　　(1)该组织必须将自己看成学习者，谦逊地学习管理一个复杂且部分不透明的系统，通过运行经验的反馈分析以及对弱信号分析，来获得对该系统认知的进步.

　　(2)在进行周期性审查时，必须评估设备的安全裕度，有必要时对硬件或组织进行改进.

　　(3)最后，必须要有能力胜任的应急组织，在复杂的情况下绕过规则和程序，让工作人员的判断成为主导.

　　总而言之，作为一种社会技术系统，核反应堆的可靠性无法通过消除人因失误来获得，而应通过提高对规程以外情况的处理能力来实现.

　　因此，只有高可靠性的组织才可以掌控复杂系统，尤其是控制核反应堆的事故工况.

　　在未来，不论社会经济的压力如何，都应该保持这种组织的高可靠性.

　　对于运营商，重要的是应对电力市场的开放，技能的更新，对承包逐渐增加的依赖性，甚至是设备业主的改变(尤其在美国)……

　　这就促使法国的核安全局可不受其他部门管理，独立行使保证核安全的权利[①]，负责评价不同事态发展所造成的影响.

[①] 在法国，自从 ASN 成为一个独立的行政机关(2006)，该独立性就被写入文件中；但实际上，在该时间点前此独立性已经存在(参考 2000 年 Dampierre 网站落实加强监督的措施).

附录 A4   EPR 压水堆针对核安全设计的特殊性

第三代反应堆 EPR 的设计理念,是建立在 Framatome 和 Siemens 构思的反应堆运行(及研究)实验基础上的. 它在追求减少熔堆风险的同时,集成了更加安全可靠的核电技术,被称为核电领域的一次飞跃.

借助 R&D 项目的研发成果,在针对熔堆事故的技术掌控方面,EPR 集成了许多创新解决方案,这使得在深度防护的领域里又诞生了一条全新的防护线.

A4.1   降低熔堆风险的设计选择

这里只对 EPR 有别于其他运行反应堆的特殊安全改良进行介绍.

可以将目标简单总结如下:

(1)提升堆芯的安全裕度(低线功率);

(2)重要安全系统的可靠性能优化(如冗余,物理分离等);

(3)充分考虑某些特殊状况下的运行工况,例如停堆状态下的危险或者来自内部和外部因素的侵扰(如地震,水灾等);

(4)针对可能导致堆芯熔化,并伴随分流管或安全壳的诱导损失情况的特殊处理手段;

(5)干预宽裕时间延长(≈30 min),增加人为干预的可靠性,改善人机交互界面.

在设计阶段,这些由确定性方法得出的相关设计方案的可行性已经通过概率安全分析研究得到了系统的验证.

A4.1.1   一回路和二回路

与第二代核反应堆相比,EPR 配有压力容器和稳压器,增加了回路中的水的总体积,这有效延长了特殊状况从发生到采取措施的间隔时间.

特别地,相比于堆芯高度,一回路管轴的升高使得堆芯可以被更加大量的水所覆盖.

由于这些组件尺寸的增加,蒸汽发生器二次侧的水装量以及蒸汽体积也会增加,除此之外:

(1)在蒸汽发生器管道破裂的假设下,二回路中的大量蒸汽可以降低液体从反应堆厂房向外界喷溅的危险.

(2)在蒸汽发生器完全丧失给水的假设下,烧干时间至少为 30 min,这段时间既可以用来重建给水系统,也可以用来通过排补系统的启动以排出反应堆中的剩余功率(参见第 1 章).

与先前的设计相比,在安全性方面的其他进步为:

(1)在不改变正常运行时的压强为 155 bar 的前提下,增加了主回路的设计压强.

(2)超压保护在原先由稳压器上的泄压阀和安全阀共同实现的基础上，增设了一系列专用于重大事故的电动隔离阀(图 A4.1)，这些电动隔离阀可以作为一种辅助措施将一回路压强迅速降至零点几个兆帕. 利用该装置可以有效预防高压熔堆现象.

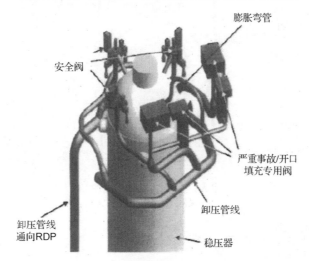

图 A4.1　EPR：稳压器卸压装置
资料来源：IRSN

(3)在安全壳外侧，每一条通向大气的二回路蒸汽管线都是被归类到安全系统的(蒸汽隔离阀、安全阀、与大气相连的蒸汽旁路). 另外，二回路中安全阀的开度压强也都有所增加(≈100 bar).

(4)同样是在安全壳外侧，蒸汽发生器的一部分正常补给水系统也被归类到安全系统中.

A4.1.2　安全保护系统

EPR 安全系统的设计是建立在强冗余的基础上的，每一个系统都包含有四个环路.

这四个环路是相互独立的，它们所对应的支持系统(冷却剂回路，电力供应，控制保护)也同样是相互独立的. 它们彼此之间被严格地分隔开来，分布在不同的地理位置，每一个都分布在一个独立的安全厂房内，称为分区(图 A4.2).

四个分区中的两个(2、3 号分区)经过了加固处理，同反应堆建筑和燃料建筑一样，由钢筋混凝土壳提供防护，以抵御外部撞击.

每个分区的电力系统均可由自身的柴油发电机组供电，此外，1、4 号分区还配备有额外的应急冷却备用柴油发电机组.

这是一个可以同时执行安全注入和反应堆停堆冷却功能的单一系统(RIS/RRA, 图 A4.3).

RIS 中的中压安注泵(ISMP)用于向主环路的冷管段执行安注，设计成在初始流量为零，压强近似于 90 bar，也就是小于二次侧安全阀的压力阈值以及大气蒸汽排放系统的压力设定值时执行.

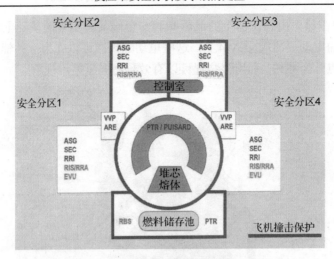

图 A4.2　　EPR:总体平面图
资料来源：plaquette AREVA

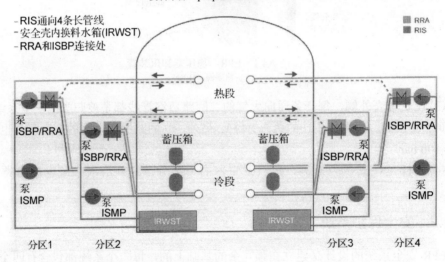

图 A4.3　　EPR：RIS/RRA 系统
资料来源：plaquette AREVA

在 IS 系统启动并开始注入流量之前(参见第 6 章)，通过将一回路压力降至二回路压力值，这种设计选择可以用来"被动"消除 RTGV 的泄漏行为. 这种结合蒸汽发生器二次侧体积增加的方法，可以防止在 RTGV 事故工况下蒸汽发生器二次侧发生满溢的危险. 这一方面可以防止带有放射性物质的液体喷溅，从而显著减少由其带来的放射性后果；另一方面可以降低二次侧安全阀卡开的风险，从而减少由安全壳变形导致的危险.

RIS/RRA 系统的换料水储存箱，被称为 IRWST[1]，置于安全壳内位置较低的地方，在可能出现堆芯熔体[2]的情况下及时向堆芯注水冷却.

同时，这种设计使得在事故工况下不需要再进行直接注入阶段到再循环注入阶段

---

① 安全壳内换料水箱，该缩写用于区分安全壳外的 PTR 水箱，该容器尺寸设计主要是为了在换料期间能够填满燃料池.

② 堆芯熔体是指堆芯熔化后与结构材料混合在一起.

的切换(参见第 4 章),增强了系统长期运行的可靠性. 安注泵只需要从换料水箱中取得所需用水.

从长远角度看,系统的低压部分主要用于排出闭合环路中的剩余功率(热管段流入,冷管段排出). 实际上,每一条 ISBP 支路中都配备有一个热交换器,使得系统不再依赖于安全壳喷淋系统中的热交换器来将剩余功率导出到安全壳以外.

ASG——蒸汽发生器辅助给水系统,是专设安全设施系统. 该系统用于在启堆和停堆期间代替主给水系统向蒸汽发生器供水.

每一条支路都安置在四个分区中的一个内,并且都拥有各自的储水箱.

所有的泵都是由发电机提供驱动的(除涡轮泵以外),其中的两条支路还增配有多样化的电力供应源,用以在电力供应完全丧失的情况下向泵提供所需要的动力.

尽管增加了冗余度,但是此安全系统的整体设计使得即便在其中的一条支路无法正常运行的情况下,另一条支路仍然可以代替它,使整个装置维持在正常状态下运行.

A4.2　限制严重事故后果的设计选择

在堆芯熔化导致压力容器失效的情况下,安全壳会成为三道屏障中的最后一道.

第 9 章中对于法国现有的一些核反应堆,描述了其各种封闭性能缺失的情况以及目前在法国对于加强深度防护的问题所采取的一些主要应对措施.

但 EPR 反应堆的情况有所不同,它在设计之初就已经确定了严格的安全性能指标,力求在事故工况下,包括发生熔堆事故时,有效减少可能的放射性产物的排放. 这意味着在材料的配置方面,尤其是对于安全壳而言,其设计目的在于考虑到不确定因素的同时,给出相关核安全论证.

针对一些重大事故,EPR 反应堆的安全性能目标可简单概括如下:

(1)由熔堆现象造成的大量早期污染物释放事故应当被"根除";

(2)针对低压熔堆可容许的事故序列,采取一系列的应对措施以确保反应堆的封闭性,并使得民众保护措施只被限制在很小的范围以及很短的时间内.

最后一个目标在反应堆临界设计标准中考虑到了熔堆事故.

EPR 设计人员的研究成果表明,即便是短期封闭措施或是人员疏散措施,也是可以避免的. 其所带来的唯一限制,是将第一农产品的消费限制在方圆 500m 内.

A4.2.1　大规模早期放射性物质释放事故的根除

这种情况的"根除"可以通过对确定性和/或不确定性的考虑来验证,尤其是要考虑对某些物理现象认知有限所导致的不确定性.

这些事故序列会对安全壳造成腐蚀和破坏,从而降低安全壳的性能,使之在早期失效. 这些需要被"根除"的事故序列主要包含以下内容:

(1)由于向堆芯中引入前驱体冷却水或者稀释的硼溶液,可能出现压力容器中蒸汽爆炸的反应性介入事故(参见第 2.3.2 节);

（2）蒸汽发生器传热管道破裂（RTGV，参见第 6.1 节）或者由一回路管道破口失水导致的熔堆事故（V-LOCA，参见第 9.2.6 节）；

（3）可能导致安全壳直接升温（参见第 9.2.7 节）或者蒸汽发生器管道断裂的高压熔堆事故；

（4）安全壳中蒸汽爆炸事故（参见第 9.2.3 节）以及氢爆燃事故（参见第 9.2.4 节），这可能会破坏反应堆安全壳的完整性[①].

我们已经看到，为了避免在高压下压力容器的破损（压强为 15～20 bar），我们在一回路设置了极限减压装置.

此外，为了防止在反应堆压力容器底部出现破损时堆芯熔融物向安全壳中的扩散，我们还采用了压力容器地坑和风井的设计布局.

为了防止在压力容器地坑以及堆芯熔融物捕集器中堆芯熔体和水接触引起的蒸汽爆炸，EPR 反应堆还结合了其他一些设计装置. 这些设计装置可以防止在压力容器穿孔之前出现局部渗水，甚至在主管道断裂以及喷淋系统启动的情况下出现局部水满溢的情况.

此外，一旦安全壳表面涂层发生部分冷却及固化，堆芯熔融物便会与水接触并完成后续的冷却固化过程.

对于氢气，其来源主要有两方面，一是来自于水蒸气与燃料包壳发生的氧化反应，二是来自于在压力容器破损的情况下堆芯熔体与混凝土[②]发生的反应.

EPR 的内层安全壳可以同时抵御壳内所容纳的最大限度氢气的爆燃，以及局部氢气迅速爆燃.

为此，EPR 设计中，在安全壳内装配了催化氢气复合器. 这些氢气复合器除了可以调整安全壳内的气体，使之均匀分布，还可以使氢气的平均浓度保持在 10% 以下，避免发生氢爆.

如果不能确保局部氢气浓度维持在 10% 以下，就需要尽量证明氢气浓度不在爆燃-爆炸过渡期内.

A4.2.2　低压熔堆事故的相关措施

针对低压熔堆事故序列，我们研究了一系列的设计方案，以确保安全壳的封闭性能. 以下将对这些主要的设计方案做具体说明.

1. 安全壳泄漏

反应堆厂房，燃料厂房以及分布在安全分区中的 2、3 号厂房，都采用了双层安全壳的设计特点：

（1）内层是带有金属密封表层的预应力混凝土壳，其尺寸设计是根据熔堆后状况，尤其是根据氢爆燃状况而定的；

（2）外层是钢筋混凝土壳，用于抵御外部冲击，包括军用或民用飞机的撞击.

---

① 如果加上燃料组件在燃料去活化池中熔融的情况.
② 压力容器地坑表面和堆芯熔融物捕集器表面覆盖有"牺牲性"混凝土.

这种双层壳结构设计同样对主控室以及紧急停机盘起到了一定的保护作用.

对于反应堆厂房内安全壳的泄漏问题，最主要的是要避免安全壳内的放射性污染物直接泄漏到外部环境中.

通过设计，所有的安全壳贯穿件(包括装置的缓冲器)都会有序地连通到其他厂房中，使得其中的气体得以流通和过滤. 因而，在重大事故工况下，反应堆厂房可以将放射性污染物密封在安全壳中，防止其泄漏(图 A4.4).

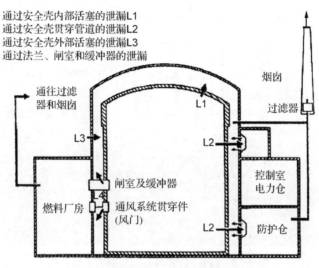

图 A4.4　EPR：安全壳可能的泄漏情况
资料来源：techniques de l'ingénieur

此外，借助于 RIS/RRA 系统，反应堆剩余功率可以在不求助于"U5 过滤器"型号的放气装置的情况下被导出到安全壳以外. 这与第二代反应堆的情形类似.

2. 堆芯熔体的收集与冷却

EPR 压力容器的地坑设计是为了可以在压力容器出现破损的情况下暂时存放堆芯熔融物，之后再通过专门的转移管道，将堆芯熔融物引流到安全壳底部的堆芯熔融物捕集器[①]中(图 A4.5). 压力容器地坑表面以及转移通道表面都涂有耐高温的锆保护层，保护层上还覆盖有"牺牲性"混凝土，用以和堆芯熔融物混合并发生反应，以减少对安全壳的物理和化学侵蚀并加快引流进程.

这样做的目的是通过冷却堆芯熔融物使之稳定(几小时内完成)，并完成之后的固化(几天内完成).

为此，堆芯熔融物捕集器由一个具有巨大交换面积的扩散室组成，并包含有大量的金属结构，在捕集器表面以及冷却通道底部都覆盖有"牺牲性"混凝土，用以确保冷却水的循环，完成对堆芯熔融物的冷却.

在堆芯熔融物被引流到专门的扩散区之后，堆芯熔体灌水经由一个可熔的非能动注水

---

① 扩散室并非直接位于压力容器的下方，这是为了在压力容器底部熔穿时能够避免压力容器底部碎片和堆芯熔融物所引发的危险.

装置,使 IRWST(安全壳内换料水储存箱)中的含硼水靠重力作用通过堆芯捕集器的冷却管道淹没并冷却堆芯熔融物.

堆芯熔融物"非能动"冷却过程将在两个接触面进行:外表面(覆盖了堆芯熔融物的水的蒸发表面)以及内表面(冷却通道内表面).

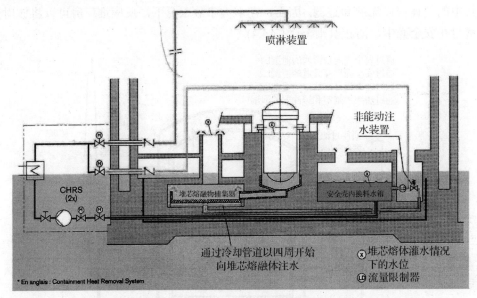

图 A4.5　EPR:EPR 堆芯捕集器的主要结构
资料来源:plaquette AREVA

在安全壳喷淋系统(CHRS)投入使用 12 h 之后,浸灌水会通过系统泵将水位提升至主回路的水位高度("主动"冷却),这些水一方面可以用于水蒸气的冷凝,另一方面可以用来俘获堆芯熔融物的裂变产物.

A4.3　EPR 的竞争对手针对安全性的主要设计选择

尽管核反应堆的设计要求和建造许可都由国家核安全相关机构审核和管理,但是对于近代核反应堆关于安全方面的总体要求,已经开始变得国际化和统一化.

然而,设计师们对此有着不同的见解:

(1)考虑到系统尺寸的复杂性(参见第 A3.4 节),一部分设计人员能够充分积累运行经验反馈结果,同时结合 R&D 对于重大事故的研究成果,来促进反应堆的发展建设;

(2)另一部分设计者们则提出了一些未经实验验证的更加创新的解决方案,正是这些创新设计促进了非能动安全系统的发展.

非能动系统的设计一方面是利用自然界的规律及物理特性,如物质的重力、传导、自然对流等原理,另一方面是利用大型蓄水池作为冷源.此类系统理论上可以在不依赖外界能量[1]的情况下执行各项安全功能.

_____
[1] 除了电池,压缩空气储备以及通过化学反应所释放的能量(如"爆炸"阀门).

根据优化准则，设计者们将操作员不干预时间从之前不到 24 h 延长至 72 h.

我们可以看到，这种类型的解决方案似乎更适用于福岛事故类型，此类型事故下，反应堆电力供应系统将完全丧失并且部分厂区与外界环境隔离长达数日之久.

在这些非能动系统设计中，这里主要介绍 AP600 和 AP1000 系统.

美国 Westinghouse 公司在已经开发的 600 MWe 压水堆——AP600 的基础上，推出更先进非能动安全系统设计. 考虑到 AP600 的功率较低，因而并不具有足够的市场竞争力，正是基于此原因，Westinghouse 公司才将之改进为 1000 MWe 级别的先进压水堆——AP1000.

AP1000 主要有两个回路，每个回路上安装有屏蔽电机泵（取代了之前的 U 形管段）.

堆芯余热会通过自然循环一直被导出到与一回路相连的热交换器中. 在蓄压箱卸压系统的辅助下，可以同时确保通过自然循环从蓄水池出来的安注流量（图 A4.6）.

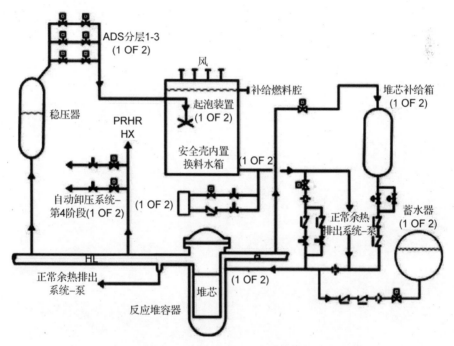

图 A4.6　AP1000 非能动安全注入系统安放在 IRWST 换料
水箱中的热交换器，以确保余热的非能动导出

这些设计要求 Westinghouse 公司一方面要考虑保证事故条件下操作员不干预时间达到 3 天，另一方面还要考虑在熔堆事故工况下，堆芯熔融物可以被聚集在反应堆压力容器中，这样可以免除堆芯熔融物捕集器的设计.

出于同样的原因，AREVA 公司推出了先进沸水堆 Kerena 的设计理念，在非能动安全系统的条件下，其平均功率可以达到 1250 MWe.

此类非能动安全系统既不需要外部指令，也不需要外部电力供应. 同样，只有非能动系统才能提供绝对性的安全论证. 只有在停堆超过三天以后，才需要依靠外部泵采取回灌水措施排出堆芯余热.

　　在这些条件下，AREVA 认为，像 AP1000 一样，Kerena 沸水堆的熔融堆芯也可以被封闭在压力容器内，防止其外泄.

　　考虑到理论方面并结合对此类非能动安全系统有效性及可靠性的必要论证，有关安全部门仍然要求在考虑压力容器穿孔破损情况并且提出与之相匹配的解决方案的同时，必须加快非能动安全系统的发展建设.

附录 A5　零维模型介绍：反应堆平衡方程及 1300 MWe 压水堆数据

> "一切过于繁冗复杂的系统，只有在一定假设前提下进行简化才能为我所用."
>
> ——Paul Valéry

本部分旨在介绍 1300 MWe 压水堆零维模型的建立和平衡方程的推导，并在末尾给出求解方程所需要的相关数据.

A5.1　核动力厂零维简化模型

考虑到压水堆核电厂系统的复杂性，我们将该系统分为三个子系统，如果不考虑参数随空间的变化，即采用所谓的集总参数法建立零维模型，对反应堆的中子动态方程和系统热工过程的动态特性加以分析. 这三个子系统分别为：

(1) 反应堆堆芯，燃料平均温度记为 T_c；

(2) 反应堆一回路（包括一回路冷却剂和其他设备），冷却剂平均温度记为 T_m；

(3) 反应堆二回路，假设为饱和状态[①]，二回路工质的平均温度记为 T_v.

如图 A5.1 所示，水平方向的箭头表示三个子系统间的热量传递. 能量平衡方程还将会同时考虑冷热源因质量交换而引起的相关能量交换.

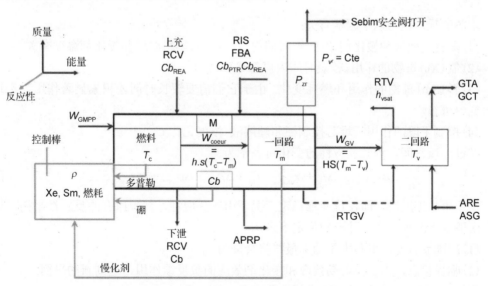

图 A5.1　压水堆零维模型（未表示安全壳）
质量交换（竖直方向）以及能量交换（水平方向）

---

① 将蒸汽发生器二次侧部分限制为饱和状态.

通过热流密度和换热系数等相关热力学参数便可得到燃料、一回路和二回路工质的温度变化.

对于一回路和二回路,当换热不平衡时会导致某个回路的热量累积,从而引起工质压力增大,则会触发保护系统(如安全阀或大气蒸汽排放系统 GCT-a)的启动,用以阻止压力的进一步增加,这些安全装置都可以看成是一个可隔离边界.

一回路和二回路也和其他系统的工质进行质量交换(如:一回路的 RCV 和 RIS,二回路的 ASG 和 GCT 等);同时,也通过边界与所处外部环境进行质量交换(如发生 APRP,RTV,RTGV 等):物质交换在图 A5.1 中用竖直方向的箭头表示.

在分析了与质量交换相关项后,通过质量平衡方程可以分析预判一、二回路工质总质量的变化. 另外,使用同样的方法也可以定量分析一回路硼浓度的变化. 最后,考虑控制棒带来的反应性,估计多普勒效应和慢化剂的负反应性(从燃料温度和慢化剂温度着手),可以建立堆芯的反应性方程.

这一简化模型不仅体现了反应堆的动力学关系,还考虑到了主要的热工物理耦合. 一方面,它可以用于定量研究分析反应堆瞬态;另一方面,它可以用来定性分析观察到的动力学平衡状态. 另外,如果有需要,我们可以把该模型进行拓展补充,在某些特殊工况中将安全壳模型考虑进来(如在 APRP 情况下).

A5.2 模型的平衡方程

本书附录之后给出了在此使用到的缩略语词汇表.

A5.2.1 堆芯反应性方程

堆芯的反应性与以下因素有关:

(1)多普勒效应和慢化剂效应(短时间内),分别与燃料温度和慢化剂温度有关[①].

(2)氙(Xe)毒物的作用(较短时间内可忽略).

(3)钐(Sm)毒物的作用和燃耗变化. 由于它们需要较长时间才积累显著作用,在这里的研究中可忽略.

(4)控制手段的作用:堆芯控制棒和硼溶液(浓度记作 C_b).

经过一段时间,堆芯反应性的变化可表示为

$$\Delta\rho = \alpha_{Dop} \cdot \Delta T_c + \alpha_{mod} \cdot \Delta T_m + \Delta\rho_{Xe} + \Delta\rho_{rods} + \alpha_{boron} \cdot \Delta C_b \qquad [\text{BR}]$$

发生事故工况时,即在反应堆稳定工况下引入反应性,打破原有的反应性平衡,堆芯将会出现以下两种状态,并分别稳定下来:

(1)次临界状态,堆芯中子功率最终将会降为 0;

(2)临界状态,由于多普勒效应和慢化剂效应的负反馈作用,达到新的平衡.

此外,还需对以下两种情况进行区分:

---

① 在运行中遵守命令程序,我们使用功率效应这一概念,它除了包括多普勒效应和慢化剂效应,还有另外一种附加效应:功率分布效应.

(1)在变化不显著的瞬态下，我们需要考虑中子平衡状态的改变(准静态反应性的改变)，写作 $d\rho = 0$；

(2)在变化很快的瞬态下，反应性会变化但最终达到平衡并等于 0，因此在始末状态之间，写作 $\Delta\rho = 0$.

A5.2.2 质量方程

将上文中的三个子系统分别看成三个集总参数体，写出各自的质量守恒方程：作为研究对象的集总参数体的质量变化率等于流过工质通道两端边界的质量流之和. 进入集总参数体的质量流符号记为正，流出集总参数体的质量流符号记为负.

1. 一回路质量平衡方程

在事故或人为操作的工况下，考虑进入集总参数体的质量流量，即注入流量(记作 q_i)，包括以下几个部分：

(1)化学与容积控制系统(RCV)的进出微分净流量：q_{RCVnet}(操作)[①]；

(2)安全注入系统(RIS)的注入流量：q_{RIS}(事故或操作)；

(3)FBA 流量：q_{FBA}(蒸汽管道破裂事故(RTV)或非预期信号)；

类似地，流出的集总参数体的质量流量记作 q_s，包括：

安全边界流量(如 APRP、RTGV、安全阀打开).

因此，一回路冷却剂质量方程可以简单地表示为

$$\frac{dM}{dt} = q_i - q_{\text{break}} \qquad\qquad [\text{BM1}]$$

其中 M 是一回路冷却剂的总质量.

在正常工况的稳态情况下，方程可以写为：$\dfrac{dM}{dt} = q_{\text{RCV net}} = 0$ (进出流量平衡).

2. 一回路工质中硼浓度的质量守恒方程

硼浓度(记作 C_b)是一个质量比，单位为 ppm. 1 ppm 表示 1 吨硼水中含有 1 g 的硼.

通常有两种情况会导致硼浓度的变化. 一种是在运行中根据实际需要调节化学与容积控制系统，以实现硼浓度的稀释或硼化；另一种是由 FBA 自动开启(发生 RTV 时)引起的.

(1)对于第一种情况，有 $q_{\text{RCV charge}} = q_{\text{RCVdécharge}} = q_{\text{RCV}}$，一回路冷却剂总质量 M 可认为不变. 所以，硼的质量守恒方程可以写为

$$\frac{d(M \cdot C_b)}{dt} = M \cdot \frac{dC_b}{dt} = q_{\text{RCV}} \cdot (C_{\text{bREA}} - C_b)$$

其中 C_{bREA} 是注入的 REA 溶液的浓度(注：稀释时注入浓度为 0 ppm).

(2)对于第二种情况，在没有一回路其他系统补给的情况下，FBA 的流量由 RCV 供给.

---

① 集总参数体的流入与流回的微分注入流量通常无需分开计算(除非有特殊的精度要求).

硼的质量守恒方程为

$$\frac{\mathrm{d}M}{\mathrm{d}t} = q_{\mathrm{FBA}}$$

根据硼的质量守恒，我们可以得到

$$M_0 \cdot \frac{\mathrm{d}C_{\mathrm{b}}}{\mathrm{d}t} = q_{\mathrm{FBA}} \cdot (C_{b_{\mathrm{REA\,boron}}} - C_{\mathrm{b}})$$

3. 二回路工质的质量守恒方程

在事故或人为操作工况下，我们考虑进入二回路的工质质量流量：

(1) 供给的水流量 q_{a}，包括：

① 在正常工况或人为操作下，通过主给水系统(ARE)；

② 或者人为补水，通过辅助给水系统(ASG).

(2) 一、二回路之间的破口流量，即发生蒸汽发生器管道破裂事故(RTGV)时.

同样地，流出二回路的质量流量：

(1) VVP 蒸汽管道流量，输送到汽轮发电机组，汽机旁路系统(GCT)或二次侧蒸汽阀门.

(2) 蒸汽管道破裂事故(RTV)时的破口流量.

忽略排污流量，则二回路工质的质量守恒方程可以简单地表示为

$$\frac{\mathrm{d}M_{\mathrm{s}}}{\mathrm{d}t} = q_{\mathrm{a}} + q_{\mathrm{RTGV}} - q_{\mathrm{VVP}} - q_{\mathrm{RTV}} \qquad \text{[BM2]}$$

其中，M_{s} 是二回路工质的总质量.

在正常稳态工况条件下，我们有

$$\frac{\mathrm{d}M_{\mathrm{s}}}{\mathrm{d}t} = 0 \qquad (q_{\mathrm{a}} = q_{\mathrm{ARE}} = q_{\mathrm{VVP}})$$

A5.2.3　能量守恒方程

对各子系统运用能量守恒定律：作为研究对象的某个集总参数体的总能量(内能和动能之和)变化率等于以下三项之和：

(1) 进入系统的工质带来的总能量(热对流)；

(2) 自身产生的热功率(包括单位体积或单位面积产生的热功率)；

(3) 外部提供的功率(作用在研究体上或者表面边界).

与前面一样，我们把流出研究体的质量流或热流的符号记为负. 另外，前面提到的第三项(即机械功率)与第二项(热功率)相比通常情况可忽略.

1. 燃料的能量守恒方程

在事故工况或人为操作情况下，燃料的能量记作堆芯功率 W_{coeur}，它来自于裂变和堆芯余热[①].

[①] 这里我们不考虑堆芯损坏状态，若考虑则可以加上锆合金包壳氧化产生的功率.

堆芯热量正常情况下通过热交换传递给一回路冷却剂(冷却剂平均温度记作 T_m)，此时，热交换量表示为换热系数与换热面积的乘积[①]：$h \cdot s$.

因此，燃料的能量守恒方程可以写为

$$m \cdot c \cdot \frac{\mathrm{d}T_c}{\mathrm{d}t} = W_{coeur} - h \cdot s \cdot (T_c - T_m) \qquad \text{[BE0]}$$

其中，$m \cdot c$ 是燃料的热惯性，T_c 是燃料温度.

对于以下两种特殊情况：

(1)核态沸腾形成沸腾危机，或者一回路水位过低(堆芯裸露)；

(2)快速插入控制棒(RIA)导致的短时间功率偏移事故.

我们可以得到以下平衡方程：

$$W_{coeur} = h \cdot s \cdot (T_c - T_m)$$

2. 一回路的能量守恒方程

一回路(假设工质体积不变)通过边界(如管道出入口、破口边界等)与外界进行质量和能量的交换，同时一回路与结构系统(如堆芯、蒸汽发生器管道)进行能量交换.

在人为操作或事故工况下，一回路主要的能量输入包括以下两项[②]：

(1)换热功率 $h \cdot s \cdot (T_c - T_m)$，可以把它近似为堆芯功率 W_{coeur}(上面提到的特殊情况除外)；

(2)由于黏滞阻力所消耗的功率，由一回路主泵提供功率补偿.

能量输出则是蒸汽发生器一次侧(温度记为 T_m)和二次侧(温度记为 T_v)交换的热功率[③]，可以表示为换热系数与换热面积的乘积[④]：$H \cdot S$.

$$W_{GV} = H \cdot S \cdot (T_m - T_v)$$

我们在上式加上边界处质量流带来或带走的能量，其形式为 $q_j \cdot h_j$，其中 q_j 是边界处流体单位时间内的质量流量，h_j 是工质的焓值[⑤]. 则能量守恒方程可以写为

$$\frac{\mathrm{d}(M \cdot h)}{\mathrm{d}t} - V \cdot \frac{\mathrm{d}P}{\mathrm{d}t} = W_{core} + W_{GMPP} - W_{GV} + q_i \cdot h_i - q_{break} \cdot h \qquad \text{[BE1]}$$

其中，h 是温度为 T_m 的一回路冷却剂的焓值，h_i 是所注入流体的焓值，V 和 P 分别是一回路冷却剂的体积和压强.

3. 一回路单相流的情况

当一回路(不包括稳压器)是液态单相(几乎不可压缩)且质量恒定($q_i = q_{breche}$)时，方程[BE1]可以简化为

---

① 实际上，换热系数 h 与燃料芯块的导热性(与孔隙度、裂变气体的释放有关)，燃料芯块和包壳之间的气层的换热系数，以及载热流体的对流换热系数有关.

② 我们假设加热器的功率刚好补偿了透过一回路绝热材料丢失的功率.

③ 当一回路与 RRA 系统连接时，则与 RRA 发生热交换.

④ 虽然二回路侧处于沸腾状态，但我们采用一阶近似假设，换热系数 H 与二回路蒸汽流量无关.

⑤ 焓是一个能够量化流体能量的物理量：它包括内能和压缩能，但不包括动能和重力势能. 对于恒压且无相变的转变过程，有：$\mathrm{d}h = C \cdot \mathrm{d}T + h_0$.

$$M \cdot C \cdot \frac{\mathrm{d}T_{\mathrm{m}}}{\mathrm{d}t} = W_{\mathrm{core}} + W_{\mathrm{GMPP}} - W_{\mathrm{GV}} + q_{\mathrm{i}} \cdot (h_{\mathrm{i}} - h) \qquad \text{[BE1a]}$$

其中，$M \cdot C$ 是一回路热惯性.

例如，在正常稳态工况下，有

$$W_{\mathrm{core}} + W_{\mathrm{GMPP}} = H \cdot S \cdot (T_{\mathrm{m}} - T_{\mathrm{v}})$$

4. 一回路两相流的情况

此处对应的是一回路压力下降到与冷却剂平均温度 T_{m} 相对应的饱和压强值的情况，如 APRP. 假设此时处于气液两相热动力学平衡. 因此，乘积 $M \cdot h$ 等于 $M_{\mathrm{l}} \cdot h_{\mathrm{lsat}} + M_{\mathrm{v}} \cdot h_{\mathrm{vsat}}$，其中 M_{l} 和 M_{v} 分别是饱和时液相和气相的冷却剂总质量.

对于饱和情况下的两相混合，我们定义参考焓 h_{rsat} 为

$$h_{\mathrm{rsat}} = \frac{\dfrac{1}{\rho_{\mathrm{vsat}}} \cdot h_{\mathrm{lsat}} - \dfrac{1}{\rho_{\mathrm{lsat}}} \cdot h_{\mathrm{vsat}}}{\dfrac{1}{\rho_{\mathrm{vsat}}} - \dfrac{1}{\rho_{\mathrm{lsat}}}}$$

这个物理量是饱和状态下气液两相质量和能量的特征值，其物理意义可进一步推广. 它是关于压强的递增函数，对于不饱和流体 ($h_{\mathrm{rsat}} < h_{\mathrm{lsat}}$)，其焓值曲线见图 A5.2.

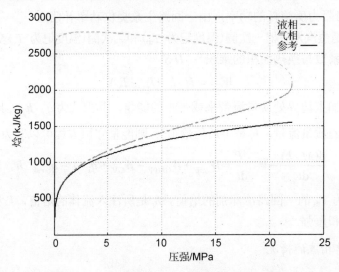

图 A5.2 饱和气相流体、饱和液相流体及两相混合流体的焓值与压强的关系曲线

当一回路是两相流时，我们不能忽略平衡方程[BE1]中 $V \cdot \dfrac{\mathrm{d}P}{\mathrm{d}t}$ 这一项. 根据两相流均匀模型，我们可以证明 $\dfrac{\mathrm{d}P}{\mathrm{d}t}$ 与能量项成正比关系，即

$$\frac{K \cdot \mathrm{d}P}{\mathrm{d}t} = W_{\mathrm{core}} + W_{\mathrm{GMPP}} - W_{\mathrm{GV}} + q_{\mathrm{i}} \cdot (h_{\mathrm{i}} - h_{\mathrm{rsat}}) - q_{\mathrm{break}} \cdot (h - h_{\mathrm{rsat}}) \qquad \text{[BE1b]}$$

根据这一表达式，我们可以理解一回路饱和参考焓的物理意义：如果流体焓值等于参考焓，

那么在功率平衡状态下(无破口)，注入的流体不会使一回路压强发生扰动(质量和能量带来的影响相抵消).

因此，从表达式[BE1b]我们可以总结出能够使一回路压强上升至饱和状态的情况如下：

(1)由堆芯输入一回路的热功率大于一回路输出二回路的热功率，从而引起一回路热量增加；

(2)焓值大于 h_{rsat} 的流体注入；

相反，使一回路压强下降至饱和的情况如下：

(1)由堆芯或二回路分别与一回路进行热交换，引起的一回路热量降低；

(2)焓值小于 h_{rsat} 的流体的注入；

(3)任何比例的两相流的工质流出(因为 $h_{rsat} < h_{lsat} < h$).

5. 二回路能量方程

假设蒸汽发生器产生的蒸汽是饱和蒸汽(气相含量为 0.999). 假设二回路，包括二回路压力边界和蒸汽发生器二次侧，都处于饱和状态. 对于此体积控制体，在人为操作或事故工况下，能量输入对应的是蒸汽发生器管道的能量交换：$H \cdot S \cdot (T_m - T_v)$，以及由质量流引起的能量项. 因此，在忽略动能和势能，并且没有发生蒸汽发生器管道破裂事故(RTGV)和蒸汽管道破裂事故(RTV)的情况下，能量方程可以写为

$$\frac{\mathrm{d}(M_s \cdot h_s)}{\mathrm{d}t} - V_s \cdot \frac{\mathrm{d}P_s}{\mathrm{d}t} = H_s \cdot (T_m - T_v) + q_a \cdot h_a - q_{VVP} \cdot h_{vsat} \qquad \text{[BE2]}$$

其中，h_s 是温度为 T_v 时二回路冷却剂的焓值，h_a 是补给水的焓值，V_s 和 P_s 分别是二回路冷却剂体积和压强.

在正常工况稳态下($q_a = q_{VVP}$)，有

$$H_s \cdot (T_m - T_v) = q_a \cdot (h_{vsat} - h_a)$$

A5.2.4   一回路流体膨胀及其对一回路压强的影响

一回路流体体积增大有两个原因：

(1)工质流入，也就是质量不守恒，如安全注入系统(RIS)或硼水自动补给(FBA)的非正常启动；

(2)能量不平衡导致的一回路温度升高.

对于第一种情况，体积增加量可表示为[①]：$\Delta V = \dfrac{\Delta m}{\rho}$.

对于第二种情况，一回路冷却剂质量不变时，冷却剂平均温度的升高导致工质体积膨胀. 考虑水密度随温度的变化关系为：$\rho = \rho_0 \cdot (1 - \beta \cdot \Delta T)$，可以推导出质量恒定时体积变化为

$$\Delta V = \left(\frac{1}{1 - \beta \cdot \Delta T} - 1 \right) \cdot V_0$$

---

① 根据所考虑的活塞模型(引入的体积不混合而是推动一个等效体积)或者理想混合，我们取 RIS / RCV 或者一回路的密度.

在这两种情况中，一回路冷却剂的体积增加 ΔV 会压缩稳压器中的气态空间，造成一回路压力上升.

所以，把一回路整体分解为两个子系统来考虑质量和能量的交换是合理的：

(1) 一回路管道，不包括稳压器；

(2) 稳压器，其中的气液两相处于饱和平衡状态.

上述第二种情况中可以把气相的变化考虑成形式为 $P \cdot v^\gamma = \text{constant}$ 的等熵变化过程，其中 v 是稳压器中气相的体积.

根据上述条件，一回路压强的变化关系式为

$$\frac{P_n}{P_0} = \left(\frac{v_0}{v_0 - \Delta V}\right)^\gamma$$

A5.3　压水反应堆的相关特征数据

前面所提出的压水堆简化模型只能进行粗略计算，得到输出结果的数量级，对输入数据的精度要求不高. 另外，本部分给出了一些相关数据的近似值，有利于存储，避免商业泄密.

如果想进一步得到更精确的数据，读者可以参考 Framemo édité par AREVA.

A5.3.1　堆芯物理

(1) 堆芯几何特征值：

① 193 个燃料组件，每个燃料组件有 264 个燃料元件；

② 高度：4.2 m.

(2) 反应堆中子动力学特性参数：

① 缓发中子份额 β：见第 1 章的第 1.2.1 节.

	寿期初	寿期末
β	≈ 700 pcm	≈ 500 pcm

② 中子平均寿命：25 μs.

③ 多普勒效应反馈系数：$\alpha_{\text{Dop}} = -3$ pcm·℃$^{-1}$.

④ 慢化剂温度反馈系数，与循环寿期(硼浓度)和功率水平有关：

	首循环			
α_{mod}	寿期初 $X_e = 0$	寿期初 X_e 平衡	寿期中 X_e 平衡	寿期中 X_e 平衡
C_b	≈ 1200 ppm	≈ 1000 ppm	≈ 500 ppm	≈ 10 ppm
0% P_n, 297℃	-2 pcm · ℃$^{-1}$		-20 pcm · ℃$^{-1}$	-45 pcm · ℃$^{-1}$
100% P_n, 307℃		-10 pcm · ℃$^{-1}$	-30 pcm · ℃$^{-1}$	-60 pcm · ℃$^{-1}$

⑤ 硼的微分价值：$\alpha_{\text{bore}} = -10$ pcm·ppm^{-1}

(3) 反应堆热力学特性参数：

① 堆芯满功率 $(100\% P_n)$：$W_{coeur} = 3800$ MW.

② UO_2 燃料质量：$m = 120$ t.

③ 燃料热惯性系数：$m \cdot c = 45$ MJ$\cdot$°C^{-1}.

④ 一回路冷却剂与燃料之间的换热系数：$h \cdot s = 7$ MW$\cdot$°C^{-1}.

(4) 反应堆剩余功率：

① 图 1.10 给出了堆芯剩余功率的曲线，它对应的是 UO_2 堆芯在寿期末 $100\% P_n$ 平衡时的工况.

② 为了简化计算，我们可以进行剩余功率的修正，它在 1 min 和 1 星期的时间段内误差小于 10%：

$$W_{res} \approx 700 \times t^{-0.3} \quad (R^2 = 0.99)$$

以上数据总结在表 A5.1 中.

表 A5.1 反应堆功率和余热

反应堆功率和余热	功率(图)MW	功率(修正)MW	累积能量(修正)GJ
1 s	266	—	—
1 min	190	205	18
5 min	136	126	54
10 min	110	103	88
15 min	96	91	117
30 min	76	74	190
45 min	65	65	252
1 h	57	60	309
1 h 30 min	49	53	410
2 h	44	49	501
2 h 30 min	42	46	586
3 h	40	43	666
4 h	37	40	814
5 h	35	37	952
10 h	29	30	1547
1 d	23	23	2855
1.5 d	20	20	3792
2 d	19	19	4637
3 d	16	17	6159
4 d	14	15	7534
5 d	13	14	8807
6 d	13	14	10006
1 week	12	13	11146
1 month	6	—	—

A5.3.2　一回路和二回路

一回路

(1) 有四个并联的冷却环路(每个环路有一台主泵(GMPP)和一台蒸汽发生器(GV)).

(2) 正常工况下的压强：155 bar.

(3) 打开第一组安全阀时的压强：166 bar.

(4) 稳压器水蒸气等熵变化系数：$\gamma = 1.1$.

(5) 一回路冷却剂总质量：300 t(功率在 0%~100% P_n)；

(6) 分布：

① 225 t 的冷却剂处在高于堆芯平面的位置(75%)；

② 25 t 的冷却剂处于堆芯内部.

(7) 一回路冷却剂的体积，其中一部分处于稳压器内.

	0% P_n	100% P_n
一回路冷却剂体积	410 m³	420 m³
稳压器内的冷却剂体积	25 m³	35 m³

(8) 稳压器的总体积：60 m³；

(9) 一回路主泵的正常流量：23000 m³·h⁻¹；

(10) 一台主泵组的功率：5 MW(温度大于 297℃)；

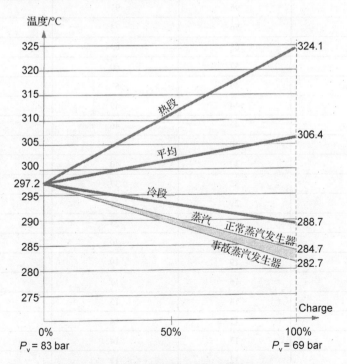

图 A5.3　T_m-T_v 温度变化关于功率的曲线
资料来源：chaudière REP，EDP Sciences

(11) 一回路热惯性系数：

① 无结构系统 (快瞬态 ±1°C/s)：$M \cdot C = 2000$ MJ·°C^{-1}；

② 有结构系统 (慢瞬态 ±1°C/min)：$M \cdot C' = 3500$ MJ·°C^{-1}；

(12) 一回路和二回路的温度变化：

(13) 蒸汽发生器内压强和温度的关系 (饱和情况) 见图 A5.3：

功率在 0%～100% P_n，$P_{sat\ bar} = 1.06 \times T_{sat} - 232$；

(14) 蒸汽发生器一次侧和二次侧的换热系数：每个蒸汽发生器均为 $H \cdot S = 40$ MW·°C^{-1}.

蒸汽发生器及水汽管道：

(1) 蒸汽发生器中水的总质量：

① 功率为 0% P_n 时：82 t；

② 功率为 100% P_n 时：65 t，44 t 限制在低水平阈值处 (15% SG)．

(2) 蒸汽发生器体积：220 m^3，其中功率 100% P_n 时蒸汽体积为 125 m^3.

(3) 主给水系统 (ARE)：水温为 230°C；

(4) 功率为 100% P_n 时，每个蒸汽发生器的 ARE 流量等于 VVP 流量，为 530 kg/s (ARE 的下泄流量约为 1%，可忽略)．

(5) 大气蒸汽排放系统 (GCT-a) 的压力整定值：84.5 bar.

(6) 二回路安全阀第一整定值：87 bar.

A5.3.3　辅助和保护系统

化学与容积控制系统 (RCV) 和自动硼化功能 (FBA)：

(1) RCV 的工作状态：压强 1 bar，温度 20°C；

(2) 上充和下泄最大差值 (RCV 调节)：8.3 kg/s；

(3) 非正常工况下稀释或 FBA 的流量：10 kg/s；

(4) 硼浓度：硼和水补给系统 (REA) 的水 0 ppm，REA 的硼 7700 ppm.

安全注入系统 (RIS)：

泵：

(1) ISMP 流量为 0 时的压强：110 bar；

(2) 压强在 100～110 bar 时 ISMP 最小特征值 (失去一条注入管线)，见图 A5.4：

$$q_{RIS} \approx 22 \times (110 - P)$$

P 的单位为 bar 时，q_{RIS} 单位为 kg/s.

安注水箱 (PTR)：

(1) 1 bar，40°C；

(2) 可用体积：2150 m^3；

(3) 硼浓度：2500 ppm.

辅助给水系统 (ASG)：

(1) 四台蒸汽发生器有两台给水电动泵 (MPS) 和两台给水涡轮泵 (TPS)；

(2) 一台 MPS 或 TPS 的流量为 135 m^3/h，即每个泵 37 kg/s (参考：chaudière REP, EDP Sciences)．

(3) ASG 水箱（1 bar，40°C）：水箱可用体积为 1260 m³.

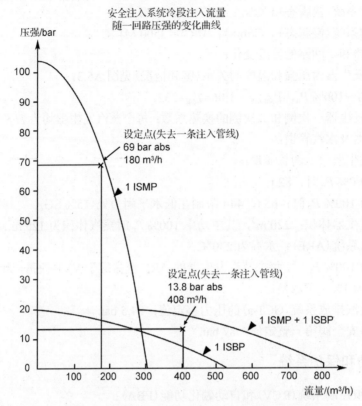

图 A5.4　安注系统流量随压强变化的最小特征曲线
（由于出现破口而失去一条注入管线）

停堆冷却系统（RRA）：

(1) 系统边界条件：30 bar，180°C；

(2) RRA 泵流量：1250 m³/h；

(3) RRI 温度：35°C；

(4) 换热定律：$W_{RRA} = H \cdot S_{echRRA} \times (T_{AAR} - T_{RRI})$；

RRA/RRI 热交换器的换热系数如下：

$$H \cdot S_{echRRA} = 0.6 \times (1 - e^{-Q/400})$$

单位为 MW·°C^{-1}，$Q = Q_{echRRA}$ 的单位为 m³/h.

A5.3.4　冷却剂的热工水力特性

	一回路正常状态	一回路热段饱和区	二回路状态	大气状态
压强/bar	155	120	70～80	1
T_{sat}/°C	345	325	290	100
焓				
h_v/(kJ/kg)			1204°C　5150	
h_{vsat}/(kJ/kg)	2600	2690	2770	2680
h_{lsat}/(kJ/kg)	1630	1490	1290	420

续表

	一回路正常状态	一回路热段饱和区	二回路状态	大气状态
		焓		
h_{rsat}/ (kJ/kg)	1420	1350	1260	420
h_l/ (kJ/kg)	330℃　1520 320℃　1450 310℃　1400 300℃　1340 290℃　1280 280℃　1230	310℃　1400 300℃　1340 290℃　1290	290℃　980	80℃　340 60℃　250 40℃　170 20℃　80
		比热容		
C_{pvsat}/ (J·kg^{-1}·℃)	15000	9000	5200	2000
C_{plsat}/ (J·kg^{-1}·℃)	9000	7000	5500	4200
C_{pl}/ (J·kg^{-1}·℃)	320℃　6200 300℃　5500 180℃　4400	320℃　6400 300℃　5600		20～50℃　4200
		密度		
ρ_{vsat}/ (kg/m^3)	103	70	40	0.6
ρ_{lsat}/ (kg/m^3)	600	640	720	960
ρ_l/ (kg/m^3)	330℃　650 320℃　680 310℃　705 307℃　710 300℃　730 297℃　735 290℃　750 280℃　765	310℃　700 300℃　720 290℃　740	60℃　980	60℃　980 40℃　990 20℃　1000
膨胀系数 β/℃$^{-1}$	2×10^{-3}	2×10^{-3}		5×10^{-4}

（1）中间值可以通过插值法获取；

（2）密度可以通过膨胀系数来估计：$\rho(T) = \rho_0 \times [1 - \beta(T - T_0)]$.

若想获得精度更高的数据，可参考网上发布的数据 *The international association for the properties of water and steam.*

主要物理量和缩略语汇编

物理量用黑体表示（附带常用单位）

	$1\varphi/2\varphi$	单相/两相
	(1)/(2)	一回路/二回路
A	AAR	反应堆自动跳堆
	AN/GV–	蒸汽发生器正常停工
	AN/RRA	余热排出系统正常停工
	AO	轴向偏差
	APE	状态趋近
	ATWT	未能紧急停堆的预期瞬变事故
	APG	蒸汽发生器排污系统
	APR-API	换料停堆–干预停堆
	APRP	失水事故（LOCA）
	ARE	给水流量控制系统
	ASG	辅助给水系统
B	B&W	美国巴威公司（三里岛事故）
	BAN/BK	核辅助厂房/燃料厂房
	BC/BF/BU	热端/冷端/过渡端（U形）
	BR	反应堆厂房
C	C	封闭
	C	耦合
	c, C	比热容（$J\cdot kg^{-1}\cdot {}^{\circ}C^{-1}$）
	C_b	硼浓度（ppm）
	CDU	单一故障准则
	CP/CS	一回路/二回路
D	DDC	寿期初
	DNB	偏离泡核沸腾
	DUS	应急柴油机供电
	DPax	功率轴向偏移
	DT	汽轮机启动
E	EAS	安全壳喷淋系统
	EP	周期实验
	EPS	安全概率分析
F	FBA	自动硼化功能

	FDC	寿期末
	FH&O	人为和组织因素
	F_Q	热点因子
	F_S	安全性能
	F_T	运输功能
G	GB	大破口
	GCT-c/-a	汽轮机至凝汽器/大气旁路系统
	GE/GL	蒸汽发生器水位窄量程/宽量程
	GG	灰棒组
	GIAG	严重事故干预措施
	GMPP	一回路电动主泵
	GTA	涡轮发电机组
	GV, GVa	蒸汽发生器，故障蒸汽发生器
H	h	比焓（$kJ \cdot kg^{-1}$）
	H	超设计基准事故
	$h \cdot s, H \cdot S$	传热系数×热交换面积（$MW \cdot {}^\circ C^{-1}$） 前者为燃料与一回路之间，后者为一、二回路之间
	h_{lsat}, h_{vsat}	饱和液相比焓/饱和蒸汽比焓（$kJ \cdot kg^{-1}$）
I	IHM	人机交互界面
	IPG	芯块和包壳的相互作用
	IPS	高安全等级
	IS	安注
	IS/CE	安全工程师/值长
K	KRT	辐射监测系统
L	LDP	稳压器下泄管线
	LHA, LHB	6.6kV 交流应急配电系统系列 A/B
	LLS	H3 应急涡轮发电机
M	m, M, M_s	燃料质量，一回路水质量，二回路水质量（kg）
	$m \cdot c, M \cdot C, M_s \cdot C_s$	热惯量=质量×比热容（分别表示燃料、一回路和二回路 的热惯量）（$MJ \cdot {}^\circ C^{-1}$）
	MDC	寿期中
	MPS	电动辅助给水泵
N	NRC	核法规委员会（美国）
P	P	压强（bar）
	P11/P12	允许信号
	P1RT	汽轮机第一压力
	PF	裂变产物
	PID	比例、积分、微分控制环节

	Pn	额定功率
	PTB-RRA	RRA 低压工作范围
	PTR	RIS 给水箱
	Pzr	稳压器
Q	Q_q	**体积流量（$m^3 \cdot h^{-1}$），质量流量（$kg \cdot s^{-1}$）**
R	R	温度控制棒组
	RCV	化学和容积控制系统
	RDP	稳压器卸压箱
	RDS	安全报告
	REA	反应堆硼/水补给系统
	REC	临界加热比
	REX	经验反馈
	RFTC	临界热流密度比
	RG	调节系统
	RGE	总体运行规则
	RISMP/BP	中压/低压安注系统
	RRA	余热排出系统
	RRI	设备冷却水系统
	RTE	蒸汽发生器给水管破裂
	RTGV	蒸汽发生器传热管破裂
	RTV	蒸汽管道破裂
S	SdC	控制室
	SEC	重要厂用水系统
	SER	常规岛除盐水分配系统
	SS	安全阀
	STE	运行技术规范
T	t	**时间（s）**
	T_{AC}	燃气轮机
	T_{BC}, T_{BF}	**热段温度，冷段温度（℃）**
	TBTBF	冷段超低温
	T_c, T_m, T_v	**燃料温度，一回路平均温度，二回路蒸汽温度（℃）**
	THH 或 THY	热工水力
	TMI	三里岛
	TOR	通断式加热器
	TPA	涡轮给水泵
	TPS	辅助给水的涡轮给水泵
	T_{RIC}	**堆芯出口温度（℃）**
V	V, v	**一回路水体积，稳压器蒸汽体积**

	V-LOCA	一回路接口系统冷却剂丧失事故
	VVP	主蒸汽系统
W	W	西屋公司
	W	功率（MW）
	W_{core}, W_{res}	堆芯功率，余热功率（MW）
	W_{GV}, W_{GMPP}	蒸汽发生器交换功率，一回路主泵功率（MW）
	W_{lin}	线功率（W/cm）
α	α_{Dop}, α_{mod}	燃料多普勒系数，冷却剂温度系数（pcm·$^{\circ}$C^{-1}）
	α_{bore}	硼微分价值（pcm·ppm^{-1}）
β	β	缓发中子份额（pcm）
	β	水热膨胀系数（$^{\circ}$C^{-1}）
Δ	Δ	变化量
	ΔT_{sat}	堆芯出口温度与饱和温度差（$^{\circ}$C）
ρ	ρ	密度（kg·m^{-3}）
	ρ	反应性（pcm）
Ω	Ω	泵转速（t/min）

主要参考文献

自从 2006 年涉核领域的安全和透明法规颁布以后，在网上可以找到大量的相关文献.

反应堆安全，概率安全分析和确定性分析

- Libmann, Éléments de sûreté nucléaire, coll.IPSN, EDP Sciences, 1996
- Mémento de la sûreté nucléaire en exploitation, EDF, 2004
- Coordination Quéniart,Cours de Sûreté nucléaire du Génie Atomique, INSTN
- «Les Études Probabilistes de sûreté», ASN Revue Contrôle, 2003, web
- «L'évolution des critères de sûreté», RGN, n°5, 2009
- Bourgeois, Cogné&Tanguy, La sûreténucléaireen Franceet dansleMonde, Polytechnica, 1999

复杂系统，工业风险，人为及组织因素

- Amalberti, Laconduitedessystèmesàrisque, «Le travail humain», PUF, 2001
- Karsky, Dynamique des systèmes complexes, Techniques de l'ingénieur
- Hardy, Contribution à l'étude d'un modèle d'accident systémique, 2010, web
- Ruffier, Accidents «normaux»: la gestion du risque inconnu dans les industries dangereuses, web
- Llory, Accidents industriels: le coût du silence, L'Harmattan,2000
- «Lerisque», ASN Revue Contrôle, 2006, web
- «Réacteurs nucléaires: de la simulation aux simulateurs», Clefs CEA, n°47, web
- Reason, L'erreur humaine,«Le travail humain», PUF, 1993
- Daniellou, Simard, Boissières, Facteurs humains et organisationnels, «Les cahiers de la sécurité industrielle», 2010, web
- Llory, Dien, Systèmes complexes à risque: analyse organisationnelle de lasécurité, Techniques de l'ingénieur, 2012
- Rolina, «Sûreté et facteurs humains: la fabrique française de l'expertise», Presse des Mines, 2009
- «L'Homme, les organisations et la sûreté», ASN Revue Contrôle, web

核物理基础

- Reuss, Précis de neutronique, coll. «Génie Atomique», EDP Sciences, 2003
- Kerkar, Paulin, Exploitation des cœurs REP, coll. «Génie Atomique», EDP Sciences,2008
- Coordination Delhaye, Thermohydraulique des réacteurs, coll. « Génie Atomique», EDP Sciences, 2008
- «Physique nucléaire et sûreté», Clef CEA, n°47, web
- Gallori, Herer, Thermohydraulique des réacteurs à eau sous pression, Techniques de l'ingénieur, 2000

- Transfert des connaissances REP 900MWe – Comportement Physique, EDF

核电站调节、保护和安全系统

- EPS des REP 900MWe – Rapport de synthèse, IRSN
- Coordination Py, La chaudière des réacteurs à eau sous pression, coll. «Génie Atomique», EDP Sciences, 2004
- Cohen, Hassenboelher, Zampa, Systèmes de protection et de sauvegarde, Cours du «Génie Atomique»
- Rapport de sûreté PQY FRAMATOME, EDF
- Petétrot, REP: Fonctionnement normal et accidentel, Techniques del'ingénieur

反应性事故

- Accidents de réactivité (retraits de grappes incontrôlés, accidents de dilution, accidents de refroidissement), «Transfert des connaissances REP», EDF, 1992
- Supports de formation Physica/Opéra sur simulateur (accidents duprimaire), AREVA-NP

一回路冷却剂失水事故

- Supports de formation Physica/Opéra sur simulateur (APRP, APRP état d'arrêt), AREVA -NP
- Supports de formation Génie Atomique sur simulateur Sipact, INSTN
- Perte du RRA à la PTB du RRA, rapport du Groupe Permanent, IRSN

全厂断电事故，冷源完全丧失事故

- Réponses d'EDF aux demandes d'Évaluations Complémentaires de Sûreté, analyse de l'IRSN, ASN, 2011, web
- Supports de formation Physica / Opéra sur simulateur, AREVA-NP
- Supports de formation Génie Atomique sur simulateur Sipact, INSTN

蒸汽发生器管道破裂

- RTGV, «Transfert des connaissances REP», EDF, 1992
- Supports de formation Physica/Opéra sur simulateur (REX RTGV), AREVA-NP
- Supports de formation Génie Atomique sur simulateur Sipact, INSTN

三里岛事故

- Llory, L'accident de la centrale Nucléaire de Three Mile Island, L'Harmattan, 1999
- Supports de formation Physica/Opéra sur simulateur (circulation naturelle), AREVA-NP
- L'accident de Three Mile Island et ses enseignements pour la sûreté des centrales nucléaires en France, «Dossier IRSN», web
- Kemeny, Chairman, The President's Commission on the accident at TMI, web
- «Actions menées en France suite à l'accident de Three Mile Island», RGN, 2010

反应堆状态逼近控制调节

- APE– Transfert de connaissances du concepteur, EDF, 2008
- Supports de formation Physica/Opéra sur simulateur (niveau cuve), AREVA-NP
- Procédures de conduite et Interface homme-machine, Techniques de l'ingénieur

切尔诺贝利和福岛事故

- Choua & Reuss, Tchernobyl, 25 ans après… Fukushima, TEC&DOC, Lavoisier, 2011
- Accidents nucléaires: Tchernobyl (URSS), Techniques de l'ingénieur, 2003
- Analyse Fukushima 11032011, Inspection fédérale de la sécurité nucléaire, Confédération suisse, 2012, web
- Fukushima, un an après– Premières analyses de l'accident et de ses conséquences, Rapport IRSN, 2012, web
- The Fukushima nuclear accident independent investigation commission, The National Diet of Japan, 2012, web

严重事故

- Accidents graves des réacteurs à eau de production d'électricité, Doc référence IRSN, 2008, web
- R&D relative aux accidents graves dans les réacteurs à eau pressurisée: bilan et perspectives, IRSN-CEA, 2006
- Bal Raj Sehgal, Nuclear safety in light water reactors, Severe accident phenomenology, Academic press, Elsevier, 2012
- «Prise en compte des accidents graves sur les réacteurs à eau légère», RGN, 2010

压水堆及其他新型核电站

- Rapport préliminaire de sûreté de Flamanville 3, version publique, web
- Réacteurs à eau souspression: le projet EPR, Techniques de l'ingénieur, 2007, web
- «Le réacteur EPR», ASN Dossier Contrôle, 2005
- IAEA Passive safety systems and natural circulation in water cooled Nuclear Power Plants, IAEA, web
- Réacteurs nucléaires du futur, Techniques de l'ingénieur, 2011
- Panorama des filières de réacteur de génération IV. Appréciations en matière de sûreté et de radioprotection, Rapport IRSN, 2012, web